实践应用型学前教育专业精品教材

学前儿童心理学

主　编　宋丽博
副主编　高　敏　余建伟　王彦琴

参　编　董艳娇　李红娟　贾思颖　李　阳
常　宇　关丽莹　蒋辉宇　李伟娟
罗　琳　王　颖　赵雯婷　徐维莹
王　贺

中国人民大学出版社
·北京·

图书在版编目（CIP）数据

学前儿童心理学 / 宋丽博主编．--北京：中国人民大学出版社，2024．8．--（实践应用型学前教育专业精品教材）．-- ISBN 978-7-300-33098-3

Ⅰ．B844.12

中国国家版本馆 CIP 数据核字第 2024Q5Z296 号

实践应用型学前教育专业精品教材

学前儿童心理学

主　编　宋丽博

副主编　高　敏　余建伟　王彦琴

参　编　董艳娇　李红娟　贾思颖　李　阳
常　宇　关丽莹　蒋辉宇　李伟娟
罗　琳　王　颖　赵雯婷　徐维莹
王　贺

Xueqian Ertong Xinlixue

出版发行	中国人民大学出版社		
社　　址	北京中关村大街 31 号	**邮政编码**	100080
电　　话	010－62511242（总编室）		010－62511770（质管部）
	010－82501766（邮购部）		010－62514148（门市部）
	010－62515195（发行公司）		010－62515275（盗版举报）
网　　址	http://www.crup.com.cn		
经　　销	新华书店		
印　　刷	涿州市星河印刷有限公司		
开　　本	787 mm×1092 mm　1/16	**版　　次**	2024 年 8 月第 1 版
印　　张	15	**印　　次**	2024 年 8 月第 1 次印刷
字　　数	307 000	**定　　价**	49.00 元

前　言

党的二十大报告提出，“教育、科技、人才是全面建设社会主义现代化国家的基础性、战略性支撑”，“强化学前教育、特殊教育普惠发展”，“加强师德师风建设，培养高素质教师队伍，弘扬尊师重教社会风尚”。

《中华人民共和国学前教育法草案（征求意见稿）》中指出：“学前教育是学校教育制度的起始阶段，是国民教育体系的重要组成部分，是重要的社会公益事业。”也就是说，学前教育应真正为学前儿童的后续学习和终身发展奠定坚实基础，学前教育是提升国民教育的奠基工程。要强化学前教育的质量意识，不断提高学前教育的质量和水平，实现学前教育高质量的普惠发展。

为深入贯彻落实党的二十大精神，全面贯彻党的教育方针，落实立德树人根本任务，培养德、智、体、美、劳全面发展的社会主义建设者和接班人，编者遵循《学前教育专业师范生教师职业能力标准（试行）》《教育部关于大力推进幼儿园与小学科学衔接的指导意见》《关于实施中华优秀传统文化传承发展工程的意见》《中华人民共和国家庭教育促进法》《3－6岁儿童学习与发展指南》《幼儿园教师专业标准（试行）》《中小学和幼儿园教师资格考试标准（试行）》等国家法规和政策文件内容，围绕“培养什么人、怎样培养人、为谁培养人”等教育的根本问题编写了本书。

“学前儿童心理学”课程是学前教育专业学生必修的专业理论课程。幼儿园教师资格考试中保教知识与能力科目也涉及学前儿童心理学的内容。本课程旨在引领学生理解学前儿童心理发展的特点和一般规律，提升其解决学前儿童心理发展问题的能力，为其今后能顺利在幼儿园开展教育教学工作奠定重要基础。

本书依照“课一岗一证一练”一体化课程设置，结合学前教育专业学生的学习特点，开发了“幼儿故事”“案例链接”“知识扩展”“任务测验”“谈古喻今”“想一想”等模块，旨在落实立德树人根本任务。本书借助幼儿园传统文化实践活动的引入和分析，弘扬中华优秀传统文化、传统美德，强化学生与岗位对接的实践能力；借助古今中外的精彩故事赏读，分析典型心理现象，实现继承和弘扬民族精神的愿景，引导学生树立辩证唯物主义世界观；借助幼儿园主题活动案例，帮助学生形成良好的职业道德和家园共育意识。本书体例科学、系统、实用、新颖，理论知识部分以阐述基本问题为主，实训部分以幼儿园实际应用为导向，是一本适用于高职院校和本科院校相关专业的教材。

本书由哈尔滨幼儿师范高等专科学校的宋丽博主编，宋丽博负责全书的筹划和统稿；哈尔滨幼儿师范高等专科学校的高敏、湖北幼儿师范高等专科学校的余建伟和哈尔滨幼儿师范高等专科学校的王彦琴担任副主编，并参与书稿的部分审阅和修改工作；董艳娇等人参与了编写工作。具体分工如下：项目一、项目二任务一至五、项目三、项目九、项目十一由宋丽博编写；项目四、项目五、项目十由余建伟编写；项目七任务二、项目八由高敏编写；项目二任务六、项目六、项目七任务一和任务三由王彦琴编写；项目十二由董艳娇（安阳师范学院）编写。本书案例部分的编写由苏州市吴江区雅辉幼儿园的王颖，哈尔滨市南岗区第二幼儿园的徐维莹、罗琳，哈尔滨市尚志市新兴幼儿园的李红娟，哈尔滨市直机关幼儿教育发展中心的李伟娟，哈尔滨市人民政府机关第五幼儿园的贾思颖、关丽莹、李阳、常宇，哈尔滨幼儿师范高等专科学校的蒋辉宇、哈尔滨工业大学幼儿保教中心的赵雯婷和哈尔滨市托幼实验中心的王贺共同完成。

本书引用了一些专家、学者的资料，在此表示衷心的感谢。

由于编者学识水平和能力有限，书中难免存在遗漏或不妥之处，敬请广大读者批评指正。

编　者

目　录

项目一　学前儿童心理及其发展概述 / 1

任务一　心理学与学前儿童心理学 / 2

任务二　学前儿童心理发展概述 / 9

任务三　学前儿童心理学的研究方法 / 19

项目二　学前儿童心理发展理论 / 27

任务一　成熟学说的儿童发展观 / 28

任务二　精神分析学派的儿童发展观 / 31

任务三　行为主义学派的儿童发展观 / 35

任务四　认知发展学说的儿童发展观 / 38

任务五　维果斯基的儿童发展观 / 41

任务六　陈鹤琴的儿童发展观 / 43

项目三　学前儿童注意的发展 / 47

任务一　注意概述 / 48

任务二　学前儿童注意的发生与发展 / 53

任务三　学前儿童注意的培养策略 / 58

项目四　学前儿童感知觉的发展 / 61

任务一　感知觉概述 / 62

任务二　学前儿童感知觉的发生与发展 / 70

任务三　学前儿童感知觉的培养策略 / 75

项目五　学前儿童记忆的发展 / 79

任务一　记忆概述 / 80

任务二　学前儿童记忆的发生与发展 / 87

任务三　学前儿童记忆的培养策略 / 92

项目六　学前儿童想象的发展 / 99

任务一　想象概述 / 100

任务二　学前儿童想象的发生与发展 / 103

任务三　学前儿童想象的培养策略 / 110

项目七　学前儿童思维的发展 / 115
任务一　思维概述 / 116
任务二　学前儿童思维的发生与发展 / 121
任务三　学前儿童思维的培养策略 / 133
项目八　学前儿童言语的发展 / 139
任务一　言语概述 / 140
任务二　学前儿童言语的发生与发展 / 144
任务三　学前儿童言语的培养策略 / 152
项目九　学前儿童情绪情感的发展 / 157
任务一　情绪情感概述 / 158
任务二　学前儿童情绪情感的发生与发展 / 164
任务三　学前儿童情绪情感的培养策略 / 171
项目十　学前儿童意志的发展 / 179
任务一　意志概述 / 181
任务二　学前儿童意志的发生与发展 / 184
任务三　学前儿童意志的培养策略 / 187
项目十一　学前儿童个性的发展 / 193
任务一　学前儿童气质和性格的发展 / 194
任务二　学前儿童能力的发展 / 201
任务三　学前儿童自我意识的发展 / 206
项目十二　学前儿童社会性的发展 / 213
任务一　学前儿童性别角色的发展 / 214
任务二　学前儿童人际关系的发展 / 217
任务三　学前儿童社会性行为的发展 / 225
参考文献 / 233

项目一　学前儿童心理及其发展概述

学习目标

知识目标

1. 了解心理学和学前儿童心理学的概念及学前儿童心理学的研究内容和研究意义等。

2. 掌握学前儿童心理发展的特点、趋势和影响因素以及学前儿童心理年龄特征。

能力目标

1. 学会分析学前儿童心理现象和行为表现背后可能存在的主、客观影响因素。

2. 初步具备运用心理学研究方法研究学前儿童心理的兴趣和能力。

素养目标

1. 认同幼教职业的专业性和独特性，树立科学从教的理念。

2. 认识良好的生活环境对学前儿童心理健康发展的重要价值。

幼儿故事

6岁的晨晨很喜欢昆虫，无论是在公园里、电视上还是图书中，他只要看到昆虫就会很高兴，还特别喜欢向他人介绍："看，这些蚂蚁好像在找食物，一般都是工蚁找食物哦!""蝴蝶和飞蛾可不一样，你看飞蛾的触角像羽毛一样，蝴蝶的触角像一根细绳。"因为对昆虫感兴趣，晨晨在不断了解昆虫的过程中，不仅知道了各类昆虫的名称、特点及形象，而且能画出形态各异、鲜活生动的昆虫，还能创编出有趣的昆虫故事。

想一想：晨晨是如何掌握这些知识的？他的心理发展有什么特点呢？

分析提示：学前儿童的认知是在兴趣的引领下，通过感知、思考、绘画和言语等方式进行加工、理解而形成和发展的。晨晨通过查阅资料和思考得知外出找食物的一般都是工蚁；通过观察发现了蝴蝶和飞蛾的触角形状不同等。基于认知水平的不断提高、经验的不断积累，他能画出形态各异、鲜活生动的昆虫，还能创编出有趣的故事等。他在学习中逐渐形成了趋于稳定的个性倾向性和个性心理特征，发展了属于他的独特能力。

任务一　心理学与学前儿童心理学

一、什么是心理学

学习学前儿童心理学，首先需要了解心理学的产生与发展及心理学的概念。

（一）心理学的产生与发展

"心理学"一词源于希腊文，意思是关于灵魂的科学。

早在两千多年前，中国古代的思想家孔子就提出："知之者不如好之者，好之者不如乐之者"，"学而时习之，不亦说乎"，"君子坦荡荡，小人长戚戚"。虽然那时还没有独立的心理学科，但是孔子的话中已经蕴含着对兴趣、记忆和个性差异等现代心理学问题的思考。直到19世纪初，德国哲学家、教育学家赫尔巴特才首次提出心理学是一门科学。1879 年德国心理学家威廉·冯特在德国莱比锡大学创立了世界上第一个心理学实验室，它标志着科学心理学的诞生，心理学从此摆脱了哲学的束缚，成为一门独立的科学。

谈古喻今

孔子的行教过程中蕴含着很多宝贵的教育思想和教育理念，如“因材施教”“有教无类”等。孔子也对他教育的对象、内容和方法等都进行了严谨系统的分析和总结，由此形成了当时最完整、最有价值的教育思想体系，其影响一直持续到了现在。

（二）心理学的概念

心理学是一门既古老又年轻的科学，它与我们的生活密切相关。那么，什么是心理学呢？心理学是一门研究人的心理现象及其发生、发展规律的科学。对于心理学的概念，可以具体从心理的实质和心理学的研究对象两个方面了解。

1. 心理的实质

科学心理学认为，人的心理是人脑对客观现实能动的反映。基于此，可以从以下三个方面来认识心理的实质。

（1）心理是脑的机能。脑是最重要的心理器官之一。在人类漫长的演化过程中，人脑不断地发展进化，结构越来越复杂，机能越来越完善。人脑的发育成熟和神经系统机能的不断完善，为心理的可持续发展提供了必要的物质条件。

（2）心理是脑对客观现实的反映。脑是负责心理活动的器官，但并非有了脑就能够产生心理活动，因为个体心理活动的内容通常离不开人的生活和周围的环境等客观现实。客观现实是指独立于个体之外的事物，既包括自然世界，也包括社会世界。客观现实是心理的源泉，人在与客观事物的接触中，通过感知觉获得信息，这使人的心理有了基本的内容，在此基础上通过想象、思维的加工，心理内容变得日益复杂多样。因此，没有客观现实，人脑也不可能产生心理活动。

（3）心理的反映具有主观能动性。人脑对客观现实的反映具有主观能动性。这表现在两个方面：一方面表现在个人因需要、情感、态度、经验等方面具有差异，在反映客观世界时带有的主观色彩，正所谓“仁者见仁，智者见智”；另一方面还表现在人能根据既定目的支配和调节自己的行为，改变自己和改造世界，使之满足需要。

2. 心理学的研究对象

心理学的研究对象是心理现象，心理现象包括心理过程和个性心理两个方面：心理过程包括认识过程、情绪情感过程和意志过程；个性心理也就是我们平时所说的个性，包括个性倾向性和个性心理特征。心理学的研究对象如图 1－1 所示。

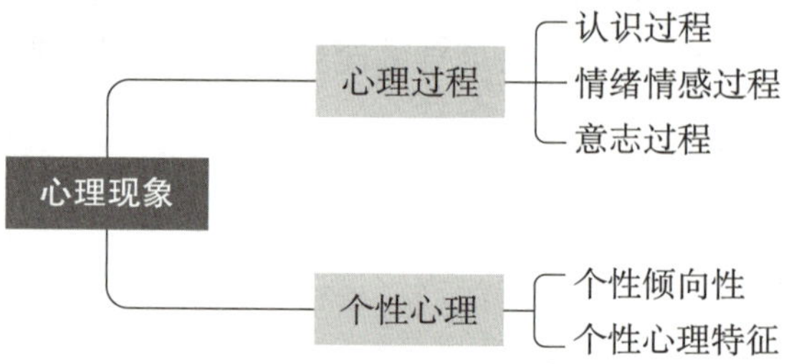

图 1－1　心理学的研究对象

（1）心理过程。心理过程是指人对现实的反映过程，是一个动态过程，包括认识过程、情绪情感过程和意志过程。

1）认识过程是人最基本的心理过程，它是人脑对客观事物的属性及规律的认识，包括感觉、知觉、记忆、想象和思维等。人对事物个别属性的认识是感觉，对事物整体的认识是知觉，我们常常回忆起感知过的事物或经历过的事情叫记忆，在头脑中勾勒出已储存表象的新形象叫想象，对种种问题的思考是思维。感觉、知觉、记忆、想象和思维，都是认识过程的具体表现，统称认识过程。

2）情绪情感过程是指人对客观事物的某种态度上的体验。人们总是依据自己的某种需要去认识和反映客观事物，并且随着需要的满足与否，产生一种态度上的体验。这种体验，或是愉快的、肯定的、积极的，或是不愉快的、否定的、消极的，不同的体验构成了人的喜、怒、哀、乐等丰富的情绪情感，如久旱逢甘霖的喜悦、错失良机的懊恼、对不道德行为的憎恶等。

3）意志过程是指人在改造世界的过程中，自觉地确定工作或学习目标，并根据目标调节自身的行动，克服困难实现自己预定目标的过程。它是人的意识能动性的体现，即人不仅能认识客观事物，还能根据对客观事物及其规律的认识自觉地改造世界。

案例链接

百节年为首，春节是中华民族的传统佳节。在春节期间，全国各地均会举行各种贺岁活动，但因地域文化的不同，各地年俗又存在着差异，带有浓郁的地域特色。春节期间的庆祝活动极为丰富多样，有舞狮、舞龙、逛庙会、逛花街、赏花灯、放烟花、踩高跷、跑旱船、扭秧歌等。春节民俗形式多样、内容丰富，是中华民族生活文化精粹的集中展示。

想一想：在春节的舞狮表演活动中，观赏者会产生哪些心理现象？

分析提示：看到黄色、红色、黑色的醒狮，听到敲锣打鼓的声音，这是感知觉；惊叹舞狮人在高桩上如履平地的绝技，这是情绪情感；有的人会为精彩的表演大声喝彩，有的人则会默默鼓掌，这是个性；得知正因有了舞狮人台下日复一日的苦练，才让舞狮的传统文化得以传承，从而受到激励，决心在自己的专业领域深耕不辍，这是意志；等等。

心理过程是一个统一的过程。认识过程、情绪情感过程和意志过程之间既有区别又相互联系。认识过程是最基本的心理过程，它是情绪情感过程和意志过程的基础。情绪情感过程是认识过程和意志过程的动力。意志过程对认识过程和情绪情感过程具有调控作用。

（2）个性心理。个性心理是一个人比较稳定的、具有一定倾向性的各种心理特点或品质的独特组合，具有独特性、整体性和稳定性的特点。个性心理包括个性倾向性和个性心理特征。

1）个性倾向性包括需要、动机、兴趣、理想、信念、自我意识等。个性倾向性决定着人对现实的态度，决定着人对认识和活动对象的趋向和选择，是个性结构中最活跃的因素之一，它制约着所有的心理活动，表现出个性的积极性和选择性。

2）个性心理特征包括能力、气质、性格。其中，性格是个性心理特征的核心，它反映了一个人的基本精神面貌，如有的人朴实肯干、有的人懒散拖拉、有的人大公无私、有的人斤斤计较。

心理过程和个性心理是紧密联系、不可分割的。一方面，个性心理通过心理过程形成，它是在个体不断认识世界、改造世界的过程中逐步形成的区别于他人的心理特征。例如，一个人经历了生活的磨难，深刻认识到努力和坚持不懈对克服困难的重要意义后，会变得更加坚强与勤奋。另一方面，已经形成的个性心理又不断影响着心理过程，使心理过程带有个人色彩。

二、什么是学前儿童心理学

德国心理学家普莱尔于1882年出版了《儿童心理》一书。这是第一部科学系统的儿童心理学专著，标志着科学儿童心理学的诞生。

（一）学前儿童心理学的研究内容

1. 学前儿童心理发展的影响因素

在学前儿童心理发展影响因素的研究中，关于遗传和环境问题的争论就没有停止过，存在“遗传决定论”、“环境决定论”和“相互作用论”等观点。遗传决定论认为，学前儿童心理的发展是由遗传所决定的，与外界影响、教育无关。环境决定论认为，学前儿童心理发展完全是由环境决定的。相互作用论认为，学前儿童心理发展是遗传与环境两大因素相互作用的结果，遗传对心理发展作用的大小依赖于环境的变化，而环境作用的发挥也受到遗传限度的制约。现代发展心理学家已不再执迷于探讨遗传和环境的作用孰大孰小，而是更深入细致地探讨两者究竟以怎样的方式影响着学前儿童心理的发展。

2. 学前儿童心理的发生和发展规律

学前阶段是人生的早期阶段，各种心理活动都在这个阶段开始发生和发展。出生时，婴儿只有最简单的感知活动。人类特有的心理活动，包括人类的知觉、注意、记忆、想象、思维、情感、意志等，都是在出生后这个早期阶段发生的。因此，个体心理的发生和发展规律，是学前儿童心理学的重要研究内容。

知识扩展

公鸡吃米

3. 学前儿童心理发展的年龄特征

学前儿童心理发展的年龄特征是指学前儿童在不同年龄阶段所形成和表现出来的一般的、典型的、本质的心理特征。对学前儿童心理发展的年龄特征的研究一般是分阶段的，每个阶段可根据研究的需要再细分，每一个年龄阶段的心理都有其特殊性。例如，3～4 岁学前儿童的心理年龄特征表现为：上幼儿园后生活范围扩大，认识能力、生活能力以及人际交往能力获得迅速发展，但其认识活动往往还要依靠行为来进行；常常先做再想，而不能想清楚了再采取行动；情绪对他们的影响很大，一件微不足道的小事也会引起他们情绪的巨大波动；受暗示性很强；对身边熟悉的成人有很强的依赖性；喜欢模仿自己老师的语言、动作。

了解和研究学前儿童发展的心理年龄特征，有助于幼儿教师更好地理解各年龄阶段学前儿童教育的目标，科学设计能够促进学前儿童心理可持续发展的教育活动方案。

想一想

你怎么理解民间广为流传的“3 岁看小，6 岁看老”的说法？这对你从事幼儿教育工作有哪些启示呢？

知识扩展

毛竹效应

毛竹是一种多年生的高大乔木，广泛分布于中亚热带，其在栽种后的最初 5 年也就长几厘米。可是，5 年之后，它就像被施了魔法，在半年时间里就会蹿到 30 多米。长得快的时候，一天可以长半米多。想象一下，春天一棵齐腰高的小苗，到了秋天就变得高大挺拔、直插云天。

原来，栽种后的5年里，毛竹并不是像我们表面看到的那样“无所作为”，而是把所有的努力都用在了地下、用在了伸展根系上。5年中，它的根居然可以扎到几千米之外。这么充分的准备、这么强大的根系，才造就了这么令人惊叹的成长速度。

这就是所谓的“毛竹效应”，指的是一个奇迹的发生，不仅依靠现在的努力，更重要的是依托过去的准备。

4. 学前儿童心理发展的个体差异性

学前儿童心理发展的个体差异性主要是指不同学前儿童个体在心理发展过程中表现出来的心理状况、发展速度和发展水平等的差异。对学前儿童心理发展个体差异性的研究，主要是对学前儿童的智力、社会化、个性发展等方面的差异的研究。

谈古喻今

孔子曾评价他的几个学生：“由也，千乘之国，可使治其赋也”，“求也，千室之邑，百乘之家，可使为之宰也”，“赤也，束带立于朝，可使与宾客言也”。这反映了孔子对学生才能差异的明察秋毫。

此外，学前儿童心理学还要研究学前儿童是如何在学习中获得发展的、学前儿童在心理发展中存在的问题，以及学前儿童心理的研究方法等。

（二）学前儿童心理学的研究意义

研究学前儿童心理学，既有理论价值又有实践意义。

1. 用辩证唯物主义的基本观点看待问题并为其提供科学依据

我们需要用辩证唯物主义的基本观点看待学前儿童心理发展的现象及问题，如学前儿童心理发展的规律、学前儿童内在的心理机制、学前儿童心理发展的影响因素等。同时，这些研究也可以帮助我们分析人类的认识过程，为辩证唯物主义的基本理论提供科学依据。

学前儿童心理学是从个体的心理发展方面来论证物质和意识的关系、认识和实践的关系、感性认识和理性认识的关系、量变和质变的关系，认识意识的起源发展中的矛盾问题等的一门科学。例如，学前儿童心理学要揭示学前儿童的心理、意识是怎样在一定的条件（脑和客观现实）下产生和发展的，学前儿童的认识是怎样密切依附于实践活动的，学前儿童的感性认识是怎样上升为理性认识的，学前儿童心理发展的动力是什么，等等。

谈古喻今

“离离原上草，一岁一枯荣。野火烧不尽，春风吹又生。”“野火烧不尽，春风吹又生”的原因在于新事物代表了事物的发展方向，具有强大的生命力。

世界观决定方法论。既然事物是变化、运动、发展的，那么，幼儿教师在工作中，就要把学前儿童看成不断变化、发展的人，把教育活动看成一个不断变化、发展的过程，用发展的眼光看问题。

2. 为从事学前教育相关工作提供心理学理论支撑

（1）为学前教育提供支持。学前儿童心理学通过揭示学前儿童心理发展的科学规律，为学前教育提供帮助。儿童在学前阶段所受到的教育影响，关系到终生发展。幼儿教师和家长只有了解了学前儿童身心各方面发展的特点，并针对这些特点进行教育工作，才能为学前儿童身心和谐发展打下良好的基础。

对于幼儿教师和家长来说，要想发展学前儿童早期的言语能力和认知能力等，就必须了解学前儿童心理发展的特点和规律，并根据这些特点和规律对学前儿童进行教育。例如：在品德发展方面，幼儿教师和家长要引导学前儿童从习得具体的道德行为逐步过渡到掌握道德准则，提高道德自觉性，从而形成良好的个性品质；在认知发展方面，幼儿教师和家长要引导学前儿童从初级的、具体的认知水平逐步发展到较高级的、抽象的认知水平；等等。学前儿童心理学可以为这些教育活动提供科学的指导。

（2）为学前儿童社会工作者提供服务。学前儿童心理学能够为学前儿童医务工作者提供帮助。学前儿童医务工作者不但要有医学方面的专业知识，而且要具备学前儿童心理学方面的知识，只有这样才能更好地对学前儿童进行治疗。

学前儿童心理学能够为学前儿童文艺工作者提供支持。学前儿童文艺作品的创作，必须考虑到学前儿童心理发展的年龄特征、学前儿童心理发展的个体差异性等因素。

此外，学前儿童心理学对于学前儿童广播工作者、学前儿童玩具工作者等，都有极其重要的价值。这些学前儿童社会工作者若能把握学前儿童心理的特点，就能更好地改进自己的工作，从而不断提高自己的工作水平和质量。

（3）为维护学前儿童心理健康提供帮助。2021 年 9 月国务院印发《中国儿童发展纲要（2021—2030 年）》，提出“加强儿童心理健康服务”“大力培养儿童心理健康服务人才”。2021 年 4 月教育部办公厅印发《学前教育专业师范生教师职业能力标准（试行）》，强调幼儿教师要关注个体差异，关注幼儿心理健康，注重激发和保护幼儿的积极性、自信心等。

学习学前儿童心理学，可以帮助幼儿教师认识到学前儿童心理发展中的问题，并准确分析这些问题产生的原因，把握解决这些问题的策略，从而促进学前儿童健康发展。只有把学前儿童的心理健康教育建立在科学知识基础之上，才能树立正确的心理健康教育观念，才能对学前儿童心理问题做出准确的分析、评估和判断，保证心理健康教育的科学性。幼儿教师每天都要面对不同学前儿童的不同心理表现，需要应对学前儿童各种各样的要求，有时幼儿教师采用的某些方法能取得良好的教育效果，但有些方法的效果一般甚至会适得其反，使幼儿教师产生很强的挫败感。学前儿童心理发展的研究，能有效帮助幼儿教师找到学前教育工作中的不足之处，科学探索有针对性的教育措施。

任务二　学前儿童心理发展概述

一、学前儿童心理发展的影响因素

影响学前儿童心理发展的因素是极其复杂多样的，可以分为客观因素和主观因素。客观因素是指学前儿童心理发展过程中不可缺少的外在条件，主观因素则是指与学前儿童心理本身有关的因素。

（一）客观因素

1. 生物因素

（1）遗传因素。遗传是一种生物现象。遗传的生物特征称为遗传素质，是指那些与生俱来的解剖生理特征，如机体的构造、形态以及感官和神经系统等方面的特征。遗传对学前儿童心理发展的作用有以下两个方面：

第一，遗传素质是学前儿童心理发展的自然物质前提。遗传素质为学前儿童身心发展提供了可能性，如果没有正常的遗传素质，就不会有学前儿童后天良好的心理发展。大脑是最重要的心理器官，有了大脑，人的心理活动才能产生。黑猩猩在训练后，其心理发展水平仍然很低，正是因为它没有人的大脑和神经系统。

第二，遗传素质为学前儿童心理发展的个体差异性提供了可能。遗传素质不同，每个学前儿童在出生时心理发展就已经存在不同的可能性，已经具备了形成不同心理发展特点的基础。遗传素质的个体差异性为学前儿童未来智力、个性等方面的发展奠定了最初的基础。

想一想

《孔丛子·居卫》中提出“有此父，斯有此子，人道之常也”，如何从遗传学角度理解“有此父，斯有此子”？

（2）生理成熟。生理成熟也称生理发展，是指身体生长发育的程度或水平。生理成熟主要依赖于种系遗传的成长程序，有一定的规律性。生理成熟对学前儿童心理发展的影响包括以下两个方面：

第一，生理成熟的程序制约着学前儿童心理发展的顺序。学前儿童的生理发展具有一定的顺序，生理发展的顺序性为学前儿童心理活动出现与发展的顺序性提供了基本前提。例如，随着学前儿童感觉器官的发育，其感知能力会逐渐提高。

第二，生理成熟的个体差异性是学前儿童心理发展个体差异性的生理基础。因为学前儿童的基因和后天的成长环境千差万别，所以学前儿童的生理成熟也具有个体差异性。生理成熟的个体差异性对学前儿童接受环境的影响起着制约作用，使学前儿童从出生起就以独特的方式对外界的影响做出反应，这种反应带有某种倾向性和选择性。

2. 环境和教育因素

遗传和生理成熟为学前儿童心理发展提供了自然基础和物质前提，使学前儿童心理发展具备了可能性，但要使这种可能性变成现实，还需要环境和教育的作用。

环境包括自然环境和社会环境。自然环境包括人类生存所需要的物质条件，具体指空气、阳光和水等。社会环境包括人类生存所需要的社会生活条件，具体指社会的生产力发展水平、社会制度和家庭情况等。对于学前儿童心理发展研究而言，自然环境与社会环境的影响是不可分割的，其中，社会环境对学前儿童心理发展的影响更为深远。环境和教育对学前儿童心理发展的作用体现在以下两个方面：

第一，社会环境使得遗传所提供的心理发展的可能性变为现实。学前儿童心理发展的可能性是由遗传因素提供的，但是如果没有社会环境的作用，这种可能性是不会变成现实的，“狼孩”的故事充分说明了这一点。

第二，社会生活条件和教育制约着学前儿童心理发展的水平和方向。社会生产力的发展水平影响着国民经济生活水平、科学文化水平和教育水平，从而影响着学前儿童心理发展的水平。生活在不同家庭中的学前儿童，其认知水平、品德表现和社会性发展水平表现出明显的方向性和水平差异。幼儿园作为有目的、有计划、有系统施教的教育机构，是一种特殊的人造社会环境，在影响学前儿童心理发展的各因素中居于主导地位。幼儿教师教育教学的水平越高，对学前儿童心理发展的主导作用就越大，就越能促进学前儿童心理向教育所指导的方向发展。

（二）主观因素

1. 学前儿童的心理活动

学前儿童的心理活动具体包括学前儿童的需要、兴趣爱好、自我意识及心理状态等。

需要是学前儿童心理内部最活跃的因素。从出生起，婴儿就有对食物的需要，随着年龄的增长，会产生交往和游戏等的需要。兴趣爱好是影响个体心理发展的重要因素。研究表明，在游戏中，学前儿童的坚持性明显提高。自我意识在学前儿童的心理活动中起着控制作用，自尊心强的学前儿童在活动中的积极性比较突出。心理状态包括注意、心境、激情等，是心理活动的背景，即心理活动进行时所保持的相对稳定的水平，起着提高或降低心理活动积极性的作用。

2. 学前儿童心理的内部矛盾

学前儿童心理的内部矛盾是推动其心理发展的根本原因或动力。心理的内部矛盾包括两个方面，即新的需要和旧的心理水平或心理状态。同时，学前儿童心理的内部矛盾的两个方面的优势相互依存。需要是由外界环境和教育引起的，教育的任务就是根据学前儿童已有的心理水平或心理状态，提出恰当的要求，帮助其产生新的矛盾运动，促进其心理发展。

影响学前儿童心理发展的客观因素和主观因素既是相互联系的，又是相互影响的。首先，需要充分肯定客观因素对于学前儿童心理发展的作用；其次，不可忽视学前儿童心理发展的主观因素对客观因素的反作用。只有正确认识它们之间的相互作用，才能了解影响学前儿童心理发展的因素，并充分利用各种因素，引导和促进学前儿童心理健康和谐发展。

二、学前儿童心理发展的年龄特征概述

学前儿童心理发展过程是一个完整、连续和有规律的过程。学前儿童在各个年龄阶段所形成和表现出来的一般的、典型的、本质的心理特征称为学前儿童心理发展的年龄特征。

（一）学前儿童心理发展的年龄阶段

学前儿童心理发展的阶段往往以年龄来区分，称作年龄阶段，年龄阶段可分为生理年龄阶段和心理年龄阶段。学前儿童生理年龄特征是学前儿童心理年龄特征形成的自然前提，年龄越小，生理年龄特征对学前儿童心理发展的制约作用就越大；反之，制约作用就越小。年龄是学前儿童心理发展的一个必要条件，它对学前儿童心理发展起着规律的制约作用，但它不是学前儿童心理发展的动因，年龄本身并不能决定学前儿童心理的发展，我们不能把年龄特征与年龄简单地等同或对立起来。

（二）学前儿童心理发展的年龄阶段的划分

由于遗传因素的不同，以及生活条件、教育条件和所参加的实践活动等的不同，因此儿童的心理发展过程表现出阶段性。对于各个阶段如何划分，各种派别由于理论观点不同，提出的划分标准和依据也不同。我国心理学工作者根据我国的国情和心理学研究资料，参照现行教育的学制，将儿童心理发展阶段划分为学前期和学龄期两个阶段。其中，学前期分为婴儿期（0～3 岁）和幼儿期（3～6 岁），学龄期又分为小学生期（6～12、13 岁）、少年期（12、13～14、15 岁）和青年初期（14、15～18、19 岁）。基本上在青年初期结束的时候，儿童心理发展趋于成熟。

（三）学前儿童心理发展的年龄特征的特点

（1）稳定性。一般来说，在一定的环境和教育条件下，学前儿童心理发展的年龄特征具有一定的稳定性。这种稳定性既表现在心理发展的阶段顺序和每一阶段变化的进程及速度上，又表现在不同文化背景下的学前儿童心理发展在诸多方面的共性上。比如，学前儿童在感知觉、动作、心理以及情感等方面的发展都遵循着共同的规律。尽管有些年龄特征随着生活和教育条件的变化，也会有一定范围和幅度的变化，但各年龄阶段之间的顺序性、系统性一般不会因为社会生活条件的改变而被打破。

（2）可变性。学前儿童心理发展的年龄特征的可变性，是指环境和教育条件不同，学前儿童心理发展的情况会有差异。这种可变性不是指学前儿童心理发展阶段的省略、逆转或任意捏造，而主要表现为发展的速度会因社会、教育、生活条件等的改变而有所变化。

学前儿童心理发展的年龄特征的改变只是在一定范围内变化，其变化是有限度的，以学前儿童心理发展的年龄特征的稳定性水平为中心上下波动。学前儿童心理发展的年龄特征的稳定性与可变性相互依赖、相互制约、相互渗透，两者是共性与个性辩证统一的关系。

三、学前儿童心理发展的基本特点和趋势

（一）学前儿童心理发展的基本特点

1. 发展的连续性与阶段性

学前儿童心理发展是一个不断进行矛盾运动的过程，是一个不断从量变到质变、从低级到高级的发展过程。其前后发展水平之间是有联系的，先前的较低级的发展水平是后来的较高级的发展水平的前提，整个发展过程是连续进行的。同时，学前儿童心理发展的量的积累会引起质的变化，呈现出阶段性发展的特点。比如，随着学前儿童生活与学习经验的积累，他们从开始时只能理解他人对词与句的表达，发展到会将新的词语和句子用于与他人交往中的表达与交流，这就体现了学前儿童语言发展由量的积累到质的变化的过程。

2. 发展的方向性和顺序性

学前儿童心理的发展在正常条件下总是具有一定的方向性和顺序性的。学前儿童心理发展的方向性和顺序性体现为其心理发展从简单到复杂、从具体到抽象、从被动到主动、从凌乱到系统化，且发展不是一次完成的，而是不断完善、螺旋式上升的。以思维的发展为例，学前儿童的思维是从直觉行动思维，到具体形象思维，再到抽象逻辑思维的。尽管不同学前儿童的心理在发展过程中会体现个体差异性，但发展的方向性和顺序性基本不会改变。

谈古喻今

“揠苗助长”这一成语出自《孟子·公孙丑上》，是指将禾苗拔起，帮助其快速成长，比喻违背事物的发展规律，急于求成，最后事与愿违。在学前教育中，“揠苗助长”用来指违背学前儿童发展的方向性和顺序性的行为。成语“陵节而施”，也有同样的寓意。

3. 发展的不平衡性

学前儿童心理发展的不平衡性表现在三个方面：一是在不同年龄阶段，学前儿童心理具有不同的发展速度，如学前儿童从出生到 1 岁前心理发展速度最快，形成了一个加速期，学前期其他年龄阶段的发展速度相对平缓；二是学前儿童的心理发展过程是多方面的，不同方面的心理具有不同的发展速度，如感知觉在出生后迅速发展，而逻辑思维的发展要经历相当长的时间；三是不同的学前儿童心理发展速度不同。

知识扩展

关键期和敏感期

心理发展的不平衡性衍生出学前儿童心理学中的两个重要概念，关键期和敏感期。

奥地利著名的动物学家劳伦兹在研究小动物发育的过程中发现，小动物将它刚出生时看到的活动的生物视为依恋对象，错过了这个时期，依恋就不会发生。劳伦兹把这段时间称为“关键期”。对学前儿童来说，容易形成某种心理特征的时期，即为学前儿童心理发展的关键期。

敏感期也称最佳期，是指学前儿童学习某种知识和行为比较容易，学前儿童心理某个方面发展最为迅速的时期。敏感期的提出，使我们更深刻地认识到了早期教育的重要性。

但是，并不是说错过了敏感期，就无法学习或形成某种知识或能力了，只是相对敏感期来说，其他时期较为困难，发展比较缓慢。

4. 发展的差异性

美国心理学家加德纳的多元智能理论研究表明，不同的儿童，即使年龄相同，在发展速度、最终达到的水平以及发展的优势领域上往往也是千差万别的。每个学前儿童的心理发展都有自身的优势领域，如有的学前儿童有良好的语言能力、有的学前儿童有着相当强的情绪调节能力、有的学前儿童擅长与人交往。

谈古喻今

子路与冉有向孔子请教同一个问题："听说了一件事，要不要马上去做？"孔子对子路说："有父兄在，不可以如此。"对冉有却说："可以去做。"为什么同样的问题有不同的答案呢？公西华对此产生了疑问，孔子解释说："冉有易退缩，故鼓励其进取；子路好勇过人，故提醒他知道退让。"由此可见，早在春秋时期，孔子就已根据学生的个体差异因材施教了。

（二）学前儿童心理发展的趋势

1. 从简单到复杂

学前儿童的心理活动是由简单向复杂发展的，这种发展趋势表现在以下两个方面：

（1）从不完备到完备。学前儿童的心理过程和个性是在发展过程中逐步完善的。比如，许多刚入园的学前儿童只会用简短的句子简单表达自己的愿望，不能完整、清晰地表达自己的想法，到大班后学前儿童几乎都能用丰富而生动的语言与他人交流。

（2）从不分化到分化。学前儿童的各种心理活动都是从混沌、笼统逐步走向分化、明确的。

2. 从具体到抽象

学前儿童心理发展是从反映事物的外部现象到反映事物的本质属性的过程。学前儿童的心理活动是由具体向概括、抽象发展的，主要表现在学前儿童的认识过程发展方面，即从最初的感知觉的发展，到较为概括的想象的发展，再过渡到抽象思维的萌芽。

3. 从被动到主动

（1）从无意到有意。在学前儿童心理发展的整个过程中，年龄越小，无意注意、无意记忆、无意想象所占的比重越大。随着学前儿童年龄的增长、经验的不断丰富，学前儿童对自身的调控能力有了提高，有意注意、有意记忆和有意想象逐渐占据主导地位。

（2）从主要受生理制约发展到自己主动调节。学前儿童年龄越小，生理对其心理发展的制约性就越强。如刚出生几个月的婴儿，其情绪如何主要取决于生理需要是否得到满足。随着年龄的增长，学前儿童注意力开始增强，主动调节自己心理活动的能力也随之增强，生理的制约作用也就逐渐减弱。

4. 从凌乱到系统化

最初，学前儿童的心理活动之间缺乏有机联系，是零散的，其心理活动很容易受情境的影响而发生改变。随着年龄的增长，学前儿童的心理活动逐渐形成了一定的系统，表现出相对的稳定性，这种稳定性对学前儿童良好个性的形成是完全必要的。如学前儿童最初对新鲜事物充满好奇，但没有形成稳定的兴趣，随着年龄的增长，他们逐渐对某一事物表现出较为稳定的兴趣。

总之，在相应环境的作用下，学前儿童心理的适应性、组织性、有效性和复杂性日益提高。

四、不同年龄阶段学前儿童心理发展的特点

（一）0～3 岁婴儿心理发展的特点

1. 0～1 岁婴儿心理发展的特点

人出生的第一年（0～1 岁），是心理开始发生和心理活动开始萌芽的阶段。0～1 个月的新生儿先天有吸吮反射、抓握反射、巴宾斯基反射等本能行为，这为心理的发生奠定了基础。不久婴儿就能够建立起条件反射，如一直用奶瓶吃奶的婴儿，经历多次“看见奶瓶然后吃到奶”的强化，后面当他在饥饿的时候再看到奶瓶，就会立刻要吃奶，而一直吃母乳的婴儿看到奶瓶就不会产生这样的条件反射。新生儿正是通过各种生活活动发展各种心理能力的。除此之外，他们开始认识世界、开启人际交往。

1～6 个月的婴儿视觉和听觉迅速发展，能主动寻找视听的目标，这时婴儿认识周围世界主要靠视觉和听觉。随着手的运动和眼球的运动逐渐能够相互配合，婴儿在 4～5 个月时手眼协调动作开始发展，即手的运动和眼球的运动协调一致，也就是能够抓住所看见的东西。除此之外，他们还会主动招人，如试图通过哭闹让妈妈抱他。在这一阶段，亲子游戏可以满足婴儿的社会性交往需要，也能开发婴儿的智力，发展他们身体和四肢的动作能力。5～6 个月开始，婴儿会出现认生现象，也就是对交往的人有所选择了。

6～12 个月的婴儿身体动作迅速发展。婴儿粗大动作的发展要经过一个比较长的过程，爬、站、走这些动作都是在这一时期开始习得的。掌握了坐和爬的动作，有利于手的动作的发展，所以这一时期婴儿手的动作日益灵活，其中最重要的就是五指分工动作的发展。经过与亲人的相处，7～8 个月的婴儿与主要照料者的依恋逐渐发展起来，他们会表现出分离焦虑。此时的婴儿还喜欢发出各种声音，如 ma-ma、ba-ba 等。近 1 岁时，婴儿喜欢咿咿呀呀地“说”个不停。

2. 1～3 岁婴儿心理发展的特点

1～3 岁是人类真正形成心理特点的时期，婴儿在这一时期学会走路，但由于生理原因，走路还不稳；学会使用工具，能够熟练地用勺子吃饭；言语和思维真正发生，从感知到思维，婴儿的认识过程至此都已形成；有了最初的独立性，如 2 岁左右，婴儿往往“不听话”了，开始有自己的主意，妈妈要领着他走，他非要自己跑跑跳跳着走等。这也提示成人，在这一阶段成人需要开始认真对婴儿进行教育，尤其要注重教育的内容和技巧。

（二）3～6 岁幼儿心理发展的特点

3～6 岁正是进入幼儿园学习的时期，所以可称这一时期为幼儿期。在这一时期，幼儿心理发展变化很大，下面分别从三个阶段来描述幼儿心理发展的特点。

1. 3～4 岁幼儿心理发展的特点

这一时期也称幼儿初期，幼儿离开家庭进入幼儿园，生活环境发生变化，生活范围扩大，幼儿生活的圈子从局限在和亲人接触转向和更多的同龄人及成年人接触。

图 1－2　小班幼儿绘画活动

（1）动作进一步发展。在幼儿园的教育和活动影响下，3～4 岁幼儿双手动作的协调性与灵活性有了进一步发展。在美术活动中，幼儿能够使用彩色笔画一些简单的图形，如他们把“下雨”的情境画成由上向下的竖线条，把“大马路”画成从左到右的横线条，把“皮球”画成圆圈等，如图 1－2 所示。但是，他们手的绘画动作还很不熟练。在促进手的动作发展的活动中，幼儿教师要注意控制时间，不能让幼儿长时间运用手腕、手指等小肌肉群进行活动。除了发展幼儿的精细动作之外，幼儿教师还要注重幼儿粗大动作的发展，要保证幼儿每天的户外活动时间，让幼儿加强锻炼，增强幼儿体质。

（2）认识依靠行动。3 岁以前的婴儿不能在行动之外思考，只能在行动中思考。3～4 岁幼儿的认识活动还要借助动作来进行。比如，让小班幼儿说出盘子里有几个苹果，他们就要用手一个一个地数才能弄清（4 岁左右的幼儿可以在心里默数）。再比如，在捏橡皮泥之前，小班幼儿往往说不出自己想要捏什么，当捏好之后，才突然有所发现，说像“太阳”或“大饼”。这说明，3～4 岁幼儿不会计划自己的行动，更不能预见行动的结果，只能先做再想，或边做边想，不会想好了再做。

（3）情绪作用大。3～4 岁幼儿的心理活动常常受情绪支配，不受理智控制。他们在各种活动中都难以控制自己的情绪，表现出很强的情绪色彩。他们高兴时听话，表现得很乖；不高兴时什么也听不进去，情绪很不稳定，容易受外界环境影响。在幼儿园小班里常会看到，一个小朋友哭，其他的小朋友也都跟着哭。所以，幼儿教师在带新小班时要注意观察幼儿的情绪变化，剖析幼儿情绪波动背后的原因，采用有效的策略引导幼儿。

（4）爱模仿。3 岁以前的婴儿就具备了模仿的能力，但受心理发育水平的限制，他们在这个时期的模仿水平较低，能够模仿的对象还很少。3～4 岁幼儿的动作和认识能力都有所提高，模仿的对象也明显增多，他们看见别人做什么，自己就想做什么，看见别人有什么，自己就想要什么，他们总是想要别的小朋友手里拿着的东西，想做别的小朋友正在做的事情。因此，幼儿园小班教师在投放玩具材料时，要注意投放数量足够的同类玩具，玩具的种类不要太多。

2. 4～5 岁幼儿心理发展的特点

4～5 岁正是幼儿在幼儿园中班学习的年龄，也称幼儿中期。这个时期的幼儿心理比 3～4 岁幼儿心理发展迅速，并且主要表现在认识活动的概括性和行为的有意性方面。

（1）活泼好动。4～5 岁的幼儿大脑皮质的兴奋过程与抑制过程发展不平衡，兴奋过程占优势，因此中班幼儿不再像小班幼儿那样听话、顺从，他们有了自己的主意，让幼儿教师觉得不像小班幼儿那样“好带”。同时，幼儿的骨骼比较柔软、有弹性，脊柱的弯曲还没有定型，肌肉的收缩能力比较差。如果让 4～5 岁的幼儿长时间保持同一种姿势或动作，就会使有关肌肉群负担过重，影响骨骼的生长发育。所以，幼儿教师在带中班幼儿时要注意一日活动动静交替、合理有序，让幼儿在游戏中释放自我，在安静的活动中平静下来。

（2）思维具体形象。思维具体形象是幼儿期思维的基本特点，在幼儿中期表现最为典型。中班幼儿的思维过程主要依靠实物的具体形象做支柱。我们常看到中班幼儿能说出 2 个苹果加 3 个苹果是 5 个苹果，但如果直接问 2 加 3 等于几，他们则很难回答出来。

具体形象的特点不仅表现在这一时期幼儿的思维活动中，还表现在幼儿的注意、记忆等方面，因此，幼儿教师要尽可能采用直观教具，创设教育情境，运用幼儿能够理解的语言进行教学。

（3）初步具有规则意识。4～5 岁幼儿心理控制能力增强，对自己的行为有了一定的约束，能够初步遵守日常生活中的一些基本规则，形成了基本稳定的、良好的生活和学习习惯。他们知道进餐前要洗手、发言要举手等。规则意识的建立，有助于幼儿的合作意识和社会性的发展，特别是对提高幼儿的游戏水平有着重要的作用。

(4) 组织游戏分工，并结成同伴关系。游戏是幼儿的主要活动方式，4 岁左右是幼儿游戏快速发展的时期。4～5 岁的幼儿不但能够自己组织游戏，还能自己确定游戏的主题，自己分配任务、安排分工。不仅如此，他们在游戏中还能逐渐结成伙伴关系。他们不再像幼儿初期那样，总是围着成人转，更多的时候是和其他幼儿一起游戏、共同活动，如图 1－3 所示。虽然幼儿在这一时期结成的伙伴关系还很不稳定，只是初级形态，但这标志着幼儿的人际关系开始发生重大变化。

图 1－3　中班幼儿共同参与游戏

3. 5～6 岁幼儿心理发展的特点

5～6 岁正是幼儿在幼儿园大班学习的年龄，也称幼儿晚期。5～6 岁幼儿不再满足于通过直接的感知和具体的操作去了解事物的外部特征与联系，开始尝试探索事物的内部联系，且主要表现在智力活动的积极性上。

(1) 好问、好学。由于思维水平进一步提高，幼儿对周围事物的探索总是追根究底，他们提出一连串的“为什么”，表现出强烈的求知欲望和认识兴趣。这个年龄阶段的幼儿提出的问题多种多样，常常把大人问得无可奈何。因此，幼儿教师和家长，既要有足够的知识满足他们的需求，又要掌握回答问题的技巧，满足幼儿的好奇心，帮助幼儿保持良好的求知欲。

(2) 抽象逻辑思维萌芽。5～6 岁幼儿的思维虽然仍以具体形象思维为主，但抽象逻辑思维已经开始萌芽。这主要表现为幼儿能对熟悉的事物进行简单的分类，有了初步的顺序概念，懂得了整体与部分的包含关系，即思维有了逻辑思维的基本成分。由于大班幼儿抽象逻辑思维开始萌芽，因此这个时期幼儿教师在教育内容上要增加科学方面的知识，并进行科学启蒙教育，引导他们去发现事物间的各种内在联系，促进其智力发展。

(3) 开始掌握认知规律。5～6 岁幼儿初步掌握了调控自己心理活动的方法，表现为在认知活动中，在观察、注意、记忆、思维、想象等方面都有了一定的方法。如为使自己更好地集中注意力，他们能自觉盯着注意对象，把手放在腿上或用双手捂住耳朵防止噪声干扰；在看书时，如果感到周围环境吵闹，他们会找安静的地方等。5～6 岁幼儿在各项活动中，都表现出他们已经掌握了一定的认知方法，这种初步的认知方法为他们进行科学的幼小衔接奠定了基础。

(4) 个性初具雏形。

5～6 岁幼儿对事物有了比较稳定的态度。幼儿个人的兴趣、爱好有所显露，对人对事表现出相对稳定的行为方式，如有的幼儿热情大方、有的幼儿寡言少语，有的幼儿活泼好动、有的幼儿文文静静，有的幼儿喜欢唱歌、有的幼儿喜欢跳舞。幼儿对活动也表现出一定的兴趣倾向，比如幼儿园进行户外游戏时，有的小朋友总是选择沙池区，有的小朋友总是选择轮胎和积木区等，如图 1-4 所示。

图 1-4 大班户外积木游戏

5～6 岁幼儿个性开始形成，此时幼儿的个性只是处于初步形成时期，还具有相当强的可塑性。家庭、幼儿园等对幼儿个性的形成还起着相当大的作用。

任务三 学前儿童心理学的研究方法

一、观察法

观察法是指研究者通过感官和辅助仪器，有目的、有计划地对处于自然情境下的学前儿童在日常生活、游戏、学习和劳动过程中的表现，包括其言语、表情和行为等进行观察，并根据观察结果分析学前儿童心理发展的规律和特征的方法。

观察法是研究学前儿童心理活动的基本方法。因为学前儿童的心理活动有突出的外显特征，所以通过对他们外部言行的观察，可以了解他们的心理活动。借助观察法，研究者可打破研究学前儿童的理解能力、反应方式和特点等方面的局限，能比较客观、有效地观测他们的行为。许多学前儿童心理研究都使用了观察法，如达尔文的《一个婴儿的传略》、陈鹤琴的《儿童心理之研究》等都是在进行长期、连续的观察的基础上创作的。

谈古喻今

陈鹤琴用文字和照片记录了儿子出生后的每一点细微变化，比如：这个小孩子是在1920年12月26日凌晨2时9分出生的，生后2秒钟就大哭，一直哭到2时19分，连续哭了10分钟，以后就是间断的哭了。这样的记录持续了808天。在陈鹤琴的笔下，儿子的一哭一笑、一个神态、一个简单的动作，都在描绘一个中国婴幼儿个体成长的轨迹。经过两年多系统的观察和记录后，陈鹤琴拿出了有中国儿童发展特点的《儿童心理学》讲稿，后来以《儿童心理之研究》之名正式出版，这是中国研究儿童心理发展的第一本专著，是中国儿童心理学和儿童教育学的基石。

（一）观察法的类型

根据不同的维度，观察法可分为不同的类型。

从时间上看，观察法包括长期观察法和定期观察法。长期观察法是指研究者在一个相当长的时期内，连续进行系统观察，积累资料，并加以整理和分析的方法。定期观察法是指按一定的时间间隔持续观察（如每周一次），到一定阶段后予以总结的方法。

从范围上看，观察法包括全面观察法和重点观察法。全面观察法是指在同一研究内对若干心理现象同时加以观察、记录的方法。重点观察法则是指在同一研究内只观察记录某一种心理现象的方法。

从规模上看，观察法包括群体观察法和个体观察法。群体观察法是指研究者的观察对象是一组学前儿童，研究者记录这一群体中的各种行为表现的方法。个体观察法又称个案法，是指对某一特定学前儿童做专门的观察的方法。个案法是一种简单、直接的心理学研究方法，具有启蒙性和试点的作用。

（二）观察法的实施步骤

第一，做好观察前的准备工作。在运用观察法研究学前儿童心理时，观察准备是否充分，往往影响着观察的成败。观察前的准备工作包括明确观察目的、制订观察计划、做好物质准备三项内容。首先，根据研究任务和观察对象的特点确定观察目的。其次，在确定观察目的后，应制订观察计划（包括观察内容、观察时间和地点、观察的记录方法、观察的注意事项等），使观察有计划、有步骤、全面、系统地进行。最后，根据观察需要做好物质准备工作，如印制观察记录表格、安装观察所需要的仪器等。

第二，进行观察记录。观察记录的内容描述要客观，坚持实事求是的精神。在观察记录中，对事件的描述要尽可能客观、准确，使用具体的、非评判性的语言来叙述。如“穿黄色衣服的幼儿沮丧地靠在墙边”和“穿黄色上衣的幼儿靠在墙边，眼睛望着地板，嘴角下垂”，这两种描述比较起来，后一句是客观的事实描述，而前一句则包含了研究者的主观推论。就对事实的记录而言，显然后一种描述更可取。另外，研究者对学前儿童的行为描述不能过于概括，应全面记录学前儿童行为发生的背景、行为发生发展的过程、具体行为、语言和情绪变化，以及与之相联系的其他在场学前儿童的活动。

第三，对观察结果进行全面的分析和解释。学前儿童的发展具有整体性，往往一个行为反映了多个领域、多个目标的发展情况，研究者在对观察结果进行分析和解释时，应注重领域之间、目标之间的相互渗透和整合。此外，研究者不能只凭一次观察结果就对幼儿做出评价，还应结合教学和生活实际去分析幼儿行为背后的原因。为了排除观察的偶然性，研究者也可在较长时间内反复多次观察。

（三）观察法的优缺点

观察法的优点：它能通过观察直接获得资料，没有其他中间环节，观察所获得的资料比较真实；自然状态下的观察所获得的资料更为生动；具有即时性，能捕捉到学前儿童正在发生的情况和现象；能搜集到一些无法用语言表达的学前儿童的活动资料。

观察法的缺点：受时间限制；受观察对象限制；受研究者本身限制；研究者只能观察表面现象，不能直接观察到本质；不适用于大面积调查；等等。

案例链接

观察对象：刚入园不久的小班幼儿大帅

观察描述：

8:12，区域活动，大帅蹦蹦跳跳地进入了建构区，站着看别的小朋友搭积木，他在旁边嘴角上扬，露出了6颗小牙。

8:15，大帅又走到了益智区，看到有位小朋友在玩“给小动物找食物”的区域游戏，走近看了16秒后，又走向了另一个区域。

8:20，大帅看到别人在看书，来到了阅读区，拿起了书，一页一页不停地翻，紧接着将书合上，望向四周，看了看四周的游戏活动，起身，将书放在了书架上，又来到了娃娃家……

想一想：根据这段观察记录，你能分析出大帅的哪些心理特点与问题？幼儿教师应如何进行干预？

分析提示：幼儿教师通过一段时间的观察发现，大帅平时是一个活泼好动、喜欢做游戏、在集体活动时很容易沉浸在自己乐趣中的幼儿。进行区域活动时，他总是在选择区域的时候没有目标，而且经常换区域，注意特别容易被他人吸引。同时，大帅是刚入园不久的幼儿，对班级的环境感到十分新鲜和好奇。

下一步教育措施：

1. 给幼儿满足好奇心的时间。幼儿刚到一个新环境中难免会对新环境产生好奇心，幼儿教师要给大帅时间，满足他对环境的好奇心，一段时间后，再慢慢地帮助他建立区域规则，培养良好的学习品质。

2. 增加幼儿感兴趣的区域活动材料。大帅对交通工具很感兴趣，幼儿教师在区域中适当增加大帅喜欢的小车类益智玩具和交通工具类书籍等，帮助大帅更加专注地游戏。

3. 家园共育。幼儿教师可与家长沟通，了解大帅的兴趣点，结合兴趣点提升大帅的注意力和专注力，如了解大帅感兴趣的话题是什么，和他多聊一聊相关知识或话题。

二、实验法

实验法是指有计划地控制各种条件，通过特别加入或改变某个或某些条件，来研究学前儿童心理特征的变化，从而揭示特定条件与心理活动之间关系的方法。运用实验法可以揭示自变量与因变量之间是否存在因果关系或相关程度的大小，从而发现并概括出学前教育现象中的客观规律。实验法主要有两种，即自然实验法和实验室实验法。

（一）自然实验法

自然实验法又称现场实验法，是指在实际生活情境中，由实验者创设或改变某些条件，以引起学前儿童（被试）某些心理活动并进行研究的方法。例如，在正常的学前儿童游戏活动中，幼儿教师有意识地控制或改变某个或某些条件，分析学前儿童的基本活动特点，从中发现学前儿童游戏活动的规律。

自然实验法的优点：与观察法不同，实验者可以对某些条件加以控制，避免处于被动的地位；自然实验法兼具观察法和实验法的优点，是研究学前儿童心理的主要方法。

自然实验法的缺点：难以控制无关变量，心理活动的复杂性使得影响其因变量的因素很多，要完全控制无关变量是很难的，在自然实验法的研究中只能是相对地控制一些无关的因素。

（二）实验室实验法

实验室实验法是指在实验中，严格控制实验条件，借助专门的实验仪器，引起和记录学前儿童的心理现象并进行研究的方法。严格控制实验条件，有助于实验者发现学前儿童行为和心理活动间的因果关系，并可对实验结果进行反复验证。

实验室实验法的优点：能严格控制实验条件，可以通过特定的仪器探测一些不易观察到的情况，取得有价值的科学资料，如视崖实验、陌生情境实验等都是实验室实验。

实验室实验法的缺点：对研究条件的要求较高，实验研究过程需要进行比较严格的控制；受到伦理和社会因素的限制，在实验研究中要考虑到学前儿童的发展和成长，要避免对其产生负面影响，因而实验内容、范围受到一定限制。

三、谈话法

谈话法是指研究者通过与学前儿童面对面谈话，在口头信息的沟通过程中了解学前儿童心理特点的方法。研究者既可以直接询问学前儿童的看法和态度，也可以让学前儿童做简单的演示，并让他们说明为什么这样做，以了解他们的想法，从而分析其心理特点。

（一）谈话法的实施步骤

第一，谈话前要做好准备工作。准备工作包括编制谈话提纲（开场白、问题、结束语等的设计）、安排谈话事宜（谈话对象的选择、时间和地点的确定等）、准备谈话工具等。

第二，营造轻松的谈话氛围，要让学前儿童觉得轻松愉悦。研究者与学前儿童见面后，首要任务是要与学前儿童建立彼此信任的关系，以保证谈话的顺利进行。

第三，正式进行谈话。谈话过程中要注意，要围绕某一主题进行谈话，提问的语言简单明了，使学前儿童能听懂和理解问题的内容，谈话时最好用录音笔记录。研究者应有充分的理论准备、非常明确的目的，以及熟练的谈话技巧。

第四，谈话结束后进行整理和分析。研究者要根据研究目的，捕捉谈话过程中有价值的信息，分析学前儿童心理的特点。

（二）谈话法的优缺点

谈话法的优点：灵活性强，与学前儿童谈话时可以随机应变，提出恰当的、可以了解学前儿童心理状态的问题。

谈话法的缺点：比较费时，一般不适合学前儿童群体，且极易受主观因素影响，在判断和分析时易出现偏差。

四、作品分析法

作品分析法是指通过对学前儿童的作品（绘画、舞蹈、泥塑、拼搭、讲故事等）进行分析来了解学前儿童心理活动的方法。作品既是学前儿童表达自己认识和情感的重要方式，也是他们表现自己的个性和创造性的重要方式。在学前儿童成长的过程中，当他们还不会熟练地用语言和文字来表达自己想法的时候，作品就成了他们内心世界最好的诠释，可以展示学前儿童眼中的世界以及丰富的想象力，展示他们独特的认知和生活经验。这种方法很适合学前儿童的心理研究。

（一）作品分析法的实施步骤

第一，要确定研究的目标和内容，并根据研究目标和内容收集相关信息。

第二，对学前儿童的作品进行抽样。抽样的方法主要有三种：一是来源抽样，是指按照作品的不同来源选择样本，样本要契合研究目的，分析什么抽取什么；二是日期抽样，是指选定作品后，再进一步确定分析哪一段时间的作品；三是单元抽样，是指先确定选取作品的单元，再根据单元来抽取样本，可以整幅图画、舞蹈片段等为单元。抽样方法不是固定的，既可以综合使用三种方法，也可以单独使用。

第三，作品分析。确定好分析维度和分析指标，先定一级指标，再定二级指标，逐步细化，直到满足研究主题的需要。

（二）作品分析法的优缺点

作品分析法的优点：与其他研究方法相比，作品分析法由于其具有间接性的特点，因此更容易排除学前儿童防范心理所带来的信息失真；研究不受时间、空间条件的限制，涉及范围广，收集资料时速度快、效率高、手段多样化。

作品分析法的缺点：学前儿童在创造活动中常常用语言、表情和动作去表达自我，如果脱离这个创造过程去分析作品，则较难真实、完整地去分析学前儿童的心理活动。

研究学前儿童心理的方法是多种多样的，在研究过程中，研究者需要根据不同的研究目的、不同年龄阶段学前儿童的特点，灵活地使用各种研究方法，以更好地达成研究目的。

任务测验

1. 训练目标

（1）结合自身实际，初步辨别和分析生活场景中具体的心理现象。

（2）学会运用学前儿童心理学的研究方法。

2. 训练内容

（1）描述自己生活中的一个生活场景，分析其中蕴含了哪些心理现象。

（2）以小组为单位制定谈话方案，与某幼儿教师或家长进行交流，了解学前儿童心理学的相关知识在幼儿园活动中的运用情况以及家长的教育观念等。

3. 训练评价

(1) 能用客观的语言描述生活场景并分析其中有哪些心理现象，文字描述符合观察法的客观描述要求，语言表达清晰、准确，逻辑性强。(20 分)

(2) 能小组分工合作，共同制定合理、有一定信度和效度的谈话方案。(20 分)

(3) 能完成谈话任务并对谈话记录进行整理和分析。(30 分)

(4) 能总结、概括调查内容并得出研究结论，然后根据结论对自己的学习提出进一步的计划和要求。(30 分)

项目二　学前儿童心理发展理论

学习目标

知识目标

1. 了解不同学前儿童心理发展理论流派的代表人物。
2. 理解各流派的基本观点。
3. 掌握各流派的理论应用。

能力目标

1. 能用各流派的基本观点分析解释学前儿童的心理现象与行为。
2. 能用各流派的基本观点指导幼儿园教育实践。

素养目标

1. 形成以儿童为本的教育观念，树立用发展的眼光看问题的哲学观。
2. 通过理论学习，形成科学进行幼小衔接的思想和意识。

幼儿故事

16个月的朵朵，还不会自行大小便，偶尔会尿湿裤子，爸爸急坏了，每天机械、严格地训练她自行大小便，可是效果并不理想。朵朵妈妈却并不着急，朵朵18个月以后她逐渐引导朵朵进行如厕训练，如让朵朵看看姐姐是怎样如厕的，如果朵朵某次没尿湿裤子，妈妈还会及时奖励她小饼干，不久朵朵就可以自行如厕了。

想一想：从不同流派的心理学理论视角出发，你怎样看待朵朵学习如厕这一行为？

分析提示：从成熟学说的视角出发进行分析：朵朵刚刚16个月，爸爸机械且严格地训练其自行大小便效果不理想的原因在于朵朵可能还没有做好生理成熟的准备。通常婴儿在一岁半到两岁的时候开始对排便有进一步的认识，此时进行如厕训练效果更好。从精神分析学派视角出发进行分析：朵朵爸爸在朵朵16个月时就开始机械、严格地训练其自行大小便，效果并不理想的原因有可能是训练过早。1～3岁的婴儿处于肛门期，比较适合进行排便训练，但不宜过早，过于严格的训练有可能会影响朵朵后续性心理的发展。从行为主义学派的视角出发进行分析：当朵朵没尿湿裤子时，妈妈会及时奖励她小饼干，朵朵妈妈运用奖励的方式，使其不尿湿裤子的行为重复出现并保持下来，就是发挥了正强化的积极作用。

任务一　成熟学说的儿童发展观

成熟学说简称成熟论，它强调基因顺序决定着儿童生理和心理的发展。该理论的代表人物是美国心理学家格塞尔。

一、理论观点

（一）发展的本质

格塞尔强调发展的顺序性和阶段性。他认为，儿童生理和心理的发展过程都是按基因规定的顺序有规则、有秩序地进行的。他将发展看作一个有着顺序模式的过程，这个模式是由机体成熟预先决定和表现的，而成熟取决于基因规定的顺序。不同的儿童在达到同一成熟水平时的年龄可能是不同的，但他们都要经过同样的顺序。

格塞尔认为，发展的本质是结构性的，结构的变化才是行为发展变化的基础。生理结构的变化表现为按生物的规律逐步成熟，而心理结构的变化表现为心理形态的演变，其外显的特征是行为变化，而内在的机制仍是生物因素的控制。

（二）发展的影响因素

格塞尔认为，支配儿童心理发展的因素有成熟和学习。他认为成熟与内环境有关，而学习则与外环境有关。儿童心理发展是儿童的行为或心理形式在环境影响下按一定顺序出现的过程。这个顺序与成熟（内环境）关系较大，而与学习（外环境）关系较小，学习（外环境）只是给发展提供适当的时机而已。格塞尔认为，成熟是推动儿童发展的主要动力，对于儿童的发展来说，学习不是不重要，只是当个体还没有成熟到一定程度时，学习的效果是很有限的。格塞尔的双生子爬梯实验，就是这一观点很有力的佐证。

知识扩展

双生子爬梯实验

格塞尔对一对同卵双生子（A和B）进行了实验研究。他首先对A和B进行了行为基线的观察，认为他们发展水平相当。在双生子出生第48周时，格塞尔对A进行爬楼梯训练，而对B则不予相应训练。训练持续了6周，这期间A比B更早地表现出爬楼梯的技能。到了第54周，当B的生理成熟达到了学习爬楼梯的水平时，格塞尔开始对他进行集中训练，发现只要少量训练，B就达到了A的水平。进一步观察发现，在第55周时，A和B的能力没有差别，如图2-1所示。因此，格塞尔断定，儿童的学习与发展取决于生理成熟。生理成熟之前的早期训练对最终的结果并没有显著作用。

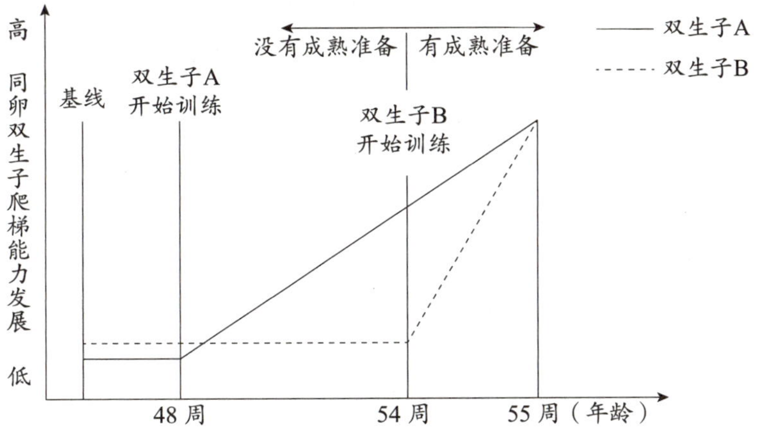

图2-1　双生子爬梯实验示意图

（三）发展的原则

格塞尔认为，儿童生理和心理的发展遵循以下原则。

1. 发展方向的原则

儿童生理的发展方向主要包括：自上而下发展，如头部比脚部发展早；由中心向边缘发展，如手臂活动的发展方向是由肩关节向肘关节再向腕关节最后到指关节；由粗大动作向精细动作发展，如手指抓握的动作由不能抬腕的一把抓到提腕的指尖对捏。这些规律可概括为动作发展的头尾律、近远律和大小律。

2. 相互交织的原则

人体的结构和动作总体来说是相互对称的，对称的两边需要均衡发展。在发展过程中，某一阶段会表现为一个方面机能占优势，过一阶段又会表现为另一个方面机能占优势。

3. 机能不对称的原则

体现机能不对称原则的典型例子是双手的发展，最终会形成一只优势手，使人的活动更有效。另外，还有优势腿、优势眼、优势记忆通道等。

4. 个体成熟的原则

这是成熟学说的核心原则，即个体的发展取决于成熟，而成熟的顺序则取决于由基因所决定的时间表。

5. 自我调节的原则

儿童的发展不是直线形的，而是波浪式的，有时发展快、有时发展慢，有时是上升的、有时是下降的。儿童可以对发展进行自我调节。这一原则强调了儿童在发展过程中能够自我调整和适应，而不是完全依赖于外部的指导和控制。

二、理论应用

格塞尔认为，父母和从事儿童教育工作的人都应当了解儿童成长的规律，根据其自身的规律去养育他们。具体而言，每一个教师都应当把自己的工作与儿童的生理准备状态和特殊能力结合起来；每一个家长都应当与儿童一起成长，一起体验成长过程中每一个阶段的乐趣和烦恼。如果成人以一种急功近利的方式教导儿童，往往会导致儿童成年以后的失落，甚至引起一系列的心理问题。

（一）教养儿童应以儿童为中心

格塞尔认为，婴儿带着一个天然进度表降临人世。教养者不应强迫儿童接受自己的意愿或规定的成长模式，而要仔细观察并善于追随儿童的信号和暗示，学会尊重儿童，给他们以发展个性的机会。

（二）教养者应掌握儿童成熟的知识

格塞尔认为，教养者应掌握一些有关儿童发展方向和顺序（成熟）的理论知识，特别要意识到儿童成长在稳定与不稳定之间的波动性。例如，2 岁半左右的儿童往往不听大人的话，变得执拗。假如父母了解到这种固执是成长的一种自然状态的话，他们就不会迫切地想要去改变或杜绝这种现象，而是会更灵活地对待儿童，甚至会因儿童试图建立自己的独立个性而感到欣慰。

（三）教养者应学会欣赏儿童，并善于观察

格塞尔认为，教养者应该学会欣赏儿童的成长，观察并享受儿童每一周、每一个月出现的新的发展现象；不要老是去想"下一步应发展什么了"，而应该和儿童一道充分体会每一阶段成长的乐趣；应尊重儿童的实际水平，在儿童尚未发展成熟时，要耐心等待。

知识扩展

科学进行幼小衔接

2021 年 3 月，《教育部关于大力推进幼儿园与小学科学衔接的指导意见》出台。该文件聚焦幼儿园和小学两个主体，强化衔接合力，提出了五条幼小衔接举措。一是"幼儿园做好入学准备教育"，帮助幼儿做好生活、社会和学习等多方面的准备。二是"小学实施入学适应教育"，将一年级上学期设置为入学适应期，改革一年级教育教学方式，强化与幼儿园教育的衔接。三是"建立联合教研制度"，指导教师加强在儿童发展、课程、教学、管理等方面的研究交流。四是"完善家园校共育机制"，帮助家长认识过度强化知识准备、提前学习小学课程内容的危害，积极配合幼儿园和小学做好衔接。五是"加大综合治理力度"，各级教育部门要会同有关部门持续加大对校外培训机构、小学、幼儿园违反教育规律行为的治理力度，开展专项治理。

任务二　精神分析学派的儿童发展观

精神分析是西方现代最重要的学术思潮之一。20 世纪前期，精神分析学派的儿童发展观对儿童的人格结构和心理发展阶段进行了系统的阐述。该学派的创始人是奥地利心理学家弗洛伊德，代表人物是弗洛伊德和埃里克森。

一、理论观点

（一）弗洛伊德的精神分析理论

弗洛伊德是奥地利的一位精神病医生，他从自己的临床经验出发，对儿童的人格结构和心理发展阶段进行了系统的阐述，逐步形成了精神分析理论。

1. 人格结构

弗洛伊德认为人格有三个层次，分别是本我、自我和超我，如图 2－2 所示。本我是人格结构中比重最大的一个部分，有很强的生物进化性，是儿童基本需要的源泉。本我按快乐原则行事，处在潜意识层面。自我处在意识层面，按现实原则行事。超我则是意识层面中的道德成分，体现为根据情境对自我进行约束和决策选择。

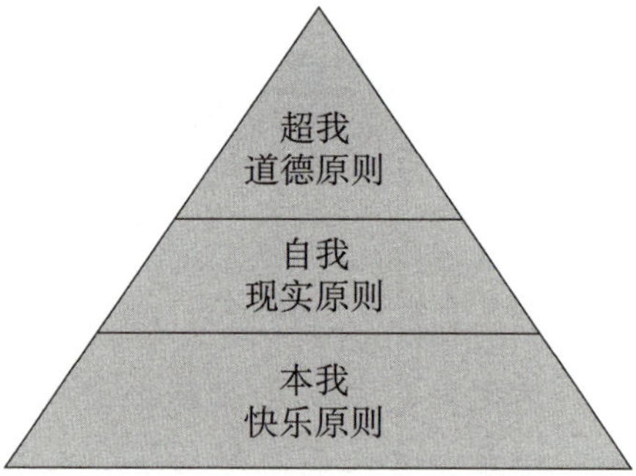

图 2－2　弗洛伊德提出的人格结构及对应原则

人在出生时，人格的全部就是本我。其主要功能就是最大限度地满足与生俱来的生物本能。当新生儿饿了或尿湿了的时候，他们就会不顾一切地哭闹，直到有人来满足他们的需要为止。

自我的功能就是寻求更为实际的、被社会允许的方式来满足本能的需求。所以，当一个 1 岁半的婴儿想要喝奶时，他会找到妈妈说“奶”，而非哭闹。

超我是人格结构中的“良心”成分——儿童逐渐将父母的道德标准与价值观内化而形成了对自己行为的评价标准。超我一旦形成，儿童就不再需要成人来指出他们表现的好坏了，他们已经能判断自己的好与不好，并会对自己不好的行为感觉到愧疚和羞耻。

2. 心理发展阶段

弗洛伊德根据不同阶段儿童的集中活动能力，把心理和行为发展划分为由低到高的五个渐次阶段，分别是口腔期、肛门期、性器期、潜伏期和两性期。

（1）口腔期（0～1 岁）。这一时期儿童需要的满足主要来自口腔区域的刺激，比如吮吸乳房和奶嘴。如果口腔的需要未能得到适当满足，儿童将来可能形成诸如吮吸手指、咬手指甲、暴食和成年以后抽烟的习惯。

（2）肛门期（1～3 岁）。1～3 岁儿童从憋住大小便然后排泄的行为中获得快感，上厕所成为父母训练儿童的主要内容之一。在这一时期，弗洛伊德特别要求父母注意对儿童的大小便训练不宜过早、过严，否则会对儿童人格的形成产生不利影响。

（3）性器期（3～6 岁）。当自我冲突转移至性器官时，儿童会发现性刺激的快感。弗洛伊德认为 3 岁后的所谓“性生活”，主要是指儿童依恋异性父母的俄狄浦斯情结，即男孩产生恋母情结，女孩产生恋父情结。

（4）潜伏期（6～11 岁）。性本能消失，超我进一步发展，儿童从家庭以外的成人和一起玩耍的同性伙伴那里获得了新的社会价值观念，同时俄狄浦斯情结逐渐消失，男孩和女孩开始以同性父母为榜样来行事，弗洛伊德把这种现象称为“自居作用”。

（5）两性期（11 岁以后）。潜伏期的性冲动再度出现，如果前面的阶段发展得顺利，之后就会顺利过渡到结婚与生育后代的阶段。

想一想

你如何评价弗洛伊德的精神分析理论？

（二）埃里克森的人格发展阶段理论

心理学家埃里克森是新精神分析学派的代表人物。他强调儿童是积极主动且能适应环境的探索者，同时强调自我的功能，他认为自我不仅仅是解决本我与超我冲突的简单仲裁者，而是人在各个发展阶段，都要发挥自我的功能来处理社会现实问题，以便成功地适应环境。此外，他还特别强调社会文化对人格发展的影响。

1. 人格发展的影响因素

埃里克森修正并发展了弗洛伊德的理论。他认为人格的发展受到生理、心理和社会三个方面因素的影响。在人格发展中，自我起着主导作用，他主张引导性欲向合理的方向发展，将个人的内心生活和社会任务结合起来。

2. 人格发展的阶段

埃里克森认为人格发展可分为八个阶段，每个阶段都会面临一对危机或冲突。要想顺利进入下一个发展阶段，就必须先解决好当前所面临的危机。

学前儿童的发展主要涉及前四个阶段：

（1）婴儿期：基本信任对不信任（0～1 岁）。本阶段的发展任务是满足生理需要，获得信任感而克服不信任感，体验愿望的实现。生理需要能否得到满足是本阶段的关键，如果能够得到满足，则儿童对环境产生基本的信任感。

（2）儿童早期：自主感对羞怯、疑虑（1～3 岁）。这个阶段，儿童的肌肉有了一定的成熟，开始学会如何控制自己的肌肉。父母在这一阶段可以开始训练儿童大小便。本阶段的发展任务是满足儿童探索的需要，使其获得自主感，克服羞怯和疑虑，体验意志的实现，这影响着儿童未来对社会组织和社会理想的态度，为遵纪守法地生活打好基础。

（3）学前期（游戏期）：主动对内疚（3～6 岁）。如果前两个阶段的危机顺利解决，儿童就会感到自己是一个自由的个体，开始从语言上和行动上探索环境，如果父母鼓励儿童的好奇心和想象力，给儿童充分的自由，理解儿童，儿童就可获得主动，克服内疚，体验目的的实现。儿童未来在工作上或经济上的成就都与本阶段的主动发展有关。

（4）学龄期：勤奋对自卑（6～12 岁）。本阶段的主要任务是学习。教师成为儿童心理发展最重要的影响因素。如果儿童在学校里经常获得成功，并得到家长和教师的承认和奖励，他们就可获得勤奋感，克服自卑感，体验能力的实现。成人对学习和工作的态度和习惯都可以追溯到这个时期的发展情况。

案例链接

2 岁半的泽泽已经上托班了，妈妈发现他开始什么都抢着干，比如去上幼儿园一定要自己戴帽子，有时妈妈觉得泽泽动作太慢，时间来不及，就直接给泽泽戴上了，这时泽泽会哭着摘下来再重新戴上。奶奶包饺子的时候，他也会拿着擀面杖对着面团擀呀擀，说要帮奶奶包饺子，还学着奶奶的样子到碗里抓面撒到案板上。此外，穿衣、吃饭、排便他都要自己做。

想一想：如何利用埃里克森的人格发展阶段理论向妈妈解释泽泽的行为呢？

分析提示：2 岁半的泽泽正处于埃里克森人格发展阶段理论的儿童早期，此阶段的儿童开始有了自主感，表现为“闹独立”，什么事情都要自己做。妈妈应该支持泽泽的自主行为，这样有助于泽泽未来养成自信、敢于挑战、不怕困难的品质，否则会导致泽泽出现依赖性强、缺乏自信、自我怀疑等情况。

二、理论应用

（一）重视早期经验和亲子关系

精神分析学派一方面强调早期经验对于人的一生具有重要影响，认为过去的生活与经历会对人以后的行为产生影响；另一方面强调父母的教养态度与方式直接决定着儿童童年生活的质量。精神分析学派的理论与研究，使人们开始注意哺乳方式、断奶时间与方法、大小便习惯的训练、亲子关系的处理等问题，并注意到成人尤其是父母在儿童早期生活和人格的形成与发展中的重要地位与作用。

（二）重视健全人格的培养

精神分析学派强调培养健全人格的重要性，认为人格教育是教育的重点和最终目的。因此，教育不能只重视知识技能的传授，也要注重培养儿童“爱人的能力”。对儿童的人格教育，要符合其身心发展的特点，不能一味地灌输，要创设能让儿童体验与感受到尊重、爱、安全的环境，使儿童获得成功、自信的体验，成为积极主动的学习者。

（三）根据儿童不同发展阶段的需求因材施教

埃里克森的人格发展阶段理论强调个体的社会经验，他认为每一个阶段都有需要解决的危机和冲突，如果危机和冲突得到较好的解决，个体便会发展相应的能力，顺利进入下一阶段。因此，成人要掌握儿童各个阶段的身心特征以及内在需求和动机，顺应儿童的不同需求，因材施教，有耐心并持续地教育儿童。在日常生活中，教师和家长可以采用观察法、谈话法、作品分析法等方法去发现儿童的内在需求。

任务三 行为主义学派的儿童发展观

行为主义是西方 20 世纪上半叶盛极一时的现代心理学理论。行为主义反对心理学研究意识和心灵，主张把人的行为作为心理学的研究对象。行为主义学派认为心理发展都是量的不断增加的过程，是由环境和教育塑造起来的。华生、斯金纳和班杜拉是行为主义学派在不同阶段的代表人物。

一、理论观点

（一）华生的行为主义观点

美国心理学家华生是行为主义的创始人。他受到生理学家巴甫洛夫动物学习研究的影响，认为一切行为都是遵循刺激（S）—反应（R）的学习过程。与洛克的“白板说”一样，华生认为环境是对儿童发展影响最大的因素。他认为：成人能通过仔细地控制刺激与反应的联结，来塑造儿童的行为；发展是个连续的过程，是由个人独一无二的经验锻造的，存在巨大的个体差异；随着儿童年龄的增长，刺激与反应的联结力度也逐渐增强。

华生认为一切行为都是习得的，他将这一观点推移到了情绪的习得上，他认为简单的情绪反应，经过条件反射作用，形成了更加复杂的情绪反应。

（二）斯金纳的行为主义观点

美国心理学家斯金纳认为，行为的习得不是有机体单纯地对刺激做出反应的过程，而是 S—O—R 的学习过程，O 是指操作后的不断强化，这就是强化理论。

知识扩展

小艾尔伯特恐惧实验

根据斯金纳的理论，行为分为两类，一类是应答性行为，另一类是操作性行为。前一类行为是由经典条件反射中的刺激引发的行为；后一类行为是个体自发的行为，其发生频率会在紧随其后的正强化作用下提高，如食物、称赞、友好的微笑或获得新玩具，同样也能通过惩罚，如不同意或取消特权等，来降低其发生的频率。

强化的具体方式有以下四种：

一是正强化，就是奖励那些符合目标的行为，以便使这些行为进一步加强或重复出现。比如当一个小女孩的礼貌行为经常受到父母的表扬和赞许时，这种行为会得到进一步加强，父母的表扬和赞许就起到了正强化作用。

二是惩罚，就是力图使所不希望出现的行为逐渐削弱，甚至完全消失。比如让一个有攻击性行为的儿童暂时到反思角冷静一下。

三是负强化，就是对于符合目标的行为消除不良刺激，以便使这些行为进一步加强或重复出现。负强化强调的是一种事前的规避。俗语“杀鸡儆猴”就体现了负强化，通过对鸡的惩罚，增强猴对自己行为的约束，这一过程对于猴来说就是负强化。

四是强化程序，根据强化的组织和实施方式不同，可以把强化程序分为连续强化和间歇强化。连续强化是对个体的每一次反应都给予强化；间歇强化是根据一定的时间间隔或一定的反应给予强化。

案例链接

天天是幼儿园中班的幼儿，天性活泼好动，在教学活动中总是对周围的环境充满好奇，不能按老师的要求坐好，小屁股晃来晃去，回答问题也不爱举手。当老师拿出“魔法口袋”请个别幼儿来摸一摸时，天天就会立马冲到老师面前要摸，如果老师拒绝他，他就会在老师与其他幼儿互动时，自行去拿老师口袋里的玩教具。为了纠正天天的行为，这一天老师带来了“小粘贴”，热身活动结束后，老师对坐好的幼儿奖励了“小粘贴”，天天没有按要求坐好，老师没有给他。看到别的幼儿的“小粘贴”，天天非常羡慕。他很不高兴，有些按捺不住，开始摇晃小椅子。但当老师再次说“哪位小朋友坐得好，老师就再奖励给他‘小粘贴’”时，天天立马表情严肃、认真地坐好，脸上满是期待的神情。老师见状说道：“天天这次坐得很好，老师奖励你一个‘小粘贴’！”就这样，在整个教学活动中，为了得到“小粘贴”，天天的表现比以往好多了！

想一想：如何用斯金纳的行为主义观点解释天天行为的变化呢？

分析提示：当幼儿坐好（行为）后老师会奖励“小粘贴”（刺激物），天天因此而更多地出现坐好的行为，这正是利用了正强化的方法。

（三）班杜拉的行为主义观点

班杜拉是美国心理学家，他最重要的观点就是观察学习和替代强化。

所谓观察学习，就是儿童通过对他人行为及其强化行为结果的观察，获得某些新的反应，或使现有的行为习惯发生改变。在他看来，儿童总是“张着眼睛和耳朵”观察和模仿周围人们的那些有意和无意的反应，且其观察、模仿带有选择性。如当一个2岁的儿童观察到他的姐姐接近并宠爱小狗后，他可能也会与小狗建立积极的关系。

所谓替代强化，是指儿童观察到他人的行为受到表扬或惩罚，自己的行为也受到了相应的强化。如一名儿童看到他的一个同伴推倒了另一个同伴并获得了想要的玩具，那么他以后也可能尝试使用这个方法。

除了观察学习过程中的替代强化外，个体还会进行自我强化，即当自己的行为达到自己设定的标准时，儿童就会用自我肯定或自我否定的方法来对自己的行为做出反应，比如完成拼图游戏的儿童会为自己拍手叫好。

儿童通过对他人自我表扬和自我批评的观察，以及对自己行为价值的评价，逐渐发展出自我效能感——认为自己的能力和个性能够使自己获得成功的一种信念。

想一想

按照班杜拉的理论观点，教养者应该对学前儿童起到怎样的榜样示范作用？

二、理论应用

（一）注意环境的影响

教师应创设适宜儿童发展的良好环境，尽可能避免来自外界环境的一切不良刺激，以促进儿童身心健康发展。教师是环境的设计者，是利用环境因素来培养儿童良好行为的“工程师”。教师应当根据对儿童行为与进步的观察，来提供适宜的学习材料。

（二）学习目标要制定得具体详尽

教师在制定儿童学习目标时，要把期望儿童达成的行为或完成的任务，分解成一系列细致的行为步骤。例如，“进餐”可以分解为使用勺子、倒水入杯、用餐巾纸或毛巾、传递食物等具体细致的环节；其中每一个环节还可以再分为更具体的步骤。当教学目标或任务被分解为具体的行为步骤之后，教师就可以按照“小步子”原则，一个动作一个动作地帮助儿童掌握动作技能，最后帮助儿童完成预期的学习任务。

（三）注意运用强化控制原理

行为主义认为，人的行为能否保持下去与它的后果有关。强化作用是塑造与修正儿童行为的基础，表扬、奖励是强化的基本手段。教师须谨慎地运用批评等手段，因为如果运用不当，反而会强化不好的行为倾向。

（四）注意榜样对儿童学习的影响

行为主义非常重视榜样对儿童学习的影响，认为儿童是通过直接经验和观察来学习的。以观察学习为基础的示范教学，可以为儿童提供正确的榜样或模仿对象，减少错误的尝试和不必要的时间浪费。在示范教学中，教师要选择儿童感兴趣、容易为儿童接受的模仿对象。教师是儿童心目中的“权威”，教师的一举一动、一言一行都会对儿童产生影响，成为儿童模仿的对象。例如，教师态度和蔼、亲切，儿童就能习得良好的待人态度。因此，教师必须时刻注意自己的一言一行，注意言传身教。此外，家庭教育要和幼儿园教育配合一致，父母也应为儿童树立良好的榜样。

想一想

请用行为主义理论观点分析孟母三迁的故事。

任务四　认知发展学说的儿童发展观

瑞士心理学家皮亚杰以发生认识论为基础，提出了心理认知发展理论，该理论对于当代心理学的发展和改革具有重要的影响。

一、理论观点

（一）皮亚杰认知发展的观点

皮亚杰认为心理发展是在内因和外因的相互作用下，心理图式不断产生量变和质变的过程。他提出心理结构的发展涉及图式、同化、顺应和平衡四种机制。其中，图式是核心概念。

图式，就是动作的结构或组织，这些动作在相同或类似的环境中由于不断重复而得到迁移和概括。不同个体对于同一环境刺激有不同的反应，就是因为每个人的图式不同。同化则是指主体将外界刺激纳入自己的图式中，是个体获得新经验的过程。顺应是指当主体不能利用原有图式接收和解释新的刺激时，便改变自身图式以适应新的环境。平衡是指同化和顺应两种机能的平衡。新的暂时的平衡，并不是绝对静止或终结，而是某一水平的平衡成为另一较高水平的平衡运动的开始。个体通过同化和顺应这两种形式实现机体与环境的平衡。这种不断的平衡—不平衡—平衡……的过程，就是适应的过程，也就是心理发展的本质和原因。

（二）影响心理发展的因素

皮亚杰认为影响心理发展的因素有四个：成熟、物理环境、社会环境、平衡。成熟是指机体的成长，特别是神经系统和内分泌系统的发展。儿童心理的发展必须依赖先天的遗传因素和生理基础。物理环境包括物理经验和数学逻辑。社会环境是指影响主体心理发展的社会因素，包括社会生活、社会传递、文化教育、语言信息等。皮亚杰强调，社会环境对人的心理发展的影响，是以主体的认识结构为前提，通过社会互动作用而实现的。平衡过程是主体内部存在的机制，如果没有主体内部的同化、顺应、平衡机制，任何外界刺激对主体本身都不起作用。

（三）儿童心理发展阶段

皮亚杰依照儿童智慧发展的水平，将儿童心理的发展划分为四个阶段。

1. 感知运动阶段（0～2 岁）

这一阶段儿童的学习限于最简单的身体动作和感官知觉（视觉、触觉、嗅觉、味觉和听觉）方面。在这个阶段，儿童还没有语言和思维。儿童在 9～12 个月时逐渐形成客体永久性的概念。所谓客体永久性，是指儿童脱离了对物体的感知后仍然相信该物体持续存在的意识，即当某一客体从儿童视野中消失时，他仍然知道此客体是存在的。

2. 前运算阶段（2～7 岁）

该阶段儿童认知上的最大进步就是对不在眼前的客体有了更好的心理表征，语言和符号的初步掌握使体验超出直觉范围（这一阶段是动物能达到的极限），出现直觉思维或表象思维。这一阶段儿童的心理主要有四个特点：一是相对具体性，儿童开始依靠表象思维，但是还不能进行运算思维；二是不可逆性，突出表现为缺乏守恒概念；三是自我中心性，具体表现为以自我为中心思维，儿童只能以自己的经验为中心来理解事物、认识事物；四是泛灵论，具体表现为儿童将一切物体都赋予生命的色彩。

知识扩展

三山实验

皮亚杰把大小不同的三座山的模型摆放在桌子中央，四周各放一张椅子；然后带着儿童围绕三座山的模型散步，使儿童可以从不同角度观察这三个模型的形状；散步以后，让儿童坐在其中的一张椅子上，将洋娃娃放在儿童对面的椅子上，问儿童“娃娃看到了什么”，然后向儿童出示从不同的角度拍摄的“三座山”的照片，让儿童挑出娃娃所看到的景色。

实验结果显示，不到 4 岁的儿童根本不懂得问题的意思；4～6 岁的儿童不能区分他们自己和娃娃看到的景色；8～9 岁的儿童能够理解自己与娃娃的观测点之间的某些联系。

3. 具体运算阶段（7～11 岁）

进入具体运算阶段，儿童开始形成逻辑思维和运算能力，能够对大小、体积、数量和质量进行推论思考，把概念体系用于具体事物，并逐渐能够运用守恒概念。在这一阶段，最重要的一种运算是分类。

4. 形式运算阶段（11 岁以上）

这一阶段儿童不再依靠具体事物来运算，能够进行抽象概括，做出几种假设推测，并通过象征性的操作来解决问题。儿童达到了认知发展的最高阶段，思维已接近成年人水平。

案例链接

蘑菇钉是幼儿喜爱的玩具之一，小班李老师通过观察发现浩浩每次进行区域活动时都会玩蘑菇钉，乐此不疲，有时候还能看到他脸上洋溢着自豪的小表情，这引起了李老师的注意。李老师观察了浩浩几天，发现他玩蘑菇钉时并不像其他幼儿一样使用提示卡片，而是根据自己的想象来拼出不同的物体，有时是小汽车，有时是房子，有时是大树。李老师坐在他身旁，看他拼完后，说道："浩浩，你可真厉害呀，我发现你都没用提示卡片就能拼出这么多东西，你太厉害了！"浩浩听到老师的夸奖开心地笑了。

想一想：浩浩不用提示卡片就能拼出很多物体，这体现了浩浩心理发展的什么特点？

分析提示：浩浩能在不使用提示卡片的前提下拼出不同的物体，体现了他较高的表象思维发展水平，而有的小朋友还不能做到，说明每个幼儿的表象思维发展水平是不同的，有快有慢，这符合前运算阶段幼儿思维的特点。

二、理论应用

（一）教育应配合儿童的认知发展顺序

首先，按儿童的认知发展顺序安排课程。课程内容、进度以及何时该教什么应按儿童心理认知状态的变化来设计。其次，教材应不显著超越儿童现有的认知发展水平。皮亚杰认为儿童接受有关的知识，必须同时具备同化它们的结构能力，否则只会事倍功半。最后，传授教材知识时，重点不宜放在加快儿童的学习进度上。教育不是以传授最多的知识为唯一目的，让儿童学会学习并得以发展才是教育追求的目标。

（二）以儿童为中心，大力发展儿童的主动性

皮亚杰认为儿童的认知能力不能从外部获得，只能从内部形成。教育必须致力于发展儿童的主动性，只有儿童自主发现的东西，才能被他们积极地同化。

（三）重视活动在教育中的作用

皮亚杰认为知识的形成主要依靠活动的内化作用，儿童只有具体、自发地参与各种活动，才能获得真正的知识。如有关树木的真实概念只有在儿童真正观察树木时才可能获得并精细化，否则即使看了树的图片、听了有关树的故事、读了有关树的书，儿童也不可能真正形成关于树的知识。逻辑数学知识的形成同样来自对客体的动作，仅凭听和读不可能形成诸如数量、长度和面积等概念。社会经验知识的形成也要依靠儿童与他人之间的相互作用。

（四）注重游戏和探索的教学方法

一方面，根据不同年龄阶段安排不同的游戏。皮亚杰认为，无论何时，只要能成功地把初步的阅读、算术或拼读改用游戏的方式进行，儿童就会热情地沉浸于这些游戏中，并获得真正有益的知识。另一方面，每个学科都必须提供能够引发儿童大量探索活动的机会，并使之与一定的知识体系相联系。

皮亚杰关于儿童认知守恒的观点是在近百年前提出的，尽管有其合理性和指导性，但他的实验结果和理论多是基于当时儿童的发展特点得出的，如今的儿童无论是生长的环境还是身心的变化都与百年前有一定差异。教育工作者要从教育实际出发，以发展的眼光、实事求是的原则来运用理论指导教育实践。

任务五　维果斯基的儿童发展观

苏联心理学家维果斯基同皮亚杰一样，强调儿童能积极主动地探索世界，但和皮亚杰不同的是，他认为，儿童心理的发展并不完全取决于认知成熟，儿童与成人或年长伙伴的互动是影响儿童发展的重要因素，他强调社会教育在儿童心理发展中的作用。

一、理论观点

（一）心理发展的实质

维果斯基认为，心理发展指的是一个人的心理（从出生到成年）在环境与教育的影响下，从低级心理机能逐渐向高级心理机能转化的过程。

低级心理机能，是个体依靠生物进化而获得的心理机能，是心理种系发展的结果。低级心理机能是人类和动物共有的心理机能。低级心理机能的主要形式有：感觉、知觉、机械记忆、情绪、冲动性意志等心理过程。

高级心理机能是人类特有的心理机能，它具有以下特点：高级心理机能是随意的、主动的；高级心理机能的反映水平是概括的和抽象的；高级心理机能的过程是间接的，是以符号或词为中介的；从起源上看，高级心理机能是社会历史发展的产物，受社会规律制约；从个体发展上看，高级心理机能是在人际交往中产生并不断发展的。高级心理机能的主要形式有：思维、有意注意、抽象记忆、高级情感、理智性意志等心理过程。

（二）教学与发展的关系

维果斯基还分析了教学与发展的关系。他主要在三个方面进行了研究和论述：一是最近发展区；二是教学要走在发展的前面；三是关于学习最佳期限的问题。维果斯基认为，儿童至少有两种发展水平，一种是现有的发展水平，另一种是在教育影响下所能达到的发展水平，这两种发展水平之间的区域就是最近发展区。教学创造着最近发展区，决定着智力的发展。这种决定作用既表现在智力的内容、水平以及智力活动的特点上，也表现在智力发展的速度上。因此，他提出教学要走在发展的前面。维果斯基还强调学习的最佳期限。他认为，如果脱离了学习某一技能的最佳年龄，从发展的角度来看是不利的，它会造成儿童智力发展的障碍。因此，开始某一种教学，必须以儿童的成熟与发育水平为前提，更重要的是教学必须首先建立在正在发展的心理机能的基础上，走在心理机能形成的前面。

案例链接

朵朵最近对辨识颜色非常有兴趣，因为妈妈总是和她玩找颜色的游戏。一次家庭聚餐，朵朵和妈妈在饭店里又玩起了找颜色的游戏，这次两人商量要找餐桌上的白色，朵朵和妈妈轮流说。朵朵：“盘子是白色的、餐巾纸是白色的、米饭是白色的、沙拉酱是白色的，还有瓶盖是白色的……”朵朵在和妈妈一起找颜色的游戏中观察得越来越仔细，她发现餐桌上原来有这么多白色的东西。

想一想：如何利用最近发展区理论解释朵朵辨识颜色的过程？

分析提示：这个案例反映出朵朵的颜色认知水平不断提高和发展。朵朵正处在对颜色感兴趣的阶段，在妈妈的支持和引导下，朵朵对颜色的观察力不断增强，能够从身边环境中找到不同的白色物体，这正处于朵朵的最近发展区。游戏的形式使朵朵的颜色辨识能力不断发展。

二、理论应用

（一）建立新型的因材施教观

因材施教是我国古代流传下来的一条重要的教育教学原则，是指依据学生的实际情况，施行相应的教育。按照维果斯基“教学引领发展”的观点，教育工作者不仅要了解儿童的现有发展水平，而且要掌握儿童的潜在发展水平，并根据儿童的现有发展水平与潜在发展水平，寻找其最近发展区，把握教学最佳期，以引导儿童向着潜在的、更高的水平发展。

（二）鼓励儿童在解决问题的过程中学习

在维果斯基看来，儿童的学习应当融入对日常不断产生的矛盾冲突的解决中，而教学则应当为儿童提供解决问题的机会，鼓励儿童在解决问题的过程中学习和探索，从而成为问题解决过程的主人。

（三）重视交往在教学中的作用

维果斯基认为，在教学中，教师与儿童之间、儿童与儿童之间通过交往来沟通、交流、协调，从而共同完成教学目标。儿童在交往中发现自我，增强主体性，形成主体意识；在交往中学会合作，学会共同生活，形成丰富而健康的个性。因此，教师要在教学实践中设计各种各样的教学活动，创设教师与儿童、儿童与儿童之间进行学习与交往的情境，从而有效地促进儿童学习。

任务六　陈鹤琴的儿童发展观

陈鹤琴是中国近代学前教育理论和实践的开创者。他倡导“活教育”，主张中国儿童教育的发展要适合国情，符合儿童身心发展规律。他还创办了中国第一所实验幼稚园——南京鼓楼幼稚园。

一、理论观点

（一）儿童不同于成人

陈鹤琴认为，儿童不是成人的缩影。“常人对于儿童的观念之误谬，以为儿童是与成人一样的……所不同的就是儿童的身体比成人小些罢了……我们为什么叫儿童穿起长衫来？为什么称儿童叫‘小人’？为什么不准他们游戏？为什么逼他一举一动更像我们成人一样？这岂不是明明证实我们以为儿童同成人一样的观念么？”他认为，每个儿童都是一个独立的个体，有其独特的身心特点，有他自己的需要、兴趣、情感和性格。

（二）儿童心理的特点

1. 好奇

世界对于儿童来说是新鲜的、陌生的，儿童对此会产生强烈的好奇心，他们会不厌其烦地询问“这是什么?”“那是什么?”“这是为什么?”“那是为什么?”，遇到不懂的事情总想弄明白。好奇心能够引发浓厚的兴趣，从而使儿童产生强烈的求知欲。

2. 好动

儿童由于好奇而产生难以抑制的冲动，他们一会儿摸摸这个，一会儿弄弄那个，一刻也不停，什么都想看，什么都要听，什么都希望尝试一下，其行为完全由感觉与冲动所支配。儿童因好动而觉得好玩，因好玩而喜欢游戏，他们以游戏为生命，乐此不疲。儿童好动、好玩、好游戏的天性，使其喜欢与外界事物接触，而这种接触能够极大地丰富他们的知识、发展他们的能力，使他们逐渐了解自己所生活的世界。

3. 好模仿

成人的一言一行和同伴的一举一动都可能引起儿童的主动模仿。模仿是人的一种本能，是儿童学习、成长的重要方式。个体最初学会的种种本领，大都是通过模仿习得的。正因为儿童喜好模仿，所以他们容易接受教育，可塑性很强。

4. 好群

儿童不愿意独处。从 4 个月开始，如果让他独自一人睡，无人陪伴，他就会哭。哭的用意无非是发泄自己的不满，要求别人来陪伴他。随着年龄的增长，儿童好群的欲望也逐渐增强，3 岁以后的儿童，尤其喜欢与同伴玩耍，此时若无同伴，他们会感到十分孤独。儿童的好群性是他们实现社会化的根本保证。

二、理论应用

（一）“从出生教起”

儿童一生下来就是一个有生命力、生长力，能够分辨与取舍外界刺激，具有学习能力的积极个体，是一个主动探索环境者。陈鹤琴从自己的教育实践和实验中得出结论，“幼稚时期（从出生到七岁）是人生最重要的一个时期，它将决定儿童的人格和性格；人一生的习惯、知识技能、言语、思想、态度和情绪都要在此时期打下基础。这个时期是发展智能、学习言语最快时期，是道德习惯养成最易时期”。由此，在教育的起点上，他主张把“从小教起”改为“从出生教起”。

（二）“活教育”理论

陈鹤琴说：“活教育的目的是为培养一个人，一个中国人和一个现代中国人。”他认为“现代中国人”要有健全的身体、创造的能力、服务的精神、合作的态度和世界的眼光。

陈鹤琴认为，“活教育”的课程应该是“把大自然、大社会做出发点，让学生直接向大自然、大社会去学习”。他对传统教育中过分注重书本知识的教学加以批评。他认为书本上的知识是死的、是间接的，书本只可以适当用作参考。具体到课程编制上，他提出了“五指活动”的新课程方案，即课程内容包含健康活动、社会活动、科学活动、艺术活动和语文活动五个方面，这与《幼儿园教育指导纲要（试行）》提出的幼儿园五大领域基本一致。

陈鹤琴先生“活教育”的方法论吸收了杜威“做中学”的思想，但又更进一步——不但要做中学，还要做中教，做中求进步。陈鹤琴作为中华民族的儿童教育家，提出了更适合中国本土情况的儿童发展理论，为儿童心理学中国化和本土化做出了重要贡献。

案例链接

一天傍晚，陈鹤琴的儿子一鸣将自己的图书都搬到了父母的房间里，玩起了“贩卖”的游戏。游戏结束后陈鹤琴提醒儿子收拾图书，一鸣要求吃完饭再收拾，可吃完饭后又说该睡觉了。这时陈鹤琴思考了一下说道：“一鸣，我帮你一起收拾。”陈鹤琴随即动起手来，边收拾边“嗨呵、嗨呵”地吆喝着。一鸣平时最喜欢这么叫着玩儿，他也想加入爸爸的游戏中，所以也立马“嗨呵、嗨呵”地搬起了图书。

想一想：陈鹤琴是如何让一鸣动起手来收拾图书的？

分析提示：陈鹤琴从儿童不同于成人的、独特的需要和兴趣出发，利用一鸣喜爱的游戏形式，引导其参与到收拾图书的过程当中。

任务测验

1. 训练目标

（1）结合教育教学实际和相关理论，初步辨别和分析学前儿童的学习过程。

（2）学会将学前儿童心理发展观应用于教学实际。

2. 训练内容

（1）根据具体的教育教学案例，利用班杜拉的行为主义观点分析学前儿童是如何进行观察学习的。

(2) 按照维果斯基的最近发展区理论，以小组为单位制定某一年龄班的教育活动目标。

3. 训练评价

(1) 能准确反映心理学理论的基本思想，并能将理论与实践相融合，语言表达清晰、准确，逻辑性强。(20 分)

(2) 能小组分工合作，共同制定符合年龄班特点的教育活动目标。(20 分)

(3) 能完成学前儿童观察学习记录和反思。(30 分)

(4) 能进行三维目标的撰写，且目标表述具体、可操作性强。(30 分)

项目三　学前儿童注意的发展

学习目标

知识目标

1. 了解注意的概念、外部表现、功能、种类和品质。
2. 掌握学前儿童注意发展的特点及影响因素。

能力目标

1. 能根据不同年龄阶段学前儿童注意发展的规律和特点组织开展教育活动。
2. 学会分析和评价学前儿童注意发展的规律和特点。

素养目标

1. 正确认识学前儿童在注意发展过程中出现的各种问题。
2. 形塑人与自然生命共同体的思想意识，能以身作则进行学前儿童自然教育活动。

幼儿故事

在小班艺术领域“妈妈过生日”活动中，教师为了引出主题，利用 PPT 展示蛋糕图片，问小朋友：“这是什么？猜猜今天谁过生日？”有几个小朋友争抢着回答：“生日蛋糕!”“生日蛋糕!”……“我吃过生日蛋糕!”随即，其他小朋友像炸开了锅一样纷纷表达自己也吃过各种口味的蛋糕。于是，小朋友们都讨论起了生日蛋糕。

想一想：小朋友们为什么会出现答非所问的现象？

分析提示：这些小朋友出现答非所问的现象，是因为生日蛋糕图片吸引了他们的注意，他们没有注意到老师提问的内容，而是自顾自地说起了吃生日蛋糕的话题，产生了注意分散。幼儿注意的特点是无意注意占优势，有意注意逐渐发展。教师在激发幼儿兴趣的同时也要注意避免无关刺激对教学的干扰，从而保证教学的质量。

任务一　注意概述

一、注意的概念

注意是指心理活动对一定对象的指向和集中。指向性和集中性是注意的两个基本特征。注意的指向性实质上是选择性，是指在某一时刻人的心理活动选择了某些事物，而同时离开其他事物。注意的集中性就是注意力在所指对象上的保持与巩固。也就是说，注意不仅使心理活动有选择地指向一定事物，而且全神贯注地对待这一事物。当我们使自己的心理活动专注于某一对象时，对其他刺激物就会“视而不见、充耳不闻”。

注意是一切认识过程的开端。可以说，注意是心理旅程中的领航员和护航员，没有注意，我们有意识的心理活动就会偏离航线。注意不是一种独立的心理过程，而是其他心理过程的一种积极的伴随状态。也就是说，注意不能独立存在。

二、注意的外部表现

注意最显著的外部表现有以下几种。

（一）适应性运动

人在注意听一个声音时，把耳朵转向声音的方向，即所谓“侧耳倾听”；人在注意看一个物体时，把视线集中在该物体上，目不转睛；当人沉浸于思考或想象时，眼睛朝着一个方向“呆视”着，周围的一切变得模糊起来。

（二）无关运动的停止

当一个人集中注意时，他会自动停止与注意无关的动作，如学前儿童在注意听故事时，会停止小动作或交头接耳，表现得异常安静。

（三）呼吸运动的变化

人在集中注意时，呼吸会变得轻微而缓慢，而且呼吸的时间也会发生改变，一般来说，吸得更短促，呼得更长。在注意紧张时，人还会出现心跳加速、牙关紧闭、拳头握紧等现象，甚至出现呼吸暂停现象，即所谓“屏息”。

三、注意的功能

注意是整个心理活动的引导者和组织者，它能够使人清晰地反映客观事物，及时、适当地集中自己的心理活动，更好地适应环境并改造环境。注意主要有以下几种功能。

（一）选择功能

注意能使人在某一特定时间内选择有意义的、符合当前活动需要的特定刺激，同时避开或抑制那些无关刺激的干扰，即注意可以将有关信息线索择出来，使心理活动具有一定的指向性。选择功能是注意的首要功能，注意的其他功能都是在这一前提下发生作用的。

（二）保持功能

外界信息进入大脑后，必须经过注意才能得到保持，否则很快就会消失。因此，要想使幼儿园的教学活动取得成效，就必须使学前儿童充分发挥注意的保持功能。

（三）调节和监督功能

注意使人的心理活动向着一定的方向和目标进行，并能提高人的意识觉醒水平，使心理活动根据当前的需要进行适当分配和及时转移，从而更好地适应周围环境的变化。

四、注意的种类

根据有无自觉目的性和意志努力划分，注意可分为无意注意和有意注意两类。

（一）无意注意

无意注意是指既无预定目的，也不需要意志努力的注意，也称随意注意。如在路上行走时，对突然响起的汽笛声的注意，就是无意注意。

想一想

请同学们做一下自我分析：一般在什么情况下，你会产生无意注意？你的注意容易受哪些因素影响？

引起学前儿童无意注意的原因有两种：

（1）刺激物的物理特性。新异的、对比鲜明的刺激物以及高强度的刺激等都容易引起学前儿童的无意注意。

（2）人本身的状态。当身体疲倦或生病时，学前儿童注意力很难集中，容易被无关刺激吸引，产生无意注意。

（二）有意注意

有意注意是指有预定目的、需要一定意志努力的注意，是注意的一种积极、主动的形式。它服从于一定的活动任务，并受人的意识的自觉调节和支配。例如，学前儿童有目的、有意识地搜集保护环境的方式方法，就是有意注意；学前儿童要探究蝴蝶的生长过程，在搜集资料、观察实物的过程中就要集中注意，不受其他活动的干扰，并坚持努力才能把它完成，这也是有意注意。

引起和保持有意注意的条件主要有：

（1）明确的活动目的和任务。一般来说，活动的目的越明确、越具体，个体的有意注意就越容易引起和维持。

（2）间接兴趣。兴趣可以分为直接兴趣和间接兴趣两种，直接兴趣在无意注意的产生中有重要作用，而间接兴趣则与有意注意有关。形成稳定的间接兴趣，有利于引起和保持有意注意。

（3）合理的活动组织。活动组织得是否合理，将直接影响到有意注意的产生和维持。

（4）已有知识经验的影响。已有知识经验越丰富，对注意对象的理解和熟悉程度越高，也就越容易保持有意注意。

（5）良好的意志品质。有意注意是一种随意注意，是需要用坚强的意志力来维持的。意志坚强的人能主动调节自己的注意，使之服从当前的活动目标和任务。

谈古喻今

董仲舒少年时读书非常刻苦，经常夜以继日地读书。他的书房紧靠着一个姹紫嫣红的花园，但他三年间没有进过一次花园，甚至连一眼都没瞧过。

想一想

同学们在搜集保护地球的方法的过程中，有哪些有意注意和无意注意呢？

五、注意的品质

注意的品质主要包括注意的广度、注意的稳定性、注意的转移和注意的分配四个方面。

（一）注意的广度

注意的广度也称注意的范围，是指一个人在同一时间内能够清楚地察觉和把握的对象的数量。“一目十行”“眼观六路”指的就是注意的范围。同一时间内所把握对象的数量越多，注意的广度越大；反之，注意的广度越小。

学前儿童注意的广度比较小，但随着年龄的增长，其注意的广度会逐渐扩大。注意的广度受到注意对象呈现方式、活动任务复杂程度以及个人已有的知识经验等几个方面的影响。

（二）注意的稳定性

注意的稳定性也称为注意的持久性，是指注意在同一对象或活动上所保持时间的长短。持续的时间越长，注意的稳定性越高；持续的时间越短，注意的稳定性越低，也越容易产生注意分散，也叫分心。

学前儿童注意的稳定性比较差，但随着年龄的增长，其注意的稳定性会逐渐提高。学前儿童在不同的年龄阶段，其注意的稳定性是有明显差异的。实验证明：在良好的教育环境下，小班幼儿（3～4岁）能够集中注意3～5分钟，中班幼儿（4～5岁）集中注意10分钟左右，大班幼儿（5～6岁）集中注意10～15分钟，有的甚至可以达到20分钟。而0～3岁婴儿注意持续的时间很短，容易产生注意分散。

案例链接

大班幼儿在“祖国妈妈我爱您”主题活动中，初步了解了我国民族的民俗风情和文化特色等内容。比如，幼儿通过亲子共同查阅资料、准备美术材料等形式进行“最美苗族”美术活动前的准备。当天幼儿带着期待和明确的任务参与到活动中，在观看视频时他们对苗族文化各抒己见，在操作环节中用纸壳、锡纸、银色毛根、布料等制作苗族服饰和头饰，如图3-1所示。伴随着苗族音乐，幼儿在动手制作的20分钟内全神贯注，直到活动结束还沉浸其中。

想一想：大班幼儿的注意一般能够保持多长时间？为什么案例中的大班幼儿可以集中注意20分钟？

分析提示：幼儿注意的稳定性有明显的年龄特征，大班幼儿有意注意保持的时间为10～15分钟。案例中的幼儿教师充分调动幼儿参与活动的兴趣，采用有意注意和无意注意并用的方法，延长了幼儿有意注意的时间，提高了幼儿注意的品质。

图 3－1　幼儿制作苗族头饰

（三）注意的转移

注意的转移是指根据活动任务的要求，主动地把注意从一个对象转移到另一个对象上。

注意的转移与注意的分散有着本质的区别。注意的转移是根据新任务的需要，主动、及时地把注意转向新的对象，是一个人注意灵活性的表现。注意的分散则是由于受到无关刺激的干扰，使自己的注意离开了需要注意的对象，是消极被动的。

案例链接

芊蔚和晨晨坐在大树下，手里拿着树枝玩着，两个人有说有笑，玩得十分投入。这时保安叔叔拿着水枪给草坪浇水。两个人看到后连忙放下手中的树枝，跑过去观看。随着水枪不断喷水，草坪上空出现了一道彩虹，保安叔叔指着彩虹说："快看，有彩虹！"芊蔚和晨晨拍着手说："看，有彩虹！""真的有彩虹，真美呀！"

想一想： 芊蔚和晨晨停下正在进行的游戏看保安叔叔给草坪浇水，这是注意的转移还是注意的分散呢？

芊蔚和晨晨在看保安叔叔给草坪浇水时，按着保安叔叔的指示看见了彩虹，这是注意的转移还是注意的分散呢？

分析提示： 案例中，芊蔚和晨晨把注意从正在进行的游戏转向了保安叔叔给草坪浇水，是被动地受到了无关刺激的干扰而产生注意分散。

芊蔚和晨晨在看保安叔叔给草坪浇水时，按着保安叔叔的指示主动、及时地去看彩虹，这是注意的转移。

（四）注意的分配

注意的分配是指同一时间内，把注意集中到两种或两种以上不同的对象或活动上。如学前儿童一边唱歌一边跳舞，就是注意的分配。同一时间内兼顾的活动越多，注意的分配性越好。

注意的分配受到同时进行的几种活动的活动性质和主体熟练程度的影响。同时进行的几种活动，如果是技能性的，注意就容易分配（如边骑自行车边打电话）；但如果是智力性的，就很难同时进行。

想一想

同学们可以同时一手画圆一手画方吗？实现这种注意分配需要哪些条件呢？

一般来说，学前儿童的注意品质整体水平较低，但随着年龄的增长，其注意的品质不断提高。注意的品质发展得越好，学前儿童在活动中的专注度越高。同时，注意的品质在学前儿童的入学准备中也起着至关重要的作用。

谈古喻今

《中庸》中说："博学之，审问之，慎思之，明辨之，笃行之。"我国古代教育家荀子也提出："君子壹教，弟子壹学，亟成。"

想一想

以上中国传统经典内容分别指向哪个注意品质？

任务二　学前儿童注意的发生与发展

成功学研究中有一个著名的"一万小时理论"，意思是说"做任何事，只要经历一万小时的锻炼，任何人都可以从平凡变为卓越"。有着"书圣"之称的王羲之，年幼时练字十分刻苦。他练字用坏的毛笔堆成了笔山，他洗毛笔和砚台的小水池成了墨池。可以说，王羲之的成功离不开他良好的注意品质。

一、婴儿注意的发生与发展

婴儿在新生儿时期就有注意现象。此后随着年龄的增长，婴儿注意不断发展。

想一想

新生儿具有无条件反射，突然响起的声音会使他暂停吮吸及手脚的动作，颜色鲜艳的物体会引起其视线的片刻停留。这属于注意吗？为什么？

（一）新生儿注意的发生

1. 原始的注意行为

新生儿刚开始接触外部环境时就会出现无条件定向反射，如在新生儿头部的一侧发出持续的声响，他就会逐渐将头转向这一侧。可以说这是最原始的初级注意，即定向性注意，也是无意注意发生的标志。

2. 条件反射的出现

出生后两周左右的新生儿出现明显的条件反射。随着生理的成熟，加上外界刺激的影响，新生儿又在无条件反射的基础上形成条件反射。新生儿最初的条件反射是由母亲的喂奶姿势引起的食物性条件反射。

3. 选择性注意的出现

选择性注意是指新生儿偏向于对一类刺激物注意得多，而在同样情况下对另一类刺激物注意得少的现象。例如，陌生人和主要照料人同时呼唤新生儿时，新生儿更倾向于看主要照料人。

（二）婴儿注意的发展

想一想

刚出生的婴儿不会追踪、寻找在他的视线下消失的物体，但七八个月以后，婴儿能够注视物体藏匿的地方，甚至能把它找出来。这是否体现了婴儿注意的发展？

1岁以后，婴儿开始逐步掌握语言，表象开始发生，形成客体永久性的概念，记忆和模仿能力迅速发展，注意时间延长，注意的事物增加，预期性的出现使婴儿的无意注意开始带有某种目的性，而对语言的掌握和使用使他们逐渐产生了有意注意。

二、幼儿注意的发展

（一）幼儿无意注意的发展

3岁前婴儿的注意基本上都属于无意注意。3～6岁幼儿的注意虽然主要是无意注意，但是和 3 岁前婴儿相比，其无意注意有了较大发展。3～6 岁幼儿的无意注意主要有以下三个特点。

1. 刺激物的物理特性仍然是引起无意注意的主要因素

对比鲜明、新颖、活泼会动的事物刺激强度更大，容易引起幼儿的无意注意。如教师讲故事时，通过生动传神的声音和神态可以吸引幼儿的无意注意；教学活动中准备可爱、会动的玩教具也可以吸引幼儿的无意注意。

2. 与幼儿的兴趣和需要有密切关系的刺激物，逐渐成为引起无意注意的原因

符合幼儿兴趣的事物，很容易引起幼儿的无意注意。3～6 岁的幼儿出现了渴望参加成人的各种社会实践活动的新需要，容易对相关的人和事物产生无意注意。此外，符合幼儿经验水平的教学内容、以游戏形式呈现的教学方式，也容易吸引幼儿的无意注意。

3. 不同年龄班幼儿的无意注意表现出不同的特点

小班幼儿的无意注意明显占优势，新异、强烈以及活动多变的事物很容易引起他们的注意，但注意的稳定性差，容易转移。

中班幼儿注意的范围更广，他们对于自己感兴趣的活动能够较长时间保持注意，而且集中程度较高。

大班幼儿的无意注意进一步发展，对于感兴趣的活动能集中注意更长的时间，而且大班幼儿关注的不仅仅是事物的表面特征，他们的注意开始指向事物间的内在联系和因果关系。大班幼儿注意的这种变化与其认识的深化有关。

例如，小班的怡羽和玥希在积木区进行自主建构，最初她们用长板积木搭建房子，玩着玩着，她们看到旁边的伙伴用积木当饼干，玩“卖饼干”的游戏，便放下自己正在拼搭的房子，也学着伙伴的样子卖起东西。怡羽找来一个圆柱木桩说：“这是一大桶牛奶。”她们把圆柱木桩立起来放置在前面，开始了“卖牛奶”的游戏，怡羽拿起一块积木假装打电话卖牛奶，玥希则小声说着“卖牛奶，好喝的牛奶”，如图 3－2 所示。

中班的欣欣和萱萱在用各种建构玩具进行搭建，她们商量着要搭一座城堡。两个人一起合作搭建，搭好两层后，萱萱说：“我觉得城堡应该再高一些，而且房顶上要有很多装饰。”欣欣听了，说：“那我们再多搭几层，把它变得高高的，这里有些小标记，假装是可以发光的灯。”两人商量好后，开始继续搭建城堡。游戏大概持续了 20 分钟，造型独特的城堡终于搭建好了，如图 3－3 所示。

大班的幼儿正围在一起，商讨着如何按照画好的搭建图纸分配任务、选取材料。商量好后他们便开始行动，有的负责抬运，有的研究摆放位置，十分投入。游戏中他们使用了多种搭建技能，比如架空、嵌套等，不仅完成了搭建任务，还继续探究防止作品倒塌的方法，并不断尝试着，如图 3－4 所示。

图 3-2　小班幼儿建构游戏

图 3-3　中班幼儿建构游戏

图 3-4　大班幼儿建构游戏

（二）幼儿有意注意的发展

想一想

在幼儿园进行了关于垃圾分类的活动后，幼儿喝完酸奶，自言自语着："酸奶盒是可回收垃圾，应该放到蓝色的垃圾桶里……"此时幼儿的注意处于什么阶段呢？

知识扩展

幼儿有意注意发展水平的评价

3～6 岁幼儿有意注意的发展大致经过以下三个阶段：

（1）注意由成人的言语指令引起和调节。

（2）通过自言自语控制和调节自己的行为。上面"想一想"中的幼儿就处于这个阶段。

（3）运用内部语言指令控制、调节自己的行为。

想一想

幼儿园常规小班教学时间为 10～15 分钟，中班为 15～20 分钟，大班为 20～25 分钟，到大班下学期末可逐渐延长至 30 分钟。为什么教学时间明显大于幼儿有意注意的保持时间呢？

教学要落在最近发展区内，走在幼儿发展的前面。教学时间大于幼儿有意注意保持的时间是因为在教学中，幼儿教师采用无意注意和有意注意交互并用的原则，延长了幼儿注意的持续时间。《3－6 岁儿童学习与发展指南》和《幼儿园教育指导纲要（试行）》都提出要遵循幼儿身心发展规律和年龄特点进行教学设计，因此年龄特点是幼儿教师设计教育教学活动的重要依据。

案例链接

幼儿园大班进行“玩土乐”“土壤大探秘”“土壤大变身”系列活动，在此过程中幼儿发现土里面有蚂蚁、蚯蚓、蜘蛛等小动物，去采摘园拔花生时发现“原来花生在土里啊！还这么多都在一起，像葫芦娃”。偶然间，幼儿发现土壤里面还有一些不一样的东西（垃圾），于是他们开始研究“土里面怎么有垃圾”“土怕什么呢”等问题，接下来话题越来越多，他们还由“保护土壤有什么好办法”衍生出“环保小卫士”活动，并在幼儿园的操场上开展环保活动。他们把想法画下来和爸爸妈妈分享，并尝试将捡回的东西变废为宝。

想一想： 案例中幼儿对垃圾的注意属于哪种注意？

分析提示： 活动开始时，幼儿发现土壤中有垃圾属于事先没有目的，也不需要意志努力的无意注意。而活动结束后，幼儿有目的、有意志努力地在幼儿园操场上捡垃圾，这是对垃圾的有意注意。

案例链接

大一班的小朋友正在图书室里自主阅读，谦谦一页一页地翻阅着绘本，这时，他看到了月亮变化图，连忙对身边的芊芊说：“快看，这就是月亮的变化图，妈妈说快到中秋节了，我们全家要一起赏月的。”杨老师听到他们的谈话问：“月亮每天晚上都会有变化吗？你们有连续观察过吗？”谦谦说：“老师，我今天晚上就开始观察，我还可以把它画下来呢。”要离开图书室时，谦谦还把这本书借阅到班级，他不仅每天都带来自己的观察记录表，还对自己记录的内容与绘本、小伙伴的记录进行比较。

想一想： 谦谦发现月亮变化图属于哪种注意，有何特点？每天晚上观察记录月亮的变化属于哪种注意，此时的注意处于什么阶段呢？

分析提示： 谦谦一开始发现月亮变化图属于既无预定目的，也不需要意志努力的无意注意。在谦谦一页一页地翻阅绘本的过程中，令他感兴趣的、新异的图画容易引起他的无意注意。之后谦谦每天晚上观察、记录月亮的变化属于有意注意，这需要他带着观察目的，付出一定的意志努力才能完成，此时谦谦的有意注意已经达到了运用内部语言指令控制、调节自己的行为的阶段。

任务三　学前儿童注意的培养策略

注意是心灵的窗户，只有打开注意这扇窗户，智慧的阳光才能洒满心田。《3－6岁儿童学习与发展指南》中强调对幼儿学习品质的培养，其中提出的多种良好的学习品质与注意有关。培养学前儿童良好的注意品质进而培养学前儿童优秀的学习品质，可以为学前儿童现在及今后的学习、生活，甚至终身的学习与发展奠定良好的基础。

一、学前儿童注意分散的主要原因

（一）外界环境的干扰

尽管学前儿童的有意注意已经开始萌芽，但无意注意仍然占据主导地位。他们很容易被新奇的、多变的或强烈的刺激物所吸引，从而干扰他们正在进行的活动。例如，活动室的布置过于烦琐、杂乱，装饰物更换的次数过于频繁，教师的教具过于有趣，甚至是幼儿教师个人的服装过于艳丽等，这些过多的无关刺激都可能会分散学前儿童的注意。

想一想

幼儿教师在个人仪表方面应该注意什么？

（二）疲劳

学前儿童神经系统的机能还未充分发展，如果长时间处于紧张状态或从事单调、枯燥的活动，大脑就会产生一种“保护性抑制”，刚开始幼儿会表现出精神状态差、打哈欠，随后注意开始涣散。此外，作息不规律、睡眠不足也容易造成学前儿童注意力不集中的现象。

（三）缺乏兴趣

幼儿园的活动需要符合学前儿童的兴趣和需要，如果学前儿童对活动不感兴趣，他们就不会主动去参与，即使参与了，也很难保持热情，无法专注于所从事的活动。

（四）活动组织不合理

幼儿教师在组织活动时要把活动内容的难易程度控制在适中的程度，太简单或太复杂的内容都会导致学前儿童主动性不强、注意时间不持久或无法进入注意的状态。

（五）两种注意不能很好地转换

幼儿教师在组织活动时还要运用有意注意和无意注意交替进行的方法，避免让幼儿使用单一呆板的注意方式进行活动，两种注意方式及时切换有助于学前儿童保持注意集中。

二、预防学前儿童注意分散的方法

想一想

从学前儿童注意分散的主要原因来看，你有哪些有针对性的预防方法呢？

（一）避免外界环境的干扰

避免外界环境的干扰，为学前儿童营造安静、简单的环境。例如，幼儿园活动室的墙面应在符合创设主题的同时注重简洁优美，避免过多花哨的、无意义的布置；组织教育活动时，使用的教具要注重其辅助功能，避免喧宾夺主；学前儿童专注于某个活动时，避免无故中途打断、过多指导、环境嘈杂，让他们不受干扰。

（二）保持学前儿童良好的精神状态，避免过度疲劳

保持学前儿童良好的精神状态，可以采用无意注意和有意注意交替使用的方法。在学前儿童保持一定时间的有意注意之后，利用刺激物或变换活动形式引发他们的无意注意，这样既可以避免学前儿童因耗费大量的体力和精力而产生疲劳，又可以保持学前儿童的兴趣，保证活动的顺利进行。此外，还要强调的是，在学前期，必须保证学前儿童规律的作息和生活习惯，让他们有张有弛，这不仅是注意保持的基本条件，还是促进学前儿童生长发育的重要因素。

（三）根据学前儿童的兴趣和需要合理地组织活动

学前儿童对事物的兴趣越浓，就越容易形成稳定、集中的注意。因此，幼儿教师在组织活动时需要结合学前儿童的兴趣和需要，这样一方面有利于他们积极主动地参与活动，另一方面有利于注意的保持。幼儿教师可以利用学前儿童喜欢听故事、玩游戏的特点来组织活动，灵活地交替使用无意注意和有意注意。

合理组织幼儿园教育活动需要注意以下几点：活动的方式要灵活多变；脑力活动与实践操作相结合；提出的任务要明确、具体；活动内容生活化；符合学前儿童的最近发展区；提高幼幼互动和师幼互动的有效性；发挥学前儿童的积极性、主动性和创造性等。

（四）明确活动目的，帮助学前儿童发展有意注意

随着学前儿童年龄的增长，有意注意会逐步发展。在各项活动中，幼儿教师要提出具体的活动目的和方式，促使学前儿童对活动产生兴趣，以此来激发学前儿童完成

任务的愿望和积极性，增强学前儿童的自我控制力，促进他们有意注意的发展。

幼儿教师在活动开始之前可以先调动学前儿童的已有经验，应该明确地提出此次活动的目的及方式，激发学前儿童完成任务的积极性，从而增强学前儿童的自我控制力。例如，阅读活动开始之前，幼儿教师可以先说明此次活动过程当中的一些安排，如“听一听”“说一说”“玩一玩”，并且提出接下来希望学前儿童明确的活动任务和目的，比如“仔细听一听故事里面有谁?”“等会儿告诉老师他都经历了什么?”等。

（五）注意个别差异，根据学前儿童发展水平因材施教

学前儿童注意的发展有明显的个体差异：有的学前儿童能长时间地阅读绘本、听故事、做手工；有的学前儿童则非常好动，注意力难以持久集中。对于好动的学前儿童，幼儿教师应有意识地多给他们安排画画、串珠子等安静的活动，以加强注意稳定性的训练。《3－6 岁儿童学习与发展指南》中也明确指出：“要充分理解和尊重幼儿发展进程中的个别差异，支持和引导他们从原有水平向更高水平发展。”

任务测验

1. 训练目标

（1）结合教学活动，初步辨别和分析教学中学前儿童注意的特点。

（2）学会运用学前儿童注意的特点和规律组织教学活动。

2. 训练内容

（1）观摩一节科学教育活动，分析其中体现了学前儿童注意的哪些特点。

（2）以小组为单位制定提高学前儿童注意稳定性的活动或游戏方案。

3. 训练评价

（1）能用客观的语言描述学前儿童注意的特点，能客观反映学前儿童注意发展的规律，语言表达清晰、准确，逻辑性强。（20 分）

（2）能小组分工合作，共同制定合理、有效的注意稳定性训练活动或游戏方案。（20 分）

（3）能顺利实施注意稳定性训练活动或游戏方案。（30 分）

（4）能总结、概括活动实施的效果，并根据教学效果进行反思和方案的改进。（30 分）

项目四　学前儿童感知觉的发展

学习目标

知识目标

1. 明确感知觉的概念、种类及感知规律。
2. 掌握学前儿童感知觉和观察力发展的特点。

能力目标

1. 能根据学前儿童感知觉发展的特点和感知规律开展教育活动。
2. 能运用所学的知识促进学前儿童感知觉和观察力的发展。

素养目标

1. 意识到感知觉在学前儿童认知发展中的重要作用，在教学活动中有意识地保护和培养学前儿童的感知觉。

2. 正确认识学前儿童感知觉的发展水平，形塑尊重学前儿童感知觉发展规律的儿童观。

幼儿故事

陈老师带小班幼儿到户外观察幼儿园的果树，幼儿瞧瞧这棵、看看那棵，还伸出手摸了摸，认真极了。但是在集中谈话时，陈老师却发现许多小朋友说不出其中任何一棵树的树干粗细程度、树叶形状等特征，可是他们却能说出天上有小鸟在飞、水池里有小金鱼在游来游去、果树上有蝴蝶在飞舞、操场上有小朋友在玩“老鹰抓小鸡”的游戏。陈老师很是困惑。

想一想：为什么幼儿会出现这样的情况？

分析提示：根据知觉的选择性，在固定不变的背景上，活动的刺激物更容易成为个体的知觉对象。案例中的幼儿说不出任何一棵树的树干粗细程度、树叶形状等，而能够说出天上的小鸟、水池里的小金鱼、果树上的蝴蝶……这是因为小鸟、小金鱼、蝴蝶等活动的刺激物更容易被幼儿感知。所以，教师在教学过程中，应该尽可能多地使用活动的模型、玩具或者幻灯片、录像等，使幼儿获得清晰的知觉。

任务一　感知觉概述

谈古喻今

《孔子家语》中写道：“与善人居，如入芝兰之室，久而不闻其香，即与之化矣；与不善人居，如入鲍鱼之肆，久而不闻其臭，亦与之化矣。”

为什么“入芝兰之室”会“久而不闻其香”，“入鲍鱼之肆”会“久而不闻其臭”呢？

感知觉是人类认识世界的开端。只有在感知的基础上，人类才能进行更高级的认知活动。

一、感知觉的概念

（一）感觉的概念

感觉是指人脑对直接作用于感觉器官的客观事物的个别属性的反映。当事物的属性直接作用于我们的感觉器官时，感觉便产生了，如眼睛能看到苹果的颜色、鼻子能闻到苹果的香气、舌头能品尝到苹果的味道等。

（二）知觉的概念

知觉是指人脑对直接作用于感觉器官的客观事物的整体属性的反映。在现实生活中，人脑总是以整体为单位来反映事物的。如学前儿童面前有一个苹果，他们并非只关注苹果的某一个属性，而是在感觉到苹果的颜色、形状、味道、香气、重量以及它的空间位置后，把苹果的色、形、味等属性综合起来形成了对苹果的整体映象，这就是知觉的过程。

二、感知觉的种类

（一）感觉的种类

根据刺激的来源和感觉器官的不同，感觉分为外部感觉和内部感觉。外部感觉是由个体以外的客观刺激引起，反映外界事物个别属性的感觉，主要分为视觉、听觉、味觉、嗅觉、肤觉。内部感觉是由个体内部的客观刺激引起，反映个体自身状态的感觉，主要分为运动觉、平衡觉、机体觉。具体如表 4－1 所示。

表 4－1　感觉

种类		适宜刺激	反映属性
外部感觉	视觉	380～780 纳米波长的光波	色彩、大小等
	听觉	20～20 000 赫兹的声波	声音
	味觉	溶解于水或唾液中的物质	味道
	嗅觉	有气味的挥发性物质	气味
	肤觉	物体机械的、温度的作用或伤害性刺激	冷、温、痛、软、硬等
内部感觉	运动觉	肌肉收缩、身体各部分位置的变化	身体运动状态和位置的变化
	平衡觉	身体位置、方向的变化	身体位置的变化
	机体觉	内脏器官活动变化时的物理化学刺激	身体疲劳程度和内脏器官活动程度等

（二）知觉的种类

根据知觉过程中起主导作用的分析器的不同，知觉分为视知觉、听知觉、嗅知觉、味知觉、肤知觉等。人们参观博物馆时主要是视知觉发挥作用，听音乐时主要是听知觉发挥作用。

根据知觉对象的不同，知觉又可以分为物体知觉和社会知觉。

1. 物体知觉

物体知觉指的是人对事物的知觉。在对事物进行感知时，我们要借助事物的空间、时间、运动等特性，由此可将物体知觉分为空间知觉、时间知觉以及运动知觉。空间知觉是事物的空间特性在人脑中的反映，它包括形状、大小、方位、远近等知觉。时间知觉是反映事物和现象的持续性和顺序性等时间特征的知觉。运动知觉是反映事物空间位置的移动和移动速度的快慢等运动特性的知觉。

2. 社会知觉

社会知觉指的是对人的知觉，主要包括对他人的知觉、人际关系知觉以及自我知觉。对他人的知觉指的是对他人外部形态、行为特征及心理活动的知觉。人际关系知觉指的是对人和人之间的相互关系、彼此作用的知觉。自我知觉指的是自己对自己的行为和心理活动的知觉。

此外，根据知觉对象是否符合客观实际和反映现实的精确程度，知觉可以分为精细知觉、模糊知觉、错觉和幻觉等。

三、感知规律在幼儿园教学活动中的运用

（一）感觉的规律及其运用

感受性的变化是感觉规律最直接的体现之一。

1. 感觉适应

刺激物对感觉器官的持续作用使感受性发生变化的现象叫感觉适应。感觉适应可以引起感受性的提高，例如从明亮的大厅进入漆黑的电影院，刚开始什么也看不见，但过了一会儿后，我们就能分辨出物体的轮廓，这种视觉感受性提高的过程称为暗适应。感觉适应也可以引起感受性的降低，例如从暗处进入明处，我们最初感到一片耀眼的光亮，看不清物体，只有稍待片刻后视觉才能恢复，这种视觉感受性急速降低的过程称为明适应。

掌握了感觉适应的规律，我们就可以有效利用各种感觉现象。例如，由明亮的室外走入光线较暗的室内时，需要在门口停一会儿，要给学前儿童暗适应的时间，避免发生摔跤、磕碰等安全事故。让学前儿童闻气味时，不要闻得太久，以免因适应而分辨不出不同气味。播放音乐时，声音不要太大，以免学前儿童的听觉感受性下降，损伤听力。幼儿园各班活动室应有通风换气设施和制度，以保证空气清新。

案例链接

大班的轩轩在幼儿园不爱吃饭，为进一步了解情况，杨老师利用离园时间与轩轩的妈妈进行了沟通。轩轩妈妈无奈地说："我和他爸爸也一直为轩轩吃饭的问题苦恼，他就爱吃油炸食品和零食，既不爱吃白饭和青菜，也不爱喝白开水，渴了就爱喝可乐、果汁，我们也知道这样对身体不好，但是为了轩轩能吃饱饭最后都妥协了！"杨老师终于明白了其中的原因，她向轩轩妈妈说道："我们的味蕾原本能够分辨酸、甜、苦、咸等各种味道，但是如果总是吃高油、高盐、高甜等重口味的食物，就会导致对味道的耐受程度提高，使味觉的敏感性降低，所以轩轩这是产生了味觉适应。"杨老师又问道："轩轩妈妈，您和轩轩爸爸口味重吗？"轩轩妈妈恍然大悟，也知道日常应该怎么做了。

想一想：轩轩为什么不爱吃幼儿园的饭菜，不爱喝白开水？

分析提示：案例中轩轩不良的饮食习惯与父母平时总是提供重口味食物有关。有很多家长为了增加食物的味道让孩子多吃饭，过早给孩子增加油、盐的摄入，导致孩子产生了味觉适应，口味越来越重，于是就不喜欢吃幼儿园的白米饭、青菜，也不爱喝白开水了。

2. 感觉对比

同一感受器受到不同刺激而使感受性发生变化的现象叫感觉对比。根据刺激呈现时间的不同，我们可以将感觉对比分为同时对比和继时对比。同时对比指的是不同刺激同时作用于同一感受器时所产生的感觉对比现象，如肤黑牙白、月明星稀等。如图4－1所示，同样的深灰色，在浅灰色的背景上看起来显然比在黑色的背景上更暗一些。继时对比指的是当不同刺激先后作用于同一感受器时产生的感觉对比现象，如吃过糖之后吃橘子，会觉得橘子特别酸。

图4－1 对比图

掌握了这一规律，我们就可以运用感觉对比现象更好地组织活动了。例如，幼儿教师给学前儿童讲故事时，不要始终用一种语调，要抑扬顿挫，通过声音的对比，吸引学前儿童的注意力；幼儿教师在制作和使用直观教具时，可以利用视觉上的对比突出重点，让学前儿童看得更清楚。

案例链接

中班的幼儿十分活泼好动。在幼儿如厕间歇或是区域活动后，为了使他们能快速地从喧哗的状态进入教学活动状态，范老师在组织纪律时，尽量使自己的声音高过幼儿，以让幼儿很快安静下来，但效果并不理想。后来范老师想到一个好办法，她在幼儿喧哗的时候弹起舒缓的钢琴音乐，结果幼儿很快就安静了下来。渐渐地，范老师与幼儿形成了默契，一旦这段优美的钢琴音乐响起，幼儿就会快速调整状态，做好学习准备。

想一想：为什么舒缓的钢琴音乐响起，原本喧哗的幼儿就会快速调整状态，做好学习准备？

分析提示：案例中舒缓的钢琴音乐与幼儿喧哗的声音形成鲜明对比，引起了幼儿的注意，幼儿教师这是利用了听觉的同时对比，使幼儿能及时收到指令，迅速调整状态，做好学习准备。

3. 联觉

一种感觉中兼有另一种感觉的心理现象叫联觉。联觉是感觉相互作用的表现，常见的有色温联觉、色听联觉和视听联觉。色温联觉，即对色彩的感觉引起相应的温度觉，如看到红色会觉得温暖，看到绿色会觉得清凉。色听联觉，即对色彩的感觉引起相应的听觉，如诗句“风随柳转声皆绿”就是运用了以色写声的手法。视听联觉，即在声音的作用下人脑中形成某种视觉形象，如我们在听故事时，脑海中会出现某些形象和场景。

根据联觉的规律，幼儿教师在布置幼儿园环境时，可以多采用一些暖色调，让学前儿童感觉温馨、舒适。另外，利用学前儿童的联觉，幼儿教师可以更好地开展音乐活动。如在奥尔夫音乐教学活动中，幼儿教师通常会让学前儿童根据音乐的节奏做出不同的动作，这样可以增强学前儿童对音乐作品的理解感受能力、表现能力。

4. 感觉补偿

感觉补偿是指某种感觉系统的机能丧失后，由其他感觉系统的机能来弥补。例如，人失去视觉后，会在生活实践中更主动、更频繁地使用其他健全的感觉器官，从而使其他感觉相应地发展起来，故有的盲人可以“以耳代目”“以鼻代目”“以手代目”。聋哑人没有听觉，但他们的本体觉会比较发达，他们有时可以通过地板的振动来感受音乐的节奏变化。

（二）知觉的规律及其运用

人对客观事物的知觉，受主客观条件的影响，有特殊的规律。

1. 知觉的选择性

人所处的环境复杂多样。在一瞬间，人不可能对众多事物同时进行感知，总是有选择地把某一事物作为知觉对象，而把其他事物作为知觉对象的背景，这种特性称为知觉的选择性。

在知觉过程中，知觉的对象和背景是可以相互转换的。如图 4－2（a）所示，如果把中间的白色部分作为知觉对象，我们看到的是杯子；如果把黑色的部分作为知觉对象，我们看到的是两个人的侧脸。如图 4－2（b）所示，我们既可以把它知觉为人脸，也可以把它知觉为吹萨克斯的人。

(a) (b)

图 4－2 知觉的选择性示例

知觉的选择性受到对象与背景的差别、对象的活动性以及刺激物本身各部分的组合等因素的影响。幼儿教师在组织教学活动时，需要考虑这些因素。

对象与背景的差别越大，对象越容易从背景中区别出来。幼儿教师可以运用对象与背景关系的规律来锻炼学前儿童的观察力，比如，为了让学前儿童观察红花，就以绿树为背景。幼儿教师的板书、挂图和 PPT 也可以通过颜色的对比或使用粗线条、粗体字、彩色笔标记等方式，来突出知觉对象，使它们特别醒目，易被学前儿童知觉到。

在固定不变的背景上，活动的刺激物更容易成为知觉对象。所以，幼儿教师在教学过程中，应该尽可能多地使用活动的模型、玩具或者幻灯片、录像等，使学前儿童获得清晰的知觉。此外，幼儿教师讲课时声调应有变化，抑扬顿挫，重点内容要加重语气，辅以合适的表情与手势，便于学前儿童理解和掌握。

刺激物本身的结构常常是区分对象的重要条件，越有规律越容易被选择。据此，幼儿教师呈现给学前儿童的教具要排列规律，不能杂乱无章；为了突出需要观察的对象或部位，周围最好不要附加类似的线条或图形，注意拉开距离或加上不同色彩。

2. 知觉的理解性

知觉的理解性是指人能够以知识经验为基础对感知到的事物进行加工处理，并用语言把它的特征揭示出来的特性。在知觉活动中，人对事物的理解是通过知觉过程中的思维活动实现的，而思维与语言有着密切的关系，因此语言的指导能使人对知觉对象的理解更迅速、更完整。如图 4－3 所示，我们看到的是一些点和线条，凭借过去的经验一时分辨不清楚是什么，但是当有人说是“小孩和狗”时，我们便能识别出小孩和狗的

图 4－3 知觉的理解性示例

轮廓。

知觉的理解性与人已有的知识经验关系密切。知识经验越丰富，对知觉对象的理解就越深刻、越全面，知觉也就越迅速、完整和精确。根据这一规律，要使学前儿童能够正确、迅速地理解知觉对象，平时就必须从各方面丰富学前儿童的知识经验。例如，家长多带学前儿童参观博物馆、科技馆等，可以扩大学前儿童的视野。同时，幼儿教师在进行教学活动中要注意联系学前儿童已有的知识经验。

案例链接

在大班美术欣赏教学活动“春又至”中，为了使幼儿能感受和欣赏吴冠中先生画笔下春天的美，陈老师引导幼儿思考：“春天是什么样子的?”幼儿们想到了“小燕子从南方飞回来”“柳树发芽”“路边有美丽的小花”“河里有小蝌蚪”等等。于是，陈老师出示《春又至》画作，请幼儿自由欣赏。有了对前面问题的思考和讨论，幼儿很快便理解了画作上抽象图案所代表的意境。接着，陈老师带领幼儿一起分析了图画上的柳条、小鸟、蝌蚪等的画法。在自由作画环节，幼儿还学会了调整力道用不同粗细的线条画出柳条，用不同颜色的墨水画出小鸟、小鱼、蝌蚪……幼儿在音乐伴奏下描绘出了自己脑海中春天的样子。

想一想： 陈老师是如何引导幼儿欣赏和理解画作《春又至》的?

分析提示：《春又至》这幅画作具有鲜明的艺术特色，但对于幼儿来说还较为抽象。为了在美术教学活动中培养幼儿对美的感受力，幼儿教师提前让幼儿思考春天的样子并展开自由讨论，这为幼儿理解画作的意义、提升幼儿感受与欣赏美的能力积累了感性经验。

3. 知觉的整体性

虽然事物有多种属性，由不同部分构成，但是人们一般并不把知觉对象感知为个别的、孤立的几个部分，而是倾向于把它们组合为一个整体。如图 4－4 所示，呈现一个由许多大写字母 S 组成的大写字母 H，通常首先反映到人们大脑中的是字母 H，然后才细辨出它是由许多大写字母 S 组成的。再如图 4－5 所示，同样一个图形“13”，当它处在数字序列中时，我们把它知觉为 13，而当它处在字母序列中时，我们又把它知觉为 B。这些都反映了知觉的整体性。

```
S           S
S           S
S           S
S   S  S  S S
S           S
S           S
S           S
```

图 4－4　知觉的整体性示例（1）

```
     12

A    13    C

     14
```

图 4－5　知觉的整体性示例（2）

研究发现，知觉对象各部分之间的结构关系会影响知觉的整体性。因此，幼儿教师在进行板书、绘制教学挂图时，要注意拉开不同对象之间的距离或用不同形状和颜色表示不同的对象。此外，知觉的整体性还依赖于个体的知识经验。例如，藏在树后的小动物只画出它们突出的一小部分，学前儿童也能猜出是什么动物。因此在日常生活和教学中，幼儿教师要通过各种途径扩大学前儿童的知识面，丰富学前儿童的知识经验，便于学前儿童把事物的各种属性结合起来，从整体上把握事物，形成完整的印象。

4. 知觉的恒常性

知觉的恒常性是指客观事物本身不变，当知觉条件在一定范围内发生变化时，知觉映象仍保持不变。知觉的恒常性包括大小恒常性、形状恒常性和颜色恒常性等。

大小恒常性是指在一定范围内，个体对物体大小的知觉不完全随距离变化而变化，其知觉映象仍保持原有大小，如一个人越走越远，我们并不会认为其变矮了，如图 4－6 所示。

当我们从不同角度观察同一物体时，物体在视网膜上投射的形状是有所不同的。但是，我们知道物体形状并不会出现很大的变化，这就是形状恒常性。如图 4－7 所示，无论门是半开还是全开，也无论从哪个角度看门，我们都知道门是长方形的。

图 4－6　大小恒常性示例

图 4－7　形状恒常性示例

尽管照射物体的光颜色改变了，我们仍感知为原先的颜色，这就是颜色恒常性。如红旗不管在什么颜色光的照射下，我们总是知道它是红色的。

恒常性使人在不同条件下，始终保持对事物本来面貌的认识。根据这一规律，幼儿教师要对学前儿童进行训练，让学前儿童知道无论观察对象的位置、远近如何变换，它们始终保持不变。

案例链接

周末，爸爸妈妈带着已经上大班的沛沛来到科技馆参观。科技馆中能够观察到各种奇妙的现象，其中让沛沛印象最深刻的就是神奇的“古怪屋”。站在“古怪屋”里，平时比妈妈高的爸爸竟然变得比妈妈矮了许多。沛沛百思不得其解：为什么在“古怪屋”里，爸爸就变矮了那么多呢？

想一想：为什么沛沛在“古怪屋”里看到爸爸比妈妈矮时会感到困惑？

分析提示：沛沛在科技馆看到的“古怪屋”，也称作“艾姆斯小屋”。小屋中出现了妈妈比爸爸高的现象，这实际上是“大小恒常性的视错觉”现象。小屋利用倾斜的墙面和地面，以及地板砖的大小变化等特殊设置，使人的大脑对大与小的加工“失灵”，也就是干扰了大脑对大小恒常性的处理，所以看到爸爸比妈妈矮时，沛沛会感到困惑。

任务二　学前儿童感知觉的发生与发展

一、学前儿童感觉的发生与发展

（一）视觉的发展

视觉是学前儿童获取信息的主要渠道，约有 80%的信息是通过视觉传送给大脑的。因此，视觉的发展对学前儿童来说是非常重要的。学前儿童视觉的发展主要体现在视敏度和颜色视觉等方面。

视敏度又称视力，是指准确地辨别细小物体或远距离物体的细微部分的能力。婴幼儿的视敏度随着年龄的增长不断提高，但发展速度不均衡。随着年龄的增长，婴幼儿的视敏度在不断发展，因此，成人要十分注重对他们视力的保护。

颜色视觉又称辨色力，是指区分颜色细致差别的能力。研究表明，2～4 个月婴儿的颜色视觉已发展得很好。4 个月时婴儿已能表现出对某种颜色的偏爱。到了幼儿期，幼儿对颜色的辨别往往和掌握颜色的名称结合起来。3 岁幼儿还不能认清基本颜色，不能很好地区别各种颜色的色调，如蓝和天蓝、红和粉红等。4 岁幼儿区别各种色调细微差别的能力逐渐发展起来，开始认识一些混合色。5 岁幼儿不仅能注意到色调，而且能注意到颜色的明度和饱和度，能够辨别更多的混合色。6～7 岁幼儿区别色调明度和饱和度细微差别的能力有了进一步的提高。

（二）听觉的发展

研究显示，听觉在胎儿期就已经存在。正常产期的胎儿第 20 周时就已具备听觉能力，他们对声音可能会表现出生理变化和身体反应。到第 28 周时，胎儿会对靠近母亲腹部的声响出现紧闭眼睑的反应。刚出生的婴儿就有了最基本的视听协调能力。3～6 个月婴儿的视听协调能力已经发展到能辨别视听信息是否一致的水平。6 个月的婴儿能够敏感地识别母亲的声音。7～12 个月的婴儿，有人小声呼唤他的名字时，他会转头寻找。在辨别声音细微差别方面，5～6 岁的幼儿比 4 岁左右幼儿有明显进步。有研究指出，儿童在 12 岁之前，听觉感受性一直在增强。听觉是人类获取信息的第二大途径，在学前儿童心理发展过程中具有重要的意义，是学前儿童探索世界、认识外界环境、从外界获取信息不可缺少的重要手段。学前儿童言语的发展、对音乐的感知以及与人交往等都离不开听觉。

（三）嗅觉的发展

嗅觉是鼻腔里的嗅细胞对散发在空气中的气体刺激产生的反应。在胎儿 7～8 个月时嗅觉器官已相当成熟，婴儿出生后已有嗅觉反应，3～4 个月时就能稳定地区别不同的气味。另外，由于大脑中掌管嗅觉的区域与调节情绪的区域有并联的部分，因此嗅觉刺激还与人的情绪反应有密切关系。婴儿会对母亲的乳香和体味表现出积极的情绪反应；1～2 岁时，婴儿会越来越容易被饭菜香所吸引，从而愉快进食。随着年龄的增长，婴幼儿还能逐渐学会欣赏花香、果香等令人舒适、愉悦的气味，从而增加积极的情绪体验。

（四）味觉的发展

味觉是个体出生时最发达的感觉，味觉感受器在胎儿 3 个月时开始发育，6 个月时基本形成。新生儿的味觉就已发育得相当完好，他们的味觉是相当敏锐的，能辨别不同的味道。在幼儿期，幼儿对味道的偏爱和接受出现较明显的差异。一般来说，味道适中而偏淡的食物比较适合幼儿，味道过于浓烈的食物可能使幼儿的味觉感受器——味蕾受到过度的刺激，从而使他们的味觉提早退化。

（五）触觉的发展

触觉是皮肤受到机械刺激时产生的感觉。个体从出生时起就有触觉反应，许多先天的无条件反射，也都有触觉参加，如吸吮反射、防御反射、抓握反射等。婴幼儿的触觉探索有两种形式：口腔探索和手的探索。1 岁前，口腔探索是婴儿最重要的学习方式。这一时期，我们常常发现婴儿无论拿到什么东西，都会摆弄一番后放到嘴里。手的探索是继口腔探索之后婴幼儿重要的学习方式。婴幼儿往往看见什么东西，都想去摸一摸、碰一碰，有时成人越不想让他们动的东西他们越想动，成人应尊重和引导他们，允许和鼓励他们通过自己的方式认识世界。

二、学前儿童知觉的发生与发展

（一）空间知觉的发展

空间知觉是复杂的知觉，包括形状知觉、大小知觉、方位知觉和距离知觉。

1. 形状知觉

形状知觉是对物体形状的知觉，它依靠的是运动觉和视觉的协同活动。

学前儿童形状知觉的发展很快，一般在小班时已能辨别圆形、正方形和三角形，到中班时能够辨别长方形、半圆形、椭圆形、梯形等，到大班时能够理解图形之间较复杂的组合关系，初步认识基本的立体图形。

2. 大小知觉

大小知觉是人们对物体在长度、面积、体积等量方面变化的反映。它是靠视觉、触觉和运动觉的协同活动实现的。

3 岁前婴儿已经具有对物体大小知觉的恒常性，其大小知觉的发展是一个逐步提高的过程。2 岁半至 3 岁的婴儿已经能够按语言指示拿出大皮球或小皮球。3 岁以后幼儿判断大小的精确度有所提高。4 岁以后，幼儿能用语言说出图形有大小之分。如图 4－8 所示，4 岁幼儿能说出“这个第一大，这个第二大，这个第三大……”或“这个和这个一样大”等等。幼儿辨别大小能力的发展和教育条件密切相关，可通过日常生活和游戏，特别是搭积木等活动培养和促进。

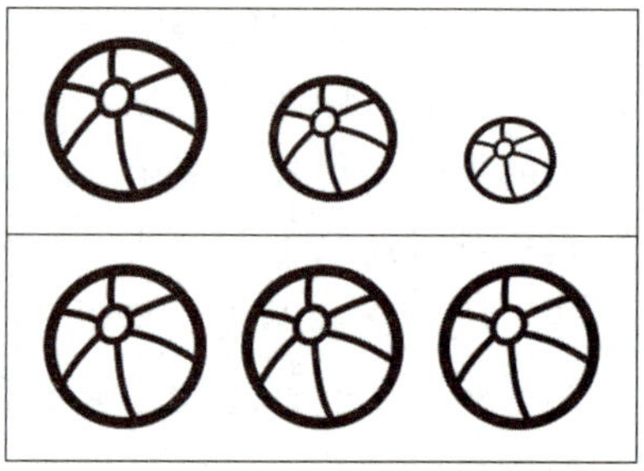

图 4－8　大小知觉的恒常性示例

3. 方位知觉

方位知觉是指人对物体的空间关系和自己的身体在空间中所处位置的知觉，包括辨别上、下、前、后、左、右、东、西、南、北、中的知觉。

研究表明，幼儿 3 岁时能正确辨别上下方位，4 岁时能正确辨别前后，5 岁时能以自身为中心辨别左右。7 岁后的儿童才能以他人为中心辨别左右，以及辨别两个物体之间的左右方位。由于幼儿只能辨别以自身为中心的左右方位，因此，幼儿教师面向幼儿做示范动作时，其动作要以幼儿的左右为基准，即镜面示范，如图 4－9 所示。

图 4-9 镜面示范

4. 距离知觉

距离知觉是一种以视觉为主的复合知觉。3 岁左右的婴幼儿距离知觉发展还不完善。这个年龄的婴幼儿在走路时，让他跨过前面的一条线，他往往会踏在线上，把握不好距离。婴幼儿在看图时，也往往表现出在距离知觉发展方面的不足，他们分不清图画中重叠在一起的两个物体的远近，或常常以为掩盖者是大的，被掩盖者是小的。他们不知道实际上两个物体大小相同，只因掩盖者在近处，被掩盖者在远处。

在幼儿园的户外游戏和体育活动中，学前儿童容易因深度知觉发展的不足而出现安全问题，因此，幼儿教师要特别注意对学前儿童进行这方面的教育。反过来，这也说明游戏和体育活动能够促进学前儿童距离知觉的发展。

知识扩展

视崖实验

总之，学前儿童的空间知觉有明显发展，但尚不精确。幼儿教师要通过相应的教学活动促进学前儿童空间知觉的发展，比如通过绘画、泥工等活动及积木等玩具为学前儿童提供认知空间特性的机会，教给他们与空间特性有关的词语。

（二）时间知觉的发展

学前儿童时间知觉的发展，依靠的主要是生活中接触到的周围现象的变化。例如，学前儿童主要依靠生活作息制度来认识时间，如他们认为“早上是到外面玩的时候”“上午是上课的时候”“下午是午睡起来以后”“晚上是爸爸妈妈来接我们回家的时候”等。学前儿童还会根据日夜和季节变化来对时间进行定向。这种能力一般出现在幼儿中期以后。他们知道“天快黑了，就是傍晚”“太阳升起来就是早晨”。比如有一天中午，天气突然变化，活动室内暗了下来，这时幼儿感到惊讶，他们问：“我们不是在吃午饭吗？为什么天黑了？”

研究表明，教学活动可以使学前儿童对时间的估计能力有所提高。例如，在一个实验中，幼儿教师告诉大班幼儿，用 3 分钟的时间画一幅画。第一次到了时间，幼儿

案例链接

“珍惜时间”
教学活动

教师发出停止信号。第二次则幼儿自己估计，到了 3 分钟时停止。在这种情况下，大多数幼儿重复了前一遍所画的图，他们知道这样所用时间会和前一次相同，其结果也确实符合 3 分钟的要求。

总的来说，学前儿童对时间知觉的估计是不够准确和稳定的。在当今社会，时间对人的生活是十分重要的，时间就是效益。因此，应当针对学前儿童的年龄特点，从小培养其时间知觉和时间概念，使其既具备认知时间的能力，又能形成珍惜时间的态度和习惯。

三、学前儿童观察力的发展

观察是一种有目的、有计划、比较持久的知觉过程，是知觉的高级形态。若学前儿童的观察受到系统的训练和培养，他们就会逐渐形成稳定的个性品质——观察力。

观察力的发展在 3 岁后比较明显，幼儿期是观察力初步形成的时期。学前儿童观察力的发展主要表现在以下几个方面。

（一）观察的目的性不断增强，从无意到有意

观察的目的性是指在观察的过程中，幼儿知道对于观察对象需要注意什么、寻找什么，让观察有选择性和针对性。小班幼儿往往还不能自觉地、有目的地观察，观察中常会受到无关因素的干扰，而且常常会忘记观察任务。中、大班幼儿观察的目的性逐渐增强，特别是大班幼儿能够排除一些干扰，按照成人规定的任务进行观察。

（二）观察的持续性逐渐延长，持续时间从短到长

观察的持续性是指在观察过程中，幼儿的观察所保持时间的长短。幼儿初期，观察持续的时间很短，较易受主体当时的情绪、兴趣及客体变化的影响。随着年龄的增长、观察目的性的增强，幼儿持续观察事物的时间也会逐渐延长。研究表明，幼儿园小班男生观察的持续性明显低于女生，到大班以后男女生观察的持续性都显著提高，几乎不存在差异。

（三）观察的精确性逐渐提高，从笼统到准确

观察的精确性是指幼儿在观察过程中，根据观察目的对观察对象细微部分进行观察的程度。幼儿的观察最初是笼统、粗略的，他们通常只能看到事物的大概轮廓和比较明显、突出的部分，而看不到事物比较隐蔽、细致的部分。例如，6 岁幼儿往往在认识 n 和 m、工和土、日和月等相似符号时出现混淆。随着年龄的增长，幼儿逐渐能依据事物的一些属性来分辨大小、形状、数量等关系，观察的精确性逐步提高。

（四）观察的概括性逐渐提高，从表面到本质

观察的概括性是指幼儿对事物之间的联系以及事物的共有属性特征的观察和概括

水平。低年龄段幼儿往往只能知觉到事物的表面特征和现象，不善于从事物整体出发现其内在的联系。随着思维能力的发展，幼儿观察的概括性也不断提高。如给幼儿看两幅图画，其中一幅画着小孩玩水，另一幅画着阳台被子被喷湿了，小班幼儿往往说不出这两幅图画间的因果关系，他们只能回答图片上“有什么”“是什么”的问题，不能回答“在做什么”“怎么做的”等问题。到了中、大班，幼儿的概括能力有了一定的发展，他们能说出图画上人物之间的关系，有的甚至还能用一句话概括地说明图画中的主要内容。

（五）观察方法逐渐形成

幼儿初期，幼儿观察时常常要边用眼睛看边用手指着，慢慢地，幼儿有时会用点头代替手的指点或用出声的自言自语来帮助观察。幼儿末期，幼儿观察时就可以摆脱外部支柱，借助内部言语来控制和调节。幼儿的观察起初是无序的，常常是东看一眼、西看一眼，经过教育，他们能够学会有顺序地从左到右、从上到下或从外到里进行观察。在教师的指导和培养下，幼儿能掌握科学的观察方法。

知识扩展

学前儿童观察力的培养

任务三　学前儿童感知觉的培养策略

一、创设感知环境，激发学前儿童兴趣

创设鼓励学前儿童自主感知的良好环境，是培养学前儿童感知能力的重要保障。《幼儿园工作规程》中明确指出：“发展幼儿智力，培养正确运用感官和运用语言交往的基本能力，增进对环境的认识，培养有益的兴趣和求知欲望，培养初步的动手探究能力。”成人在培养学前儿童感知能力的过程中，应尽力创设有利于学前儿童感知、想象的空间和良好的观察环境，激发学前儿童的学习兴趣。俗话说：“兴趣是最好的老师”，只有对事物产生浓厚的兴趣，学前儿童才会积极主动地去感知。因此，幼儿教师要善于发现学前儿童的兴趣点，在兴趣的基础上组织和实施与感知相关的各项活动。

二、采用蒙氏感觉教育，发展学前儿童的观察力

蒙台梭利的感觉教育包括视觉、听觉、嗅觉、味觉和触觉等感官的训练。视觉

训练主要是帮助学前儿童发展鉴别度量的视知觉，帮助学前儿童学会鉴别形状、颜色、大小、高低、长短及不同的几何形体，发展学前儿童的观察能力。听觉训练主要是使学前儿童习惯于辨别和比较声音的差别，使他们在听声训练过程中，具有初步的审美和鉴赏能力。嗅觉和味觉训练注重提高学前儿童嗅觉和味觉的灵敏度。触觉训练在于帮助学前儿童辨别物体的轻重、冷热、大小、厚薄、长短以及形体等等。由于学前儿童通过触觉来认识周围事物，因此在各种感觉训练中，触觉练习是主要方面。蒙台梭利希望通过感觉训练，使学前儿童成为更加敏锐的观察者，增强和发展他们的注意、比较和判断能力，使学前儿童的感受性更加敏捷、准确、精练。

案例链接

小班的东东是一名十分活泼的幼儿。最近在户外活动时，他经常跑到操场边玩，在蒙台梭利观察法的指导下，林老师开始关注东东的行为举止，试图了解东东的兴趣和需求。原来，东东是对周围环境产生了强烈的好奇心。于是，林老师准备了放大镜和叶子、石头、花瓣等自然物品，设计和组织了一次观察活动。首先，林老师将准备好的自然物品放在桌子上，请幼儿用放大镜仔细观察每一个物品的形状、颜色等；然后，请幼儿摸一摸，感受这些物品的质地和触感；接着，请幼儿尝试将观察到的、感受到的用语言进行描述；最后，引导幼儿讨论这些物品的不同之处与相同之处。

想一想：活动中，林老师是如何组织幼儿进行观察的？

分析提示：案例中，林老师采用蒙台梭利教学法，引导幼儿利用视觉和触觉观察物品，并用语言进行描述，发展他们的注意、比较和判断能力，使幼儿的感受性更加敏捷、准确、精练，锻炼了幼儿的观察力。

三、组织游戏，寓教于乐，培养学前儿童的感知能力

《3－6岁儿童学习与发展指南》中明确指出：“幼儿的学习是以直接经验为基础，在游戏和日常生活中进行的。”游戏是学前儿童的基本活动，也是其最喜欢的活动，因此，幼儿教师要充分利用游戏的形式，让学前儿童在玩中实现感知能力的发展。常见的感知游戏有视觉游戏、触觉游戏、听觉游戏和味觉游戏。但感知能力的培养，不应局限于游戏或教学活动中，幼儿教师还要结合学前儿童的一日生活环节，进行随机教育，如吃饭或吃水果时，让学前儿童闭上眼睛，先用鼻子闻一闻，然后放进嘴里品尝一下，再说说味道，以此来培养学前儿童的感知能力。

案例链接

闻老师组织小班幼儿开展了一场“抛纸球”比赛。活动前，闻老师带领幼儿“抛接纸球”热身，在抛接过程中，有的幼儿一扔，纸球不知道跑哪里去了；有的幼儿扔得太低，来不及接就掉下来了；有的幼儿抛出自己的纸球，却去接了别人的纸球……闻老师发现幼儿的问题后进行了提醒：“纸球要向上扔，眼睛看好纸球的位置，然后在落下的时候找准位置接住。”通过不断练习，幼儿抛接纸球越来越熟练。接着，闻老师又将全班幼儿分成三组进行比赛。第一项比赛是幼儿间抛接纸球，从第一位幼儿传到最后一位幼儿，比一比哪组幼儿最先将纸球传到终点。第二项比赛是向盒子里抛纸球，比一比哪组进球最多，当比赛进行完一轮后，再换成更小一点的盒子，然后将盒子放远一点再比一轮，使难度不断升级，以此锻炼幼儿的手眼协调能力，促进幼儿感知能力的发展。

想一想：闻老师是如何组织活动来发展幼儿的感知能力的？

分析提示：手眼协调能力是幼儿实现动作协调的重要能力之一。《3－6岁儿童学习与发展指南》在小班幼儿“具有一定的平衡能力，动作协调、灵敏”维度提出了“能双手向上抛球”的发展目标。案例中，闻老师利用游戏的形式，不断激发幼儿的兴趣，在一次次不断提升难度的游戏中，使小班幼儿的手眼协调能力得到了锻炼，并以此促进了幼儿感知能力的发展。

四、家长在日常生活中培养学前儿童的感知能力

学前儿童感知能力的培养，不能只靠幼儿教师，家长也应该参与进来，利用日常生活中的契机，培养学前儿童的感知能力。家长要为学前儿童创设良好的感知环境，提供丰富的体验机会，让他们切身感受各种事物，助力其感知能力发展。家长可以先给孩子描述一下具体事物，再让孩子亲自去感受和验证，通过接触实物感知信息。比如在洗菜、洗水果的时候，让孩子说一说黄瓜、西红柿、辣椒、苹果的颜色和形状，闻一闻它们的气味，尝一尝味道；或者当孩子敲打物体时，可以让孩子辨别不同物体被敲打时所发出的声音有什么差别。家长还应为孩子提供充分表达的机会，鼓励孩子表达自己内心对事物的判断和看法，锻炼其感知力，提高孩子对事物的概括和总结能力，从而进一步促进感知能力的发展。

任务测验

1. 训练目标

(1) 能够结合教学活动，初步辨别和分析一日活动中学前儿童感知觉发展的特点。

(2) 能够提供良好的观察和感知示范并逐步提高学前儿童的感知能力。

2. 训练内容

(1) 结合一日活动中学前儿童感知觉发展的案例，分析如何培养和提高学前儿童的感知技巧和能力。

(2) 以小组为单位设计一个促进学前儿童观察力发展的游戏方案。

3. 训练评价

(1) 能用客观的语言描述学前儿童感知觉发展的特点，能选择适当的方法培养和提高学前儿童的感知能力，语言表达清晰、准确，逻辑性强。(20 分)

(2) 能小组分工合作，共同制定促进学前儿童观察力发展的游戏方案。(20 分)

(3) 能顺利实施提高学前儿童观察力的游戏方案。(30 分)

(4) 能总结、概括游戏方案实施的效果，并根据游戏效果进行反思和方案的改进。(30 分)

项目五　学前儿童记忆的发展

学习目标

知识目标

1. 理解记忆的概念、过程和种类。

2. 掌握学前儿童记忆发展的趋势及特点。

能力目标

1. 能根据不同年龄阶段学前儿童记忆发展的特点设计游戏活动。

2. 能够在活动中观察、分析学前儿童记忆发展的特点，并提出有针对性的指导策略。

素养目标

1. 理解并接纳学前儿童记忆发展的特点，以发展的眼光看待学前儿童记忆发展中的各种问题。

2. 引导学前儿童加深对红色文化、中华优秀传统文化的记忆，传承民族精神。

幼儿故事

在幼儿园组织的一次秋季采摘活动中，大班的幼儿摘玉米、拔萝卜、剥花生……在采摘的过程中体验劳动的快乐，感受丰收的喜悦，如图 5－1 所示。幼儿带着满满的收获回到幼儿园后，老师问幼儿：今天在采摘园都看到了什么？发生了哪些有趣的事？幼儿津津乐道，记忆的内容非常丰富，记忆也很深刻。

图 5－1　幼儿进行采摘活动

想一想： 幼儿为什么对这次活动的记忆如此深刻？

分析提示： 在幼儿的记忆中，以形象、动作、情感等为内容的记忆占主要地位，幼儿通过动作和活动亲身实践，并在实践过程中体验收获的喜悦，这会让幼儿的记忆无比深刻。教师在日常教学中，应尽量丰富幼儿的学习方式，多使用新颖、直观、趣味性和操作性强的学习材料，在活动中提高幼儿的记忆效果。

任务一　记忆概述

记忆是大家非常熟悉的一种心理现象，个人经验的积累，都要依靠记忆。

一、记忆的概念

记忆是人脑对过去经验的保持和再现。例如，旅游者对旅途经历的回忆、学生对所学知识的回顾、幼儿向妈妈讲述幼儿园一天的生活，这些都是记忆的表现。

二、记忆的过程

记忆是一种复杂的心理过程，是从“记”到“忆”的过程，包括识记、保持、回忆三个环节。

（一）识记

识记是识别和记住事物的过程，依据不同的标准可分为不同的种类。根据有无目的性，识记分为无意识记和有意识记两种。无意识记是指没有预定的目的，不需要任何意志努力的识记；有意识记是指按照一定的目的、任务，需要意志努力，并运用一定方法的识记。日常的工作和学习主要通过有意识记来完成。

（二）保持

保持是将已获得的知识经验在头脑中进行储存和巩固的过程。记忆材料在头脑中会发生质或量的变化。质的变化是指由于受到主体已有的知识经验以及对材料的认识、加工能力的影响而发生的改变。例如，请幼儿描述之前经历的一件事情，其在复述时，有的部分概括简略，有的部分详细完整，有的部分更有特色。英国心理学家巴特莱特曾用图画复绘方法测验记忆保持情形，结果发现，经过十位被试的轮流复绘，鸟竟变成了猫的形状，可见记忆图形在质的方面发生了显著的变化。量的变化包括记忆回涨和遗忘两个方面，记忆回涨是指学习某种材料后间隔一段时间所测量到的保持量比学习后立即测量到的保持量要多。例如，在一些记忆实验中，被试第二、第三天测量到的保持量比第一天的要多。这种现象在幼儿期较为普遍，这可能是由于幼儿当时没有很好地理解记忆材料，因而记忆少，随着对记忆材料的理解逐渐加深，记忆的保持量就会增多。遗忘是指识记过的材料不能再认和回忆，或者发生错误的再认和回忆。遗忘是一种自然的、正常的心理现象，是人保持心理健康和维持正常生活所必需的活动。

知识扩展

遗忘的规律

德国心理学家艾宾浩斯最早对遗忘做了系统的实验研究。在实验中，艾宾浩斯先学习一组无意义音节的材料，计算出记住它所需的时间。隔一段时间后重新学习，计算出重新记住它可以节省多少时间。节省的时间多即表示记忆保留得多。实验结果表明，在学习材料之后，隔 20 分钟重新学习，可节省诵读时间 58.2%；1 小时后重新学习，节省诵读时间 44.2%；9 小时后重新学习，节省诵读时间 35.8%；第一天结束后重新学习，节省诵读时间33.7%；2天以后重新学习，节省诵读时间27.8%；6天以后重新学习，节省诵读时间25.4%；到第31天后重新学习，节省诵读时间21.1%。依据这些数据绘制的曲线图，就是著名的“艾宾浩斯遗忘曲线”，如图5－2所示。

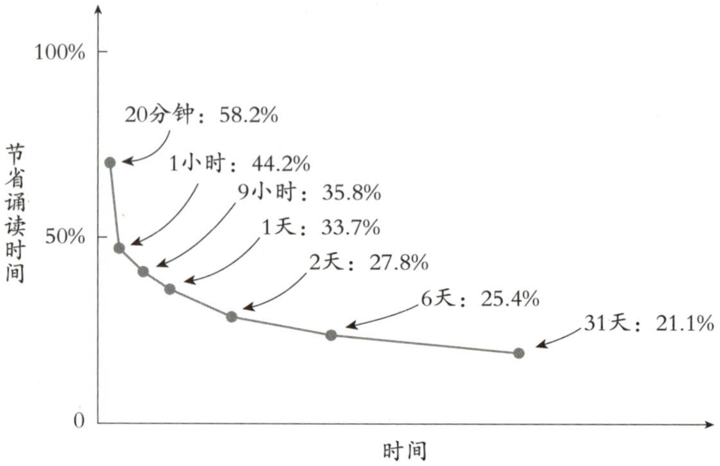

图5－2 艾宾浩斯遗忘曲线

“艾宾浩斯遗忘曲线”揭示了遗忘的规律：遗忘的进程是不均衡的，呈现出先快后慢的趋势。在学习和识记材料后，最初遗忘得比较快，后来遗忘得比较慢，最终到了一定的时间，几乎不再遗忘。

遗忘的重要原因在于识记后缺乏巩固复习。因此，为了减少遗忘，要根据遗忘的进程，合理地安排复习。及时复习，合理分配复习的时间，把回忆与反复阅读相结合，以及采取多样化的、多种感官参与的复习方法等都可以有效地阻止遗忘。

（三）回忆

回忆是人脑对过去经验的提取过程，包括再认和再现。再认是指曾经感知过的事物再次出现时，人能够重新识别和确认，是一种低水平的回忆过程。再现是指感知过的事物不在眼前，人却能在脑海中重新浮现并加以确认。回忆是记忆系统中的一个重要环节。能再认的不一定能再现，但能再现的一定能再认。例如，在考试时，选择题主要是通过再认的记忆系统来回答，问答题主要是通过再现来回答的。回忆也分为有意回忆和无意回忆，有意回忆是指需要意志努力的回忆，例如，听写时学生有意识地回忆字词，才能写下答案。无意回忆是指不需要意志努力的回忆，是自然而然地想起某些旧经验，如“睹物思人”“触景生情”。

三、记忆的种类

（一）有意记忆和无意记忆

根据记忆的目的性，记忆分为有意记忆和无意记忆。有意记忆是指有预定目的，需要运用一定方法的记忆，如家长要求孩子跟着音频学习背古诗、幼儿教师在活动前给幼儿提出识记任务等。无意记忆是指没有预定目的，不需要意志努力的记忆，如幼儿能记住旅游时发生的事情。

案例链接

苏联心理学家陈千科为研究幼儿期无意记忆和有意记忆哪种效果更好设计了识记图片内容的实验。图片共 15 张，内容都是幼儿熟悉的东西，如水壶、苹果、狗等。研究者让一组幼儿利用图片玩游戏，而没有要求他们记住图片上的内容，属于无意记忆组；而对另一组幼儿则单纯地要求其记住图片上的内容，属于有意记忆组。实验结果表明，除了幼儿初期无法接受实验任务，幼儿中期和晚期记忆的效果都是无意记忆优于有意记忆。

想一想：为什么幼儿玩游戏的无意记忆比单纯进行有意记忆效果更好呢？

分析提示：实验证明，幼儿无意记忆效果优于有意记忆效果，这也解释了日常生活中相比于课堂上的内容幼儿更容易记住电视上的内容的原因。这提示幼儿教师在进行教育活动时应注重寓教于乐。

（二）瞬时记忆、短时记忆和长时记忆

根据记忆保持时间的长短，记忆分为瞬时记忆、短时记忆和长时记忆。

瞬时记忆又称感觉记忆，是指外界刺激信息经过感觉器官时，在感觉通道内以感觉痕迹的形式在人脑中被暂留的过程。例如，在照相时，我们注视闪光灯，闪过之后，在短时间内我们还是会有闪光灯时的印象。瞬时记忆的容量大，但保持的时间短，视觉信息大约保持 1～2 秒，听觉信息保持时间为 4 秒内。若感觉记忆中保存的信息没有受到注意，那么就会很快消失；若受到了注意，它就会进入短时记忆系统进行保存。

短时记忆是指信息在头脑中保持 1 分钟以内的记忆，它是信息从感觉记忆到长时记忆的一个过渡阶段。例如，学生上课时边听边记笔记，就是依靠短时记忆；询问电话号码后记在纸上，也是依靠短时记忆。短时记忆的保持时间在无重复的情况下只有 5～20 秒，最长不超过 1 分钟。通过复述，短时记忆就会转为长时记忆。一般来说，短时记忆的信息容量为 7±2 个组块。

长时记忆是指保持 1 分钟以上或更久，甚至终身的记忆。长时记忆的容量是非常大的，从信息的来源来说，它是对短时记忆进行加工、重复的结果。有些长时记忆由于印象深刻可以一次性形成，如灾难发生后，经历过的人永远不会忘记。

记忆的信息加工系统如图 5－3 所示。

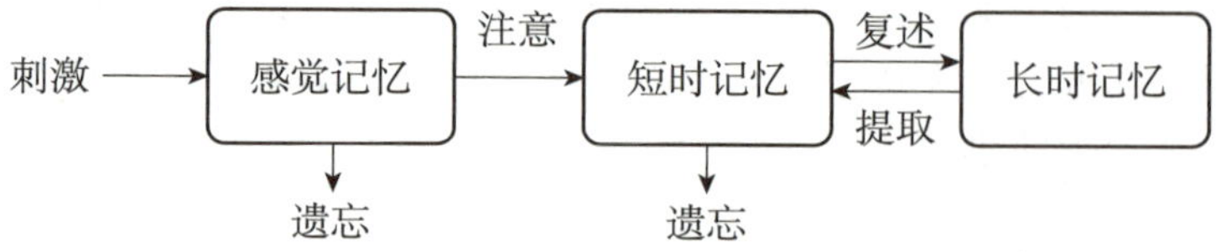

图 5-3　记忆的信息加工系统

资料来源：彭聃龄．普通心理学［M］．4 版．北京：北京师范大学出版社，2012：238.

（三）形象记忆、运动记忆、情绪记忆、语词逻辑记忆

根据记忆内容，记忆分为形象记忆、运动记忆、情绪记忆、语词逻辑记忆。

形象记忆也称表象记忆，是指以感知过的事物的具体形象为内容的记忆，它主要依靠表象。表象是头脑中有关事物的形象，具有形象性和概括性等特点。形象记忆是直接对客观事物的形状、大小、体积、颜色、声音以及人物的音容笑貌等具体形象和外貌的记忆，一般人以听觉和视觉方面的形象记忆为主，直观形象性是其显著的特点。例如，人们参观天安门后，对其外形的记忆就是形象记忆。在学前儿童的记忆中，形象记忆占主要地位。

案例链接

秋天到了，老师让大二班的小朋友在户外对柳树进行观察后，回到班级开展了美术活动，老师说："刚才你们都看到了什么，有什么发现呢？把你们看到的画下来吧！"活动结束展示作品时，梓璇小朋友的作品让老师很惊讶，同伴也非常喜欢，她回忆起了柳树发芽、柳树长叶、柳树树叶变黄等具体情境，并将不同时期柳树的形态用绘画的方式记录了下来，如图 5-4 所示。

图 5-4　幼儿画的不同时期的柳树

想一想：为什么梓璇能将不同时期的柳树形态画出来？

分析提示：幼儿通过平时对柳树进行观察，形成了对发芽的柳树、长叶的柳树、树叶变黄的柳树等具体形象的记忆。在幼儿的记忆中，形象记忆是主要的记忆类型。在形象记忆的基础上，幼儿很容易将不同时期的柳树形态画出来。

运动记忆也称动作记忆，是指以身体的运动状态或动作形象为内容的记忆。例如，幼儿在做早操或跳舞时，知道下一个动作是什么；有的人学会骑自行车，即使多年不骑，也不会将这个技能忘记。运动技能容易恢复和保持，不容易遗忘。婴幼儿最早出现的记忆就是运动记忆。我们掌握生活技能离不开运动记忆。

案例链接

随着安吉游戏的推广，某幼儿园也尝试着为幼儿准备了大铁桶、单梯、双梯、木板、绳子、垫子等游戏材料，供幼儿在户外活动时自由选择。乐乐对大铁桶情有独钟，总想“征服”它，站在上面。老师虽然觉得危险，但并没有制止乐乐的探索，而是默默地在旁保护。经过一次又一次的尝试，乐乐终于可以通过调整自身平衡，在铁桶上稳稳地站住了。接着，他开始尝试在铁桶上用双脚带动铁桶向前滚动，小伙伴们看着他展示新技能，都为他鼓掌加油。乐乐的成功也带动了更多的幼儿加入“滚铁桶”的游戏中，但乐乐始终是幼儿园里唯一一个能够在铁桶上直接掉转方向的幼儿。

想一想：最初在铁桶上站都站不稳的乐乐，为什么最后用双脚带动铁桶向前滚动？

分析提示：乐乐学习滚动铁桶的过程体现了幼儿的运动记忆。乐乐通过多次尝试终于能够在铁桶上站稳，并且能够通过移动双脚使铁桶向前滚动，当这种动作变成了他的记忆内容后，乐乐便逐渐习得了双脚带动铁桶向前滚动的技能。

情绪记忆是指以体验过的某种情绪情感为内容的记忆。例如，学前儿童做游戏时的快乐情绪、人们演讲时的激动心情、父母吵架时学前儿童的恐惧情绪，都会形成情绪记忆。情绪记忆具有鲜明、深刻等特点，且出现得比较早，比如新生儿就会对某件事、某个人有惧怕的情绪记忆。

语词逻辑记忆是指以语词、概念、判断和推理为内容的记忆，它包括公式、原理、概念等的记忆。语词逻辑记忆具有高度的严谨性、逻辑性、概括性和抽象性等特点。语词逻辑记忆是学前儿童在掌握语言的过程中逐渐发展形成的。

案例链接

为锻炼幼儿的语言表达能力，幼儿园中班的陈老师开展了“小小餐前讲解员”活动，她准备了话筒、厨师帽等小道具，请每日的“小主厨”为小朋友们介绍食物的名称及营养价值，如图5-5所示。马上轮到程程小朋友“上岗”了，他提前一天向妈妈请教了与当天食谱相关的营养知识。这一天午餐前，程程向小朋友们介绍道：“小朋友们，大家好，我是今天的‘小主厨’程程，今天食堂的叔叔阿姨为大家准备了非常可口的奶香绣球馒头、红烧肉、炒菜花和紫菜蛋花汤。小朋友们，炒菜花里面的胡萝卜也要好好地吃哟！胡萝卜里含有大量的维生素A，能够保护我们的眼睛，让我们拥有像孙悟空一样的火眼金睛。谢谢大家，祝大家用餐愉快！”

图5-5　餐前讲解员进行午餐讲解

想一想：程程是如何做到能够准确地说出当天的食谱并为小朋友们做完整介绍的？

分析提示：案例中程程的这段餐前介绍就是语词逻辑记忆的体现。一日生活皆课程，一切教育见生活。幼儿教师利用午餐前准备时间组织的“小小餐前讲解员”活动，不仅锻炼了幼儿的语言表达能力，也提高了幼儿关于食物名称和食物的营养价值的记忆效果。

（四）机械记忆和意义记忆

根据对材料的理解程度，记忆分为机械记忆和意义记忆。

机械记忆是指学习者对记忆材料本身并没有理解，仅依据材料的外部联系而机械、重复进行的记忆，也就是人们常说的“死记硬背”。例如，学前儿童并不理解古诗的含义，却能够在重复很多遍后，一字不差地背出来，这就是一种机械记忆。

意义记忆是指在理解记忆材料的基础上，依据事物的内在联系进行的记忆。例如，幼儿教师解释了古诗的意思后，学前儿童在理解的基础上对古诗进行的记忆就是意义记忆。

案例链接

在“学习10的组成”活动中，老师没有进行情境导入，也没有出示操作材料，而是直接教幼儿“凑十歌”，老师说一句，幼儿跟着说一句：“一九一九好朋友，二八二八手拉手，三七三七真亲密，四六四六一起走，五五凑成一双手。”一遍一遍反复进行，结果，很多幼儿都没真正理解10的组成。

想一想：幼儿为什么没有真正理解10的组成呢？

分析提示：《3－6岁儿童学习与发展指南》中提到“应注重引导幼儿通过直接感知、亲身体验和实际操作进行科学学习，不应为追求知识和技能的掌握，对幼儿进行灌输和强化训练”。该幼儿教师在活动过程中未考虑幼儿的年龄特点，只是让幼儿死记硬背，进行机械记忆，这种方式不利于幼儿对学习材料的理解和记忆。

任务二　学前儿童记忆的发生与发展

想一想

很多婴儿出生之后都习惯被妈妈抱着，妈妈抱着的时候就睡得很香，要是换另外一个人来抱，婴儿往往会立刻醒过来，甚至大哭，这是为什么呢？

一、婴儿记忆的发生

（一）习惯化

习惯化是指随着刺激物出现频率的提高，人们对它的注意时间逐渐减少甚至消失的现象。研究表明，即使是新生儿，对经常看到的图片也会出现习惯化现象。习惯化既可以用来了解新生儿感知能力的发展水平，看其能否发现刺激物的差别；也可以用来测查新生儿对刺激物的熟悉程度，观察其记忆能力。

（二）条件反射

条件反射，即新生儿对刺激物做出行为反应，是衡量记忆是否发生的指标。比如，新生儿对吮吸奶头姿势的再认，这是新生儿第一个自然条件反射出现的标志，时间是在出生10天左右。没过多久，新生儿就已经对母亲喂奶的姿势形成了条件反射，即使奶头还没有触及嘴唇，就已经有了吮吸的动作，说明新生儿已经“记住”了喂奶的信号。

（三）重学节省

重学节省是指学习一种知识或技能后，过一段时间再来学习，第二次学习比第一次学习所用的时间要少一些。此现象需要一定的时间间隔，虽不能够作为测量新生儿记忆发生的指标，但是可以用来检测新生儿记忆的效果及学习能力。

二、学前儿童记忆发展的趋势

（一）记忆保持时间的延长

记忆保持时间也称记忆的潜伏期，是指从识记材料到能够对材料进行再认或再现的时间间隔。研究表明，学前儿童再认和再现的潜伏期，即记忆保持的时间，会随着年龄的增长而延长。3岁前，婴儿短时记忆能力较弱，只能存储和处理有限的信息，但随着年龄的增长，他们的短时记忆容量逐渐增加，能够更好地记住和处理更多的信息。3岁后，幼儿的长时记忆开始形成，并随着年龄的增长而不断发展，使得记忆保持时间得以延长。

（二）记忆提取方式的发展

胎儿及新生儿的记忆都属于再认性质的记忆，婴儿期的记忆一般都是再认的形式。6个月左右时，婴儿会出现认生现象，只愿意亲近经常接触的人，当陌生人走近时就会感到不安；1～2岁时，再现的回忆方式开始萌芽，在这一时期婴儿会出现延迟模仿。此后，学前儿童的回忆能力随着年龄的增长不断发展。

（三）记忆容量的增加

短时记忆的容量相当有限，其广度为7±2个组块，即如果不经过复述，人对感知到的信息只能够记住5～9个没有联系的单位。婴儿由于认知有限，记忆的范围极小。之后随着动作的逐渐发展，幼儿接触的事物增多，也更多样化，其记忆的范围也越来越大，每一个信息单位包含的内容越来越多，记忆的容量也逐渐增加。

（四）记忆内容的变化

学前儿童的记忆内容会随着年龄的增长而产生变化，最早出现的是运动记忆，在出生后2周左右出现；6个月左右出现情绪记忆，往往会记住愉快或不愉快的事情；6至12个月出现形象记忆，如婴儿能够认识熟悉的玩具，能分辨出母亲和其他人等；1 岁左右出现语词逻辑记忆。这几种记忆的发展，是一个复杂的相互作用的过程。

三、学前儿童记忆发展的特点

（一）无意记忆占优势，有意记忆逐渐发展

婴儿的记忆主要是无意记忆。到了幼儿期，有意记忆虽已发展，但仍以无意记忆为主，直观、形象、具体、鲜明的事物更能够引起幼儿的无意记忆。幼儿所获得的知识经验，大多数是在日常生活、游戏等活动中自然而然记住的，感官的多种参与有助于提高幼儿无意记忆的效果。比如，幼儿在参加运动会时，因为是竞赛性的活动，所以幼儿积极性比较高，会更容易记住比赛的结果、过程中发生了什么事情等等，无意记忆的效果会比较好。

到幼儿晚期，有意记忆才逐渐发展起来。有意记忆最初是被动的，一般都是在成人的要求下进行的，如学唱儿歌、背古诗等。后来幼儿不仅可以努力去记忆需要记住的事物，还能运用一些简单的方法帮助自己记忆。但幼儿期的有意记忆只是初步的，远远未占优势地位。

成人要积极发展学前儿童的无意记忆和有意记忆，一方面要根据学前儿童无意记忆的发展特点，采取游戏活动、多感官参与等方式，提高他们无意记忆的积极性和效果；另一方面要加强学前儿童言语系统调节机能的训练，适时提出明确的有意记忆的要求，激发学前儿童积极的活动动机，促进他们有意记忆能力的发展。

案例链接

幼儿跳绳记录

（二）机械记忆占优势，意义记忆逐渐发展

机械记忆、意义记忆二者的区别在于人对记忆材料的理解程度。意义记忆在幼儿期发展尤为迅速。

由于认知水平有限，学前儿童分析和理解能力相对来说也有一些薄弱，与成人相比，学前儿童大多是运用机械记忆，所以他们很容易背诵自己并不理解的材料。在这一点上，小班幼儿的表现尤为突出，他们哼唱的儿歌和童谣，往往是根据声调机械模仿识记的。

学前儿童意义记忆的效果优于机械记忆，他们对可理解的记忆材料的记忆，比对不理解或者无意义的记忆材料的记忆效果好得多。《3－6 岁儿童学习与发展指南》中也指出，“理解幼儿的学习方式和特点”，“最大限度地支持和满足幼儿通过直接感知、实际操作和亲身体验获取经验的需要，严禁‘拔苗助长’式的超前教育和强化训练”。学前儿童只有通过直接感知、亲身体验，才能够更好地理解学习内容，从而促进记忆能力和学习品质的提高。

案例链接

为了让大班幼儿理解杠杆原理，了解杠杆的结构，朱老师利用长板和原木凳（做支点）设计了“跷跷板”，邀请幼儿进行游戏。第一次游戏后，幼儿知道了重的一方在下，轻的一方在上。之后，朱老师再引导幼儿通过调整自身到支点的距离，感受“跷跷板”上下的变化。游戏结束后，朱老师问幼儿：“玩跷跷板时，如果想要撬起比自己重的人或物体要怎么做呢？”幼儿回答说：“可以往后坐一些，离支点远一点。”接下来，朱老师又用积木箱当石板、用小玩偶当“被困者”，将“被困者”分别压在“石板”下，模拟地震的场景。朱老师为幼儿提供了长木棍等工具，请幼儿想办法解救“被困者”。朱老师询问幼儿：“谁能试试，有什么好办法？”只见有的幼儿拿起木棍，将木棍插到“石板”底部，将积木砖放在木棍下当作支点，几名幼儿通过不断移动支点位置，最后轻松地将“石板”撬了起来，成功解救了“被困者”，如图 5－6 所示。最终，所有幼儿都记住了什么是杠杆原理。

图 5－6　杠杆原理探索实践

想一想：朱老师是如何引导幼儿理解和记忆杠杆原理的？

分析提示：在这一教学活动中，朱老师设计组织“跷跷板”游戏，让幼儿通过亲身实践去了解杠杆原理，并通过情境模拟的方式，让幼儿利用学会的原理去解决实际问题。朱老师这是利用了意义记忆的方法成功引导大班幼儿理解了杠杆原理。

（三）形象记忆占优势，语词逻辑记忆逐渐发展

学前儿童形象记忆的效果优于语词逻辑记忆。学前儿童的记忆具有直观形象性，语词逻辑记忆薄弱一些，其主要原因就是学前儿童的认知经验少，第一信号系统占优势，往往依靠具体形象来记忆。所以，幼儿教师在活动中应尽量出示实物，这样学前儿童才能够完全感知，记忆也会更加深刻。比如，认识苹果时，幼儿教师如果只是说

苹果是"红红的、圆圆的"，什么都不出示，那一定没有出示苹果实物的效果好，让学前儿童在摸一摸、闻一闻、尝一尝的过程中调动多种感官参与学习，效果会更好。

学前儿童的形象记忆及语词逻辑记忆随着年龄的增长而发展。通过观察比较3～7岁学前儿童对熟悉的物体和词的记忆效果可知，随着年龄的增长，学前儿童对物体和词的记忆数量都在增加，如表5-1所示。这表明，学前儿童形象记忆能力及语词逻辑记忆能力都在逐年提高。同时，从"两者的比率"可以看出，学前儿童形象记忆和语词逻辑记忆效果的差距随着年龄的增长而缩小。随着学前儿童语言的发展，其形象记忆与语词逻辑记忆间的关系越来越密切，两种记忆的差距也越来越小。

表5-1 学前儿童的形象记忆及语词逻辑记忆效果比较

年龄（岁）	熟悉的物体（个）	熟悉的词（个）	两者的比率
3～4	3.9	1.8	2.1∶1
4～5	4.4	3.6	1.2∶1
5～6	5.1	4.6	1.1∶1
6～7	5.6	4.8	1.1∶1

注："熟悉的物体"和"熟悉的词"总数均为10个。表中数据为学前儿童能回忆起的平均数量。

资料来源：陈帼眉．学前心理学［M］．北京：北京师范大学出版社，2015：181.

（四）记忆策略的发展

记忆策略是指为了提高记忆效果所采取的措施和方法。记忆策略与记忆态度有着密切的关系，只有明确了记忆目的和意图之后，才能够产生记忆策略。有意记忆产生后，学前儿童会逐渐学习用某些方法来完成记忆任务。一般来说，儿童5岁以前没有掌握记忆策略，5～7岁处于过渡期，10岁以后记忆策略逐步稳定发展起来。学前儿童的记忆策略主要有复述和组织。

1. 复述

学前儿童掌握口语后，经常会不断重复识记对象的名称，以达到记忆的目的，称为复述策略或反复背诵策略。复述或反复背诵是为了加深记忆，避免遗忘，是一种常用且有效的记忆策略，也是将短时记忆转化为长时记忆的必要手段。但对学前儿童来说，复述还要结合其他方法使用才会产生作用，因此，成人要引导学前儿童正确进行复述。

案例链接

中二班的涵涵是早上第一个来到幼儿园的，老师交给涵涵一个任务：去隔壁班级借一本书。老师对涵涵说："涵涵，你能帮我去中一班借一本名字叫《落叶跳舞》的绘本吗？"涵涵爽快地答应了。她边走嘴里边嘟囔着："落叶跳舞，落叶跳舞……"

涵涵完成了任务，她将绘本交给老师时特别开心。

想一想： 涵涵去帮助老师借书时，为什么要边走嘴里边嘟囔着绘本的名字呢？

分析提示： 涵涵边走嘴里边嘟囔是复述策略的表现，这也是加深记忆、避免遗忘的有效记忆策略。幼儿通过复述来保持对任务的记忆，有助于其在活动过程中提高记忆效率，达成预定目标。

2. 组织

组织策略也称系统化策略，是指在识记的过程中，将记忆材料按不同的意义进行重组，编入各种主题，使材料产生意义联系以便于记忆的一种策略。通过将材料序列化、模式化、系统化，可以使记忆效果显著提高。已有研究表明，组织策略是从学前儿童的实践经历中演变、积累而来的，这些经历包括：幼儿教师按高度组织的方式来呈现材料；在幼儿教师的指导下，学前儿童把高度相关的事物或事件归为一类。例如，幼儿教师给学前儿童呈现救护车、兔子、太阳、胡萝卜、护士和月亮这6张图片，然后问学前儿童“刚刚看到了哪些图片”，学前儿童会说“看到了救护车和护士、兔子和胡萝卜，还有太阳和月亮”。

好的记忆策略，都是建立在对材料深刻理解的基础上的。如果学前儿童能将新的学习内容或材料与头脑中已有的经验或图式联系起来，并将这些新内容或材料与自身认知结构建立起实质的非人为的联系，就能达到最佳的记忆效果。

任务三　学前儿童记忆的培养策略

一、培养学前儿童记忆的兴趣和信心，提高记忆效果

学前儿童的记忆效果与其情绪状态有着直接的关系。若学前儿童兴趣很浓、情绪饱满、心情愉悦，记忆效果就会有很大的提高。若没有兴趣、缺乏自信心、消极退缩，其记忆效果就不佳。家长和幼儿教师要创设良好的学习氛围和环境，激发学前儿童对记忆材料的兴趣。例如，幼儿教师在讲述绘本故事《一步一步走啊走》时，制作了动画绘本，使学前儿童对这个故事产生了浓厚的兴趣，学前儿童很快便记住了故事中的情节。幼儿教师要用心地制作教具、布置环境，让每一位学前儿童都能在愉快的学习环境中提高记忆效果。

案例链接

为了增强幼儿的爱国主义情感，使幼儿感受到红军长征的艰辛，幼儿园组织中班幼儿进行了“重走长征路”大型户外情境游戏，让幼儿重温长征经典画面，铭记历史，如图5-7所示。老师们精心布置了长征途中的“四渡赤水”“巧渡金沙江”“强渡大渡河”“飞夺泸定桥”“爬雪山”“过草地”“胜利会师”七个场景。随着号角响起，“小红军们”陆续出发。他们滑过索道、蹚过河水、爬过梯子、翻越护栏、跳过战壕、钻过烽火线……途中遇到困难时，他们互相帮助，互相加油打气。游戏中，老师们也不断引导幼儿总结经验，协商越过障碍的最佳办法。整个游戏过程中，幼儿斗志昂扬、激情满满。活动结束时，老师们问道：“你们都走过了哪些长征路线？”幼儿纷纷作答，记忆丰富、深刻，一颗红色的种子也悄悄地埋在了幼儿心中。

图5-7　“重走长征路”大型户外情境游戏

想一想：为什么游戏之后，幼儿对长征路线的记忆如此深刻？

分析提示：幼儿园通过组织户外游戏的方式让幼儿沉浸式体验“长征”的过程。幼儿教师引导幼儿了解红色文化、铭记历史，充分调动了幼儿的兴趣和情绪，不仅发展了幼儿的跳、钻、爬等身体机能，还提高了幼儿的记忆效果，厚植了爱国情怀。

二、使学前儿童明确记忆的目的和任务，培养学前儿童的有意记忆

当学前儿童明确记忆的目的和任务时，他们就会将全部的精力集中到记忆的任务上，通过各种方式去完成它。在日常生活中，幼儿教师可以向学前儿童提出具体明确的记忆任务，激发学前儿童有意记忆的积极性，培养学前儿童的有意记忆能力。比如，在家里，家长可以让孩子传话；在外游玩时，家长可以让孩子看看周围的事物，

回来后说一说自己的发现；在幼儿园里，幼儿教师在讲故事之前，可以提出记忆的目的，如“请小朋友们仔细听一听，我一会儿要讲的故事中都出现了什么小动物”。要注意的是，在学前儿童完成任务后，家长和幼儿教师要及时给予鼓励和表扬，提高学前儿童有意记忆的积极性。

三、帮助学前儿童理解记忆材料，培养学前儿童在理解基础上的记忆

学前儿童的意义记忆效果要优于机械记忆，他们对记忆材料理解得越深，记忆的保持时间也就越长。因此，幼儿教师在进行歌唱活动或故事欣赏活动时，就可以通过一些方式，帮助学前儿童理解内容，而不是机械地进行记忆。例如，在欣赏古诗《静夜思》时，幼儿教师可以出示图片，帮助学前儿童理解古诗中“明月”“霜”“故乡”的含义，并通过视频，让学前儿童体会这首诗的意境美；又如，幼儿教师在教唱歌曲《好孩子要诚实》时，首先创设情境让学前儿童理解“诚实”的含义，然后将歌词内容以图片的形式展示出来，使学前儿童能看着图片，理解歌词的内容。学前儿童在理解的基础上记忆，其记忆效果会大大地提升。

案例链接

幼儿园小班的李老师发现，最近幼儿吃米饭时总会把饭粒撒到桌子上。为了让幼儿懂得珍惜粮食，知道粮食是农民伯伯用汗水换来的，她设计了欣赏古诗《悯农》的教学活动。李老师首先出示挂图，请幼儿仔细观察，说一说都看到了什么。幼儿纷纷说道：“天气很热”“绿油油的小苗”“农民伯伯在锄草”“农民伯伯很辛苦，他流汗了”……这时，李老师边指着挂图示意边朗诵古诗，然后又请幼儿尝试朗诵，边朗诵边想象农民伯伯辛苦劳作的画面。朗诵过后，李老师又组织幼儿们共同玩“捡米粒”的游戏，让幼儿亲身感受“辛苦”收获的过程。

想一想：李老师为什么要利用挂图的形式帮助幼儿理解《悯农》这首古诗？

分析提示：幼儿的意义记忆效果要优于机械记忆，他们对记忆材料理解得越深，记忆的保持时间也就越长。在欣赏古诗《悯农》的教学活动中，李老师利用挂图引导幼儿朗诵古诗，使幼儿能看着图片理解诗意，理解“辛苦”的含义，这正是利用了意义记忆的方法。

四、在活动中提高学前儿童的记忆效果

幼儿教师在日常教学中，应尽量运用多样化的教学方式，使用新颖、有趣以及直观性和可操作性强的教学材料，提高学前儿童的兴趣。比如，在科学活动“会变化的影子”中，幼儿教师通过给每位学前儿童准备手电筒，让学前儿童自主探索影子的变

化，比直接将“影子的科学原理”告诉学前儿童的效果要好，学前儿童的记忆会更深刻，也是一种非常好的体验，如图 5－8 所示；在数学活动“认识 5 的组成”中，如果幼儿教师只是让学前儿童去数数 2＋3 等于几这样会很枯燥，学前儿童会失去兴趣，如果创设情境——“猴子拿了 2 根香蕉又拿了 3 根香蕉，一共拿了几根香蕉呢?”，同时提供实物，鼓励学前儿童动手操作、演示，就能使其学会举一反三，加深记忆。

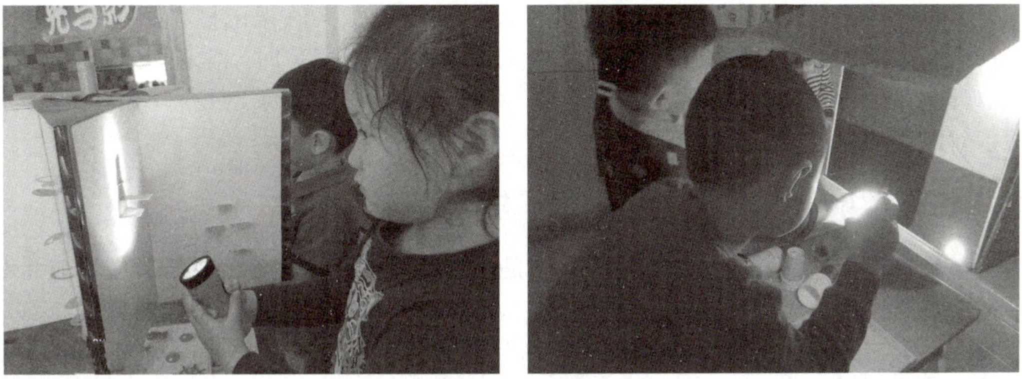

图 5－8　科学活动“会变化的影子”

引导学前儿童运用多种感官进行记忆，有助于提高记忆效果。例如，学前儿童通过听一听、摸一摸、闻一闻、尝一尝，了解了“糖”的特性，知道了不同数量的糖块在相同容器中摇晃时发出的声音大小是不同的。通过实验，学前儿童获得了很多感性认识，记忆效果又快又好。

五、为学前儿童提供适宜的记忆材料

学前儿童的记忆以形象记忆为主，色彩鲜艳、形象生动的材料更能满足学前儿童的需要。在幼儿园的各项活动中，幼儿教师要精心设计，准备丰富、新颖的玩教具。朗朗上口的童谣和儿歌、多种多样的区域、手影教学、木偶表演等，都能够帮助学前儿童记忆。

六、传授学前儿童适当的记忆方法或策略

（一）归类记忆法

幼儿教师可将同类的事物放在一起，这样能够扩大记忆容量，使学前儿童更容易记忆。例如，出示 10 张图片，有猫、猪、牛、羊、狗、汽车、火车、飞机、轮船、自行车。学前儿童可以对其进行分类，这样更容易记忆。实验证明，采用归类记忆法后，学前儿童记忆的内容明显更多。

（二）整体识记和部分识记相结合

整体识记是将材料作为一个整体一遍一遍地识记，部分识记是将材料拆成不同的

部分，一段一段地识记。一般来说，如果记忆材料短，就采用整体识记；如果记忆材料多，就采用部分识记，再进行合并。将整体识记与部分识记相结合，先通读几遍，然后对关键的地方进行部分识记，再全部诵读，反复进行，直到记住为止，也是一个好办法。在幼儿园，幼儿教师运用此方法时要结合游戏进行，以增强趣味性。

（三）联想记忆法

借助某些联想进行间接记忆，这样可以给一些无意义的识记材料赋予一定的意义，提高记忆效果。比如，在学习儿歌《雪地里的小画家》时，学前儿童通过联想“小鸡画竹叶，小狗画梅花，小鸭画枫叶，小马画月牙”了解了动物脚印的特点，加深了对歌词的记忆。

七、正确评价记忆结果，合理组织复习

正确地评价学前儿童的记忆结果，有助于提高学前儿童记忆的品质。在学前儿童说完记忆结果后，成人要及时表扬、肯定，不责怪学前儿童为什么记忆不完整、不全面，或因此“惩罚”学前儿童，因为这样做会降低学前儿童记忆的积极性。

案例链接

故事运动会

复习是避免遗忘最基本的方式，能够使记忆保持得更牢固。在幼儿园，幼儿教师应该采用多种方式，使复习更有趣，不要长时间反复给予同样的刺激，这样会很枯燥，学前儿童会渐渐对学习新事物失去兴趣。实验证明，合理的复习可以使学前儿童在轻松愉快的情绪状态下很快地巩固所学知识和技能，激发学前儿童学习的积极性和兴趣。

任务测验

1. 训练目标

（1）结合教学活动，初步辨别和分析幼儿园一日活动中学前儿童记忆的特点和表现。

（2）提供良好的记忆策略和方法，尝试促进学前儿童记忆能力的发展，提高其记忆效果。

2. 训练内容

（1）结合学前儿童记忆发展特点教育案例，分析如何帮助学前儿童提高记忆效果。

（2）以小组为单位设计一个促进学前儿童记忆能力发展的游戏方案。

3. 训练评价

（1）能用客观的语言描述学前儿童记忆发展的特点，并能选择适当的方法促进学

前儿童记忆能力的发展，语言表达清晰、准确，逻辑性强。(20 分)

(2) 能小组分工合作，共同制定促进学前儿童记忆能力发展的游戏活动方案。(20 分)

(3) 能顺利实施发展学前儿童记忆能力的游戏方案。(30 分)

(4) 能总结、概括游戏实施的效果，并根据游戏效果进行反思和方案的改进。(30 分)

项目六 学前儿童想象的发展

学习目标

知识目标

1. 明确想象的概念、特点、种类及在学前儿童心理发展中的作用。

2. 掌握学前儿童想象发展的特点及趋势。

能力目标

1. 能利用学前儿童想象发展的相关知识，观察分析学前儿童想象发展的特点和表现。

2. 初步学会运用适当的策略促进学前儿童想象的发展。

素养目标

1. 理解学前儿童想象发展的特殊性，认同幼儿教师工作的专业性和独特性，乐于用科学的方式发展学前儿童的想象力。

2. 重视想象对学前儿童心理健康成长的重要价值，鼓励学前儿童大胆想象，维护学前儿童创造性的萌芽。

幼儿故事

一天，幼儿园早餐吃水煮鸡蛋和红枣粥，老师将鸡蛋一分为二，每位小朋友先自取一半鸡蛋，吃光后自取添加。老师巡视时发现璨璨将蛋黄吃光，在蛋清里放了一颗大枣，摆在餐盘中间，老师询问："璨璨，你为什么没吃蛋清呀？怎么摆成这个造型？"璨璨回答："这是红军在坐船呢，你看他们要渡江了。"

想一想： 璨璨小朋友表现出了什么心理现象呢？

分析提示： 璨璨将大枣想象成红军，将蛋清想象成小船，是在已有认知经验的基础上，通过观察、思考，对已有表象进行改造，通过加工、重组，在大脑中形成新形象，这就是想象。了解学前儿童想象发展的特点，有助于我们更好地开展相关教育活动，帮助学前儿童更好地发展。

任务一　想象概述

一、想象的概念

想象是人脑对已储存的表象进行加工改造，创造新形象的过程。想象是一种高级的、复杂的认识活动，它的基本材料是表象。

记忆和想象都是运用表象进行的心理活动过程。记忆是对感知过的形象的重现，而想象是对感知过的事物进行加工改造形成的新形象。例如，在户外活动时，一位幼儿说："老师你看，天上的云好像一只小狗。"这就是想象的表现。

想象与思维有着密切的联系，都属于认识的高级阶段，即理性认识阶段。想象也是人脑对客观现实的一种反映。想象的形象并不是凭空产生的，而是根据已有的认知经验，通过加工、重组，在大脑中形成新形象。例如，天生失去味觉的人，是不会想象出食物的美味的。所以，想象来源于客观现实。

二、想象的特点

（一）形象性

想象是在感知的基础上，根据原有的经验创造新形象的过程。人脑中呈现的新形象，是在表象的基础上进行加工改造的结果，并非简单的表象再现。例如，清明节时，幼儿教师给大班幼儿讲《清明》古诗的含义，即使不出示图片，幼儿也会从“雨纷纷”“欲断魂”中感受到古诗中冷清、落寞、孤独的意境，幼儿的大脑会自动对表象进行加工，形成画面。

（二）新颖性

想象的新颖性表现在不仅可以创造出现实中存在而人们未曾感知过的形象，也能创造出现实中不存在或不可能出现的形象。例如，《神笔马良》的作者通过想象创造出了人们从未见过的、在现实生活中不可能存在的“神笔”，这就体现了想象的新颖性。

三、想象的种类

（一）无意想象与有意想象

根据想象时有无目的性和自觉性，想象分为无意想象和有意想象。

1. 无意想象

无意想象是一种没有预定目的，在一定的刺激影响下不自觉产生的想象。比如，幼儿看到天上各种形状的云，仿佛看见了一只只绵羊或兔子；幼儿听着听着走神了，脑海中浮想联翩……这都是无意想象。无意想象是简单、初级的想象。梦是无意想象的极端形式。

2. 有意想象

有意想象是根据一定的目的自觉进行的想象。有意想象具有预见性、方向性。例如，幼儿教师在为大班幼儿讲故事，故事讲到一半，幼儿教师说道：“谁能说一说后来可能发生什么?”让幼儿续编故事，发挥幼儿的想象力，这就是有意想象。

（二）再造想象、创造想象与幻想

根据想象内容的新颖性、独立性和创造性程度的不同，想象分为再造想象、创造想象与幻想。

1. 再造想象

再造想象是根据言语的描述或图形、图解、符号的描绘，在头脑中形成相应新形象的过程。再造想象的形成要求有充分的记忆表象作为基础，表象越丰富，再造想象的内容也就越丰富。再造想象可以帮助人们开拓思维，打破思维的局限，是人们接受知识、理解知识不可缺少的条件，它能够以生动形象的方式帮助人们理解所学知识，从而明确观念和概念。

2. 创造想象

创造想象是在创造活动中，根据已有形象，在头脑中独立地创造新形象的过程。创造想象具有首创性、独立性和新颖性等特点。因为创造想象所形成的新形象是现实生活中没有的，或是从来都没有见过的，所以它比再造想象要更复杂和困难。创造想象需要对已有的感知材料进行深入分析、综合、加工、改造，在头脑中进行创造性的构思。创造想象和再造想象之间又有着密切的联系，再造想象中也包含着创造的因素。创造想象是一切创造活动、科学发明与发现的必要条件。比如，小说中的人物塑造、一些发明创造等，都依赖于创造想象。

3. 幻想

幻想是指向未来的与个人愿望相联系的想象，是介于再造想象和创造想象之间的一种想象。幻想不是指向目前的行动，而是指向未来的活动。幻想包括理想和空想两种。理想是符合客观发展规律的幻想，实现的可能性很大。它是一个可以通过意志努力去实现的目标，如努力成为一位科学家的理想、实现共产主义的远大理想等。空想是违背客观发展规律，毫无实现可能的幻想。不劳而获、掩耳盗铃就是空想。理想是一种积极的幻想，而空想是一种消极的幻想。

想一想

请同学们想象一下 10 年后的自己在做什么，谈一谈如何才能实现自己的理想。

四、想象在学前儿童心理发展中的作用

（一）认知方面

想象的发生是学前儿童认知发展的标志之一。想象依靠记忆，是对头脑中的记忆表象进行加工后产生的新形象。想象有利于记忆活动的顺利进行，学前儿童的想象力越丰富、水平越高，越有利于对记忆材料的理解，也越有利于对记忆材料的保持和回忆。例如，学前儿童将数字 2 想象成一只小鸭子，进而加深了对数字 2 的记忆。

（二）情绪方面

想象内容的不同能够引发学前儿童不同的情绪，积极的想象可以给学前儿童带来良好的情绪体验，学前儿童也可以通过想象宣泄不良情绪。例如，当摔倒要哭时，学前儿童想象自己是“小小红军战士”就可以打气，继而勇敢地站起来；又如，学前儿童因被爸爸教育而生爸爸的气，就通过画画将爸爸的脸涂得黑黑的，将不良情绪宣泄了出去。

（三）学习方面

不是所有的事情都能够亲自实践的，想象可以帮助学前儿童在学习活动中更好地

理解感知不到的信息，完成创造性的学习任务。例如，通过想象绘本故事中小朋友的经历，学前儿童可以明白很多道理，而不需要亲自去经历故事中的情节。

（四）游戏方面

学前儿童的主要活动是游戏，如角色游戏、语言游戏、绘画游戏等。各种游戏都离不开想象，如果没有想象，那么虚构的游戏就无法开展。在游戏中，学前儿童可以通过想象对人物、环境、材料等内容进行拓展，使其更加丰富，从而使游戏更有乐趣。

任务二 学前儿童想象的发生与发展

一、0～2 岁婴儿想象的萌芽

想象的发生与三点有关：一是表征活动；二是婴儿大脑皮质的成熟度；三是言语的发生。婴儿想象最早出现的年龄与表征发生的年龄相同，即为 1 岁半至 2 岁。而 2 岁左右的婴儿，大脑神经系统的发展趋于成熟，婴儿在头脑中储存的信息量比之前更多，排列组合的可能性也就更多。除此之外，言语的发生也是影响婴儿想象的重要因素。事物可以通过词语的概括在人脑中留下痕迹，而人脑对这些痕迹相互之间的联系进行加工、重组，从而产生想象。

案例链接

一岁八个月的开心在路边和爸爸妈妈救起一只受伤的小鸟，把它带回家并包扎好伤口后，小鸟在鸟笼里张开翅膀尝试起飞。有一天妈妈和爸爸聊天说到了“起飞”这个词，开心马上学着小鸟张开翅膀的样子，在屋里走来走去，表演得有模有样，嘴里还会不停地说：“飞飞、飞飞。”

想一想：开心关于“起飞”的想象体现了想象发生的什么条件？

分析提示：开心听到爸爸妈妈说“起飞”，理解了词语的含义，联想到了小鸟起飞的样子，于是进行了动作模仿，并且说出“飞飞”。这说明婴儿想象的发生和语言的发展是有一定联系的，言语的发生促进了婴儿想象的萌芽。

婴儿能够对记忆材料进行简单的迁移，从而出现了想象的萌芽。这一年龄阶段婴儿的想象具有以下特点。

（一）记忆表象在新情境下的重现

2岁婴儿的想象，会几乎完全重复自己感知过的情境，在新情境下重新表现，如婴儿将双手摊开表示读书。

（二）简单的相似联想

婴儿最初是根据事物外表的相似性将事物联系起来而进行想象的。比如，婴儿会将自己的手比画成“手枪”，朝外面“开”一枪，然后自己倒下；吃饼干的时候，会咬一小口，对着妈妈高兴地说：“月牙!”

（三）没有情节的组合

婴儿起初的想象只是一种代替，以一物代替一物，很少对经历过的情节进行重组。例如，婴儿会喂自己的洋娃娃真的食物，把洋娃娃当成自己，边喂还边说：“吃吧，慢点吃。”这只是单纯的代替，没有更多的想象情节。

二、2～3岁婴儿想象的发展

2～3岁是想象发展的最初阶段，这一年龄阶段婴儿想象的发展有以下特点。

（一）无意想象比较纯粹，想象内容简单贫乏

3岁前婴儿的想象毫无目的性，还不能提前形成想象的表象。这一阶段的想象是随心所欲的。比如，2岁半的多多在玩橡皮泥，妈妈问：“多多，你捏的是什么呀?”多多不回答，只是一直在捏，过了一会儿，多多说：“我的包包做好了。”婴儿想象的内容和结果不是事先想好的，而是根据刺激物本身和动作的情况而定的，即先想象后命名。随着年龄的增长，婴儿的认知经验增多，其想象水平会逐步提升。

（二）想象依靠感知动作

婴儿的想象并没有从知觉过程中独立出来。3岁前的婴儿依靠感知形象，特别是视觉形象来想象。比如，对于2～3岁的婴儿来说，小人、小汽车、卡通形象就很容易引起想象，但是零碎的插片、积木就不容易引起想象。所以，对于2～3岁的婴儿来说，游戏材料的提供很重要。到了下一个年龄阶段也就是3岁后，幼儿就可以一边感知一边想象，将感知到的内容与实际经验联系起来。比如，看到碎纸飘落下来，有的幼儿会说“雪花”，有的幼儿会说“星星”。3岁前婴儿的心理活动都离不开动作，动作有利于婴儿想象的发展。例如，一根绳子，放在地上是小桥，挥舞起来像鞭子，缠在手上当手链，婴儿会在这种动作的变化中，不断地想象，将已有的经验用在新的情境中。

（三）想象与记忆的区别不明显

3岁前婴儿的想象与记忆的界限并不是很明显，甚至十分接近，很多时候只是因

为新旧情境的相似而产生了联想。比如，婴儿喂娃娃吃饭和别人喂他吃饭并没什么差别，只是动作相似，里面的想象成分并不是很明显。

三、3～6岁幼儿想象的发展

3～6岁是幼儿想象发展最为活跃和最迅速的时期之一，其想象发展的趋势是从无意想象发展到开始出现有意想象，想象几乎贯穿幼儿的各种活动。幼儿的艺术表现、行动表达、思维发展都离不开想象，但幼儿毕竟生活经验较少，记忆表象不够丰富，同时受到思维水平的限制，因而想象内容简单贫乏。这一时期幼儿想象的特点具体表现为：无意想象占主要地位，有意想象逐步发展；再造想象占主要地位，创造想象开始发展；从极大夸张的想象发展到合乎现实的想象。

（一）无意想象占主要地位，有意想象逐步发展

1. 幼儿无意想象的特点

3～6岁幼儿的想象活动以无意想象为主，小班幼儿表现尤为突出。幼儿的无意想象主要有以下特点：

（1）想象无预定目的，由外界刺激直接引起。比如，幼儿看见椅子，就想骑着当“汽车”玩；听见小喇叭的声音，就当起了“解放军”等。幼儿是因为外界的刺激才展开了无意想象，如果没有这些刺激物，幼儿就不会产生想象活动。在小班美术活动中，同一桌的幼儿也许会出现“作品雷同”的情况，这是由于小班幼儿的想象没有预定的目的，想象的主题往往是看到别人画的或是听到别人说的而产生的。如果幼儿教师要求幼儿在开展活动之前想好自己要做什么，小班幼儿往往无法完成任务。

案例链接

幼儿园每天早晨都会有区域活动，小班的礼礼今天选择了美工区。在进入美工区前，老师问他今天想要创作什么，他说还没想好。进入美工区后，礼礼看到老师新投放的小圆球，就拿超轻黏土把几个球黏在一起，然后兴奋地跟老师说：“老师，你看，这是我做的糖葫芦！”如图6-1所示。

图6-1 幼儿在美工区做“糖葫芦”

想一想：为什么礼礼把几个球黏在一起后才说自己做的是糖葫芦？

分析提示：幼儿的想象往往没有预定的目的，受外界刺激及兴趣所支配，幼儿初期尤为突出。在案例中，礼礼原本没有预定的目的，看到了小圆球，自己用超轻黏土无意造出了物体形象后，才想象出了自己作品的意义。

(2) 想象的主题不稳定。幼儿想象的主题既不稳定，也不明确，往往会受外界刺激的影响而发生改变。比如，在幼儿园的区域活动中，4 岁的添添正在美工区画“毛毛虫”，没画多久，又去“小医院”当“病人”，然后看见了益智区的积木，她又想去拼个“高楼”。在幼儿的游戏中，我们会看到幼儿很难保持一个主题，很容易被外界刺激影响，年龄越小，表现得就越明显。

(3) 想象的内容零散、无系统。由于幼儿的想象没有预定目的，主题也不稳定，因此其想象的内容多是零散的，想象的内容之间不存在联系。尤其是小班幼儿，在绘画作品的表达上，其画面内容往往没有联系。他们会在纸上画房子、数字、美人鱼等等，想画什么就画什么，形成一幅没有逻辑和系统性的画面。

(4) 在想象过程中得到满足。幼儿的想象一般没有什么目的，但是他们会在想象的过程中得到满足。例如，3 岁的大可最近在家里看了动画片《葫芦娃》，他特别喜欢，来到幼儿园想给小朋友们讲葫芦娃的故事，在讲述的过程中，大可兴高采烈，既有表情又有动作，小朋友听得津津有味，但是幼儿教师一听，却不知道他在讲什么。

(5) 想象过程受兴趣和情绪的影响。幼儿既会对感兴趣的游戏多次重复，也会因情绪和兴趣的影响而引起某种想象或改变想象的方向。例如，一天，淘淘和远远每人手里拿了一辆车，玩“撞车”的游戏，远远说：“赶快赶快，救护车来了。”想象的主题由简单的“撞车”变成了“开救护车”。此外，幼儿可以重复地进行与感兴趣的想象主题有关的活动。例如，幼儿会将喜欢的故事、好看的动画片听上好多遍、看上好多遍，即使知道结局，也不厌其烦、乐此不疲。

2. 幼儿有意想象的萌芽和发展

幼儿的想象虽然以无意想象为主，但是有意想象已经开始萌芽。幼儿的有意想象有以下特点：

(1) 想象进一步发展，可以围绕主题进行。有意想象在幼儿 4～5 岁时就有了明显的发展，其想象虽仍然带有无意性，但基本上出现了有目的、有主题的想象。例如，一个 5 岁的女孩非常喜欢大海，她先是画了一条鱼，然后说：“一条鱼在大海里有点孤单，再来一些吧！”她一边说一边又画了好多鱼，紧接着又说：“画点海草吧！”于是她又在旁边画了海草、海星等。到了大班，幼儿的有意想象表现得更为明显。例如，幼儿在玩乐高之前就说要拼一个小区，拼完后，发现里面有高楼、车、椅子等元素，这说明他们在玩游戏之前能够预先设定游戏主题，确定大概组成部分或情节。又如，在主题活动“周围的人”中，幼儿完全可以想象出自己想画什么职业的人，能说出名称，并且能够克服困难，自觉排除无关因素的干扰，坚持完成。

（2）有意想象是在无意想象的基础上发展起来的。例如，一名 4 岁的幼儿在画画的时候说："我要画个太阳，再画个梯子。"于是他就画起了太阳和梯子，但是画完梯子后发现好像人的身体，于是就画了"高高的人"。这个时期幼儿的想象都是自由联想，但是他们能够按照自己想的去画，说明想象已经具有一定的目的，并不像之前的想象没有目的，先做后想。

（二）再造想象占主要地位，创造想象开始发展

3～6 岁幼儿的想象以再造想象为主。幼儿最初的想象和记忆差别特别小，没有创造性。创造想象是在再造想象的基础上逐渐发展起来的。3～4 岁时幼儿想象迅速发展，以再造想象为线索，在音乐、绘画等活动中都出现了再造想象的成分；4～5 岁幼儿不再根据成人的语言描述进行想象，而是逐渐开始独立想象，想象的内容已显示创造想象开始萌芽；5～6 岁幼儿已经开始出现创造想象，其想象内容具有新颖性。

1. 幼儿再造想象的发展

（1）幼儿再造想象的特点。第一，幼儿的想象常常依赖于成人的语言描述、刺激物或实际动作。例如，两个小男孩在玩小车，这时幼儿教师说："我们一起进行汽车比赛吧！"男孩们的兴趣立刻就会被调动起来。在这一点上，幼儿初期尤为突出，所以幼儿教师要多提供能够刺激幼儿想象的物品或多使用此类语言。比如，视频比音频更容易刺激幼儿想象，图画书比文字书更吸引幼儿。幼儿教师也需要注意自己的语言，要关注幼儿的兴趣，及时回应，促进幼儿再造想象的发展。第二，幼儿的想象具有复制性和模仿性。幼儿的想象基本上都是重现一些生活中的经验或作品中描述的情节。例如，幼儿会在家里模仿"老师"，让爸爸妈妈当"学生"，给他们"上课"；模仿"洗手"时，幼儿嘴里会发出"呲呲——"的声音，要在"水"下面洗手。

案例链接

一天，3 岁半的小溪对妈妈说："我长大要变成大恐龙、三角龙、霸王龙！"妈妈问他："可你是小朋友，怎么能变成大恐龙呢？"小溪很正式地说："等我长大了，吃很多很多食物，就变了。"妈妈又问："那我想跟你一起玩，怎么办呢？"小溪回答说："到时候你坐到我的脖子上，我领你出去玩。"妈妈听了又惊又喜。

想一想：小溪想象的发展有什么特点？

分析提示：小溪的想象活动没有明确的目的，是一种自由联想。在妈妈的提问下，他能回答出如何变成大恐龙、如何带着妈妈出去玩，进行再造想象。

（2）再造想象在幼儿生活中占主要地位。这主要体现在两个方面：一是再造想象与创造想象相比，是较低水平的想象，它要求的独立性和创造性较少，因此当进行想

象时，幼儿想象的内容往往是个人的生活经验或是见过的生活情境等。研究发现，幼儿的想象内容主要有经验性想象、情境性想象、愿望性想象和拟人化想象四类，都属于再造想象。二是再造想象是幼儿生活所大量需要的。幼儿期是大量吸收知识的时期，由于幼儿接触的事物较少，头脑中的表象有限，因此他们需要依靠再造想象来理解间接知识。

（3）幼儿再造想象为创造想象的发展奠定基础。幼儿通过再造想象积累大量的想象表象，在此基础上，再进行创造想象。幼儿的再造想象可以转换为创造想象。例如，一个小男孩在户外活动中走独木桥时，自然地将手臂张开，然后学着“小鸟”的样子“飞”了起来，随后，小男孩发现了地上的影子，开始跟另一位小男孩玩起了“影子游戏”，一会儿变成“鸽子”，一会儿变成“金刚”。

2. 幼儿创造想象的发展

幼儿创造想象的发生，主要表现在能够独立地从新的角度对头脑中已有的表象进行加工，形成新形象。幼儿期是创造想象开始发生的时期。幼儿的创造想象有以下三个特点：

（1）最初的创造想象是自由联想，严格来说，还不是创造。

（2）幼儿创造想象的形象与原型只是稍有不同，可以说是模仿，但又不是完全的模仿。比如，有的幼儿经常玩打电话的游戏，将遥控器、木块等各种物品当成电话；有的幼儿会将纸杯稍加改变做成皇冠。

（3）幼儿想象的内容逐渐丰富，能够以原型为中心创作出更多数量和种类的形象，并能够找出相似之处。比如，将很多根木棍四散摆放就变成了烟花。

幼儿创造想象的发展会经过以下阶段：

第一阶段：3 岁左右幼儿的想象创造性水平还很低，基本上是以再现生活中某些经验的再造想象为主。比如，拖着带绳子的瓶子当火车跑，边跑边说：“呜呜呜……”

第二阶段：4 岁左右，随着知识经验的丰富和语言能力的提升，幼儿的想象有了一些创造的成分。比如，在看图讲述时，幼儿能够进行综合、改造，加入没有的人物、情节，使整个故事丰富很多。

第三阶段：5 岁左右幼儿的创造想象有了很大的变化，新颖性和独立性都发展到了较高的水平，能更多地运用创造想象进行游戏和活动。

案例链接

国庆节前，老师有目的地对幼儿开展了爱国教育活动。国庆节过后，在一次中班的建构游戏中，老师发现有幼儿玩起了“打敌人”的游戏。泽泽和大宝利用材料搭建出了不一样的“大炮”，并且互相“开炮”，如图 6-2 所示。泽泽说：“我是中国人，你是什么人？我要保护我的祖国。”大宝说：“我也是中国人。”泽泽说：“那我们不打了，我们一起打敌人吧！”

图 6－2 中班建构游戏

想一想： 泽泽和大宝想象的发展有什么特点？

分析提示： 对幼儿进行爱国教育是幼儿德育的重要内容之一，在国庆节前幼儿教师有目的地开展了爱国教育活动，对幼儿产生了潜移默化的影响。泽泽和大宝搭建出了“大炮”，进行“打敌人”的游戏，游戏中有一定的人物和情节，体现出一些创造性的元素。

（三）从极大夸张的想象发展到合乎现实的想象

3～6 岁幼儿的想象经常脱离现实或与现实相混淆，这是幼儿想象很突出的一个现象。

1. 想象脱离现实

幼儿想象的一个突出特点是喜欢夸张，夸大事物的某个部分或某种特征。比如，幼儿会说：“我的爸爸是世界上最厉害的爸爸。”幼儿想象的夸张性是其心理发展特点的一种反映，主要有以下两方面原因：一是幼儿的认知水平处于感性认识占优势的阶段，往往会忽略事情的本质；二是与情绪有直接的关系，感兴趣、希望得到的东西，往往会在意识中占据主要地位，因此会被幼儿夸大。

2. 想象与现实相混淆

幼儿经常会将想象的事情当作真实的事情，原因有两种，第一种是幼儿会将想象表象与记忆表象相混淆。比如，一天早上，航航穿了一件印着孙悟空的衣服来到幼儿园，鹏鹏看了非常喜欢。第二天，鹏鹏在班级里说，昨天我也穿了一件印着孙悟空的衣服，是我妈妈给我买的生日礼物。其实，鹏鹏并没有穿这件衣服，这只是他内心的渴望。有些幼儿渴望的事情，通过反复在头脑中想象便留下了深刻的印象，以至于幼儿把它们当成了记忆中的事情。第二种是幼儿感知分化发展不足，低年龄阶段的幼儿认知水平有限，他们往往辨别不出事物的异同。比如，一个幼儿经常说："我攒废品卖掉，存了好多钱。我一直存一直存，能存十万亿呢!"

想一想

同学们，如果大家到幼儿园实习，听到一些幼儿说出没有做过的事情，可以定义为幼儿在"说谎"吗？家长向你反馈，幼儿回家经常说谎，你会如何与家长沟通呢？

总之，幼儿期是想象非常活跃的时期，成人应该重视发展幼儿的想象。幼儿教师在教育教学中要注意方式方法，既不要因为幼儿认知水平低，就传递错误的信息；也不要用威胁、恐吓的语言，否则幼儿会信以为真；更不要因幼儿分不清想象与现实，就误认为幼儿在说谎，妄加判断。这是幼儿期特有的想象特点，幼儿教师既要给予正确的引导，也要对家庭教育进行合理的指导。随着年龄的增长，幼儿的想象会逐渐发展到合乎现实的阶段。

任务三　学前儿童想象的培养策略

培养学前儿童的想象力应该从婴幼儿时期开始，每一位幼儿教师、家长都要针对学前儿童的生理心理特征，采取适当的方法，促进学前儿童想象力和创造力的发展。

一、激发学前儿童的好奇心，使想象保持活跃状态

学前儿童对一切都是充满好奇的，他们有探索世界奥秘的热情。研究表明，学前儿童的好奇心和创造力是成正比的，好奇心强，创造力就强。比如，鲁班从小受父亲影响，对工具制作产生了极大兴趣，他不断创造、发明了很多工具。莱特兄弟从小就对机械装置和飞行怀有浓厚的兴趣，这促使他们一直致力于飞行研究，最终他们发明创造的飞机试飞成功。幼儿教师、家长要珍视学前儿童的好奇心，激发学前儿童的想象力，多鼓励、支持学前儿童的想象，使学前儿童的想象保持活跃的状态。

二、丰富学前儿童的感性知识和生活经验

想象是通过对过去已有表象的加工，形成新形象的过程，所以想象的内容是否新颖、想象发展水平如何，取决于已有表象是否丰富，取决于感性知识和生活经验的

积累。

首先，幼儿教师应该为学前儿童创设想象的有利环境，全方位、多角度地为学前儿童提供丰富、自由、宽松的空间，鼓励学前儿童大胆想象。家长也可以在家为孩子创设良好的想象环境。例如，家长和孩子玩一玩激发想象的小游戏；让孩子布置自己的房间、设置一面作品墙，鼓励孩子积极创作，让孩子有荣誉感；多向孩子提出开放性的问题，引发孩子思考；鼓励孩子发明游戏的新玩法等。个人的经历不同，加工后形成的新形象也就不同，家长可以多带孩子接触新鲜事物，如去博物馆、科技馆、纪念馆参观，丰富感知，如图 6-3 所示。

图 6-3　学前儿童参观纪念馆

其次，通过多种形式的媒介丰富学前儿童的想象。要丰富学前儿童的想象，就要使其通过多种感官建立丰富的表象。例如，在植物园，学前儿童看到了葡萄，幼儿教师可以引导学前儿童观察葡萄的生长环境、葡萄叶子的形态，闻一闻、摸一摸。无论是视觉、听觉还是触觉，都能促使学前儿童的大脑形成表象。这些表象的储备是促进再造想象和创造想象发展的重要条件。

三、在活动中提升学前儿童的想象力

学前儿童想象力的发展离不开语言、美术、音乐、舞蹈等活动。幼儿园开展文学系列活动，有助于培养学前儿童的想象力。例如，大班阅读绘本《七彩下雨天》时，幼儿教师通过语言描述和图样示范启发幼儿进行再造想象。绘本中写道："如果下起橙色的雨，酸酸甜甜，是好喝的橙汁吗？如果下起蓝色的雨，摇摇晃晃，那是外婆洗得干干净净的蓝裙子，晾在了天上吗？"绘本的语言和画面非常有创意，这些美妙的语言和图片本身就可以激发幼儿无限的想象。幼儿教师还可以继续问幼儿："还会下起什么颜色的雨呢？会是什么味道呢？会发生什么事呢？"这样可以促使幼儿进一步进行创造想象。在美术活动中，有很多形式都可以发挥学前儿童的想象。比如意愿画，学前儿童可以画自己想画的，幼儿教师可以提供丰富的材料，鼓励学前儿童大胆作画，并听学前儿童说说自己画了什么，幼儿教师会发现学前儿童的内心世界是如此的丰富。音乐、舞蹈也是培养学前儿童想象力的重要手段，幼儿教师可以在音乐欣赏活动中让学前儿童说说自己听到了什么，并为听到的音乐自由配舞。

案例链接

在大班主题活动“西游记”中，老师通过带领幼儿一起“忆西游”“探西游”“演西游”，开启了“幼儿西游”的想象之旅。幼儿通过老师组织的主题活动，按照“你是如何知道《西游记》的?”→“为什么喜欢《西游记》?”→“你最喜欢《西游记》中的哪位主角?”→“你知道《西游记》中的哪些经典片段?”等环节回忆《西游记》；通过“亲子查阅”“《西游记》人物鉴赏”探索西游人物；通过“投票——我想演的片段”“写剧本”“制作服装道具”“排练《西游记之真假美猴王》”等一系列活动准备正式表演《西游记》。在舞台上，每一个小演员的眼睛里都有亮晶晶的星星在闪烁，每一个角色都那么投入、传神、精彩、梦幻，如图 6－4 所示。幼儿的表演与老师精心编配的背景音乐融为一体，让现场的观众和老师不知不觉都沉浸在了西游的世界中。

图 6－4　幼儿演绎《西游记之真假美猴王》

资料来源：1. 旖旎．开启儿童想象力的绘本［EB/OL］. 小红书，2021－09－04.

2. 哈幼专实验幼儿园. 重温经典著作：走进《西游记》｜一千零一叶·第 196 叶［EB/OL］. 幼师口袋微信公众号，2021－08－11.

想一想：在本次大班主题活动“西游记”中，老师运用了哪些方法激发幼儿的想象力?

分析提示：幼儿结合自己看过的书和动画片，通过想象创编剧本，跟家长共同制作服装道具、宣传海报，邀请老师、小朋友观看他们的表演，整个过程让幼儿的想象力得到了充分的发挥。小演员们精心策划的故事满足了幼儿各显神通的幻想和斩妖除魔的英雄梦。

四、利用多种材料，鼓励、引导学前儿童大胆想象

因为丰富的玩具和游戏材料可以激发学前儿童的想象，所以幼儿教师应尽可能提供多种多样的材料，鼓励学前儿童对玩具材料进行创新。例如，报纸既可以团，也可以撕、折、卷等，有多种玩法。幼儿教师也可以为学前儿童提供辅助材料，如纸杯、手工纸、牙签，做成陀螺、恐龙、老鼠、企鹅等。在此基础上，幼儿教师要鼓励学前儿童大胆想象，创编更多有趣的玩法。

游戏的材料最好来源于废旧物品，幼儿教师平时要鼓励学前儿童搜集废旧物品，变废为宝，不仅经济实惠，还能带来更多的乐趣。幼儿教师要鼓励学前儿童提出有深度的问题，大胆进行想象，并通过与社区和家长合作，帮助学前儿童解决问题，和学前儿童一起享受解决问题的快乐。

案例链接

秋天是个多彩的季节，不同植物的颜色构成了一幅美丽的画卷。《3－6岁儿童学习与发展指南》中指出："在大自然和社会文化生活中萌发幼儿对美的感受和体验……"幼儿园中班的晓雪老师据此设计了"秋天的图画"主题活动。她带领小朋友们走进大自然，观察秋天的颜色，收集代表秋天的物品。幼儿发现了黄色的小草、红色的枫叶、紫色的葡萄，还有绿色的松树等等，感受到了秋天的绚丽多彩。在"观察秋天的色彩"等活动的基础上，晓雪老师组织了富有创意的"树叶粘贴画"活动，让幼儿利用收集到的各种形状、大小、颜色的树叶进行个性化创作。幼儿的作品有"蝴蝶""金鱼""孔雀"，还有"枫叶发型的爸爸""海底世界"等等，创意十足。通过这次主题活动，晓雪老师丰富了幼儿关于秋天的表象，使幼儿的想象力和创造力得到了发展，也加深了对大自然的热爱。

想一想：晓雪老师通过哪些方法促进了幼儿想象力的发展呢？

分析提示：首先，晓雪老师利用中班幼儿探索世界奥秘的热情，创设了能够激发幼儿想象力的主题活动，为幼儿提供了想象的条件和机会；其次，在活动中，晓雪老师请幼儿观察秋天、收集秋天的物品，帮助幼儿丰富了对秋天的认识；最后，晓雪老师请幼儿用所收集的物品进行创作，鼓励幼儿大胆想象，提升了幼儿创造想象的能力。

任务测验

1. 训练目标

（1）结合观摩活动，初步辨别和分析学前儿童想象发展的特点。

（2）能够采取适当的方法促进学前儿童想象的发展。

2. 训练内容

（1）观摩幼儿园的美术活动，分析其中体现了学前儿童想象发展的哪些特点。

（2）以小组为单位制定促进学前儿童想象发展的美术活动方案。

3. 训练评价

（1）能用客观的语言描述学前儿童想象的特点和种类，语言表达清晰、准确，逻辑性强。（20 分）

（2）能小组分工合作，共同制定合理、有效的促进学前儿童想象发展的美术活动方案。（20 分）

（3）能顺利实施促进学前儿童想象发展的美术活动方案。（30 分）

（4）能总结、概括活动实施的效果，并根据教学效果进行反思和方案的改进。（30 分）

项目七　学前儿童思维的发展

学习目标

知识目标

1. 明确思维的概念、分类及在学前儿童心理发展中的作用。
2. 掌握学前儿童思维发展的特点及趋势。

能力目标

1. 能根据学前儿童思维过程的表现，分析其思维发展的特点。
2. 学会运用适宜的策略促进学前儿童思维的发展。

素养目标

正确认识学前儿童的各种思维现象，树立促进学前儿童思维发展的科学儿童观。

幼儿故事

3 岁的霖霖对所有事情都充满好奇，对所见所闻总喜欢问为什么，如鸟儿为什么会飞？长颈鹿的脖子为什么那么长？为什么现在见不到恐龙了？螃蟹为什么横着走路？眼睛为什么不怕冷？为什么天上只有一个太阳？

想一想：霖霖的思维为什么会天马行空呢？他小小的脑袋瓜里藏着怎样的秘密呢？

分析提示：霖霖总是提出各种问题，并努力去寻找问题的答案，这是因为这一时期的学前儿童好奇心强、想象力丰富，喜欢观察和探究生活中的新鲜事物，其思维发展体现出独特的规律。

任务一　思维概述

感知觉开启了学前儿童认识事物的第一扇门，学前儿童在看、听、摸、尝中对自己周围的世界有了初步的认识，对自己的生活经历有了记忆。但这种通过对周围事物的观察得到的粗浅认识还无法满足学前儿童强烈的好奇心，他们还想进一步了解所认识事物的来龙去脉。而思维是认知的高级形式，它可以帮助学前儿童拓宽视野，认识他们尚未亲历的新世界。

一、思维的概念

思维是人脑对客观事物间接的、概括的反映。它是借助言语、表象或动作实现的、能揭示事物本质特征及内部规律的认识过程。

思维与感知觉的相同之处在于二者都是人脑对客观事物的反映，不同之处在于：感知觉是人脑对直接作用于感觉器官的客观事物的反映，它所反映的内容是客观事物的个别属性以及事物之间所产生的外部联系，属于认识过程的低级阶段；而思维是对客观事物间接的反映，它所反映的内容是客观事物的本质属性和内部规律，属于认识过程的高级阶段。

当你早晨醒来，推开门一看，发现地面上湿湿的，你就会得出昨晚下过雨的结论；古人注意到每次月亮四周出现光圈（月晕）就会刮风，从而得出月晕而风的结论。对地面湿湿的与下雨、月晕与起风之间的关系的思考就是思维。

谈古喻今

唐代诗人雍裕之在《农家望晴》中写道：尝闻秦地西风雨，为问西风早晚回。白发老农如鹤立，麦场高处望云开。

这首诗写的是老农正在麦场上打麦子，却刮起了西风，秦地的气象规律是刮西风则会下雨，老农生怕下雨淋湿了麦子，所以默祷西风赶快回去，希望迎来云散天开。老农凭借已有的知识经验，通过西风推断出即将下雨。

二、思维的特性

思维具有间接性和概括性。思维的间接性是指人能凭借已有的知识经验或其他事物的媒介，理解和把握那些没有直接感知到或根本不可能直接感知到的事物、事物间的关系及事物发展的进程。例如，人类学家根据古生物化石及其他有关资料推知人类进化的规律；气象工作者根据气象资料预知今后天气的变化；幼儿教师根据学前儿童的言语或表情分析其情绪特征和内心需要等，都是通过已经获得的经验或资料来间接地把握事物间的关系。思维的概括性是指将同一类事物共同的本质特征，以及事物之间的联系和关系抽取出来，加以概括，得出结论。也就是说，思维所反映的是一类事物的共性和事物之间的普遍联系。科学的概念、定义、定理、规律、法则等都是概括的结果。许多事物都是以数量来表示其存在的形式的，如 1 只小猫、1 颗糖、1 场球赛等，虽然这些事物的形态不同，但它们都有一个共同的数量特征“1”，这属于对事物量的属性方面的概括。

三、思维的分类

（一）动作思维、形象思维和抽象思维

根据思维过程中的凭借物的不同，思维分为动作思维、形象思维和抽象思维。

动作思维又称操作思维或实践思维，是指以实际操作解决直观、具体问题的思维。例如，电工师傅不断试错检查电路障碍问题点再进行维修，学前儿童通过不断摆弄和操作玩具探索玩法等，都需要动作思维。

形象思维是指利用物体在头脑中的具体形象和表象来解决问题的思维。例如，学前儿童虽然能计算出 5＋3＝8，但实际上他们在进行运算时，并非对抽象的数字进行分析和综合，而是依靠头脑中的表象，如 5 个苹果加上 3 个苹果，或掰手指计算出来的，利用苹果或手指的形象代替数字符号，这就是形象思维。

抽象思维是指以概念、判断和推理等形式进行的思维。当我们思考先有鸡还是先

案例链接

“探寻城市印记——我爱我生活的城市”主题活动

有蛋、从前的从前是什么、1+1 在什么情况下不等于 2 等问题时就需要抽象思维。例如，小班幼儿在回答“什么是猫”的问题时，只会指着一只猫说这是猫，大班幼儿则会回答“会抓老鼠的是猫”“爱吃鱼的是猫”“猫是动物”“猫是我们人类的好朋友”等。从幼儿的回答中可以发现，大班幼儿已经学会对一些共性的特征进行概括并用特定符号来代表其特征，这就是抽象思维的体现。

（二）聚合思维和发散思维

根据思维探索答案方向的不同，思维分为聚合思维和发散思维。

聚合思维是指把问题所提供的各种信息聚合起来，得出一个正确的或最好的问题解决方案的思维。当问题只存在一种答案或只有一种最好的解决方案时，通常要采用聚合思维。例如，甲的身高大于丙，甲的身高小于乙，乙的身高大于丙，乙的身高小于丁，要求对甲、乙、丙、丁的身高进行排序，其结果必然是丁>乙>甲>丙。

发散思维是指沿着不同路径去思考，寻求多种答案的思维。例如，学前儿童给同一个故事取不同的名字，或根据同一个故事的开头编出不同的结尾都会用到发散思维。

（三）常规思维和创造性思维

根据思维创新程度的不同，思维分为常规思维和创造性思维。

常规思维是指人们运用已获得的知识经验，按现成的或惯常的方式解决问题的思维。但有时常规思维容易产生思维定势①，积极的思维定势能使人应用已掌握的方法迅速解决问题，节省时间，提高工作效率；消极的思维定势则是束缚创造性思维的枷锁。

创造性思维是指以新异、独创的方式来解决问题的思维。例如，作家创作一部新的小说，幼儿画出一幅新颖而独特的作品。一个人在生活、学习和工作中，遇事不盲从，独立思考，多问几个为什么，敢于提出与众不同的看法，创造性思维就会不断获得发展。

想一想

生活中还有哪些现象属于思维活动？尝试说一说这些活动分别属于哪一类思维。

---

① 彭聃龄．普通心理学［M］．5 版．北京：北京师范大学出版社，2019：281.

四、思维的过程

（一）分析与综合

思维过程的基本操作就是分析和综合。分析是在头脑中把事物的整体分解成各个部分的思维过程。综合是在头脑里把事物的各个部分、方面及各种特征结合起来进行考虑的思维过程。例如，幼儿教师引导学前儿童了解鸟的结构时，学前儿童知道了鸟具有有喙、有羽毛、会飞等主要特点，这就是分析；而从有喙、有羽毛、会飞等主要特点推断出这种动物是鸟的过程就是综合。

（二）比较与分类

比较是在头脑中把各种事物或现象加以对比，确定它们之间异同点的思维过程。分类是在头脑中根据事物或现象的共同点和差异，把它们区分为不同种类的思维过程。分类是建立在比较的基础上的，如“送图形宝宝回家”活动中，学前儿童知道了“圆形一个棱角也没有，三角形有三个角”，这就是比较的过程。学前儿童把三角形宝宝送回三角形形状的房子中，把圆形宝宝送回圆形形状的房子中，这就是分类的过程。

（三）抽象与概括

抽象是在头脑中把同类事物或现象的共同的、本质的特征抽取出来，并且舍弃个别的、非本质特征的思维过程。概括是在头脑中把抽象出来的事物的共同的、本质的特征综合起来并推广到同类事物中去的思维过程。例如，狮子、老虎、鲸鱼共同的、本质的特征是恒温、胎生、用肺呼吸，这就是抽象的过程。而将具有恒温、胎生、用肺呼吸等共同的、本质的特征的动物统称为哺乳动物的过程就是概括。

（四）具体化与系统化

具体化是把概括出来的一般认识同具体事物联系起来的思维过程。例如，学生用某些定理、公式解决某一具体问题，用菱形的一般概念来判断某一具体的四边形是否属于菱形。系统化是把学到的知识分门别类地按一定结构组成层次分明的整体系统的过程。例如，学生在学习某课程的知识后，将各知识点绘制成一张完整的思维导图。

五、思维的基本形式

（一）概念

概念是反映事物本质属性的思维形式。每个概念都有一定的内涵和外延。内涵即含义，是指概念所反映的事物的本质特征。外延是指符合这一概念的一切具体事物，即适用范围。例如，“动物”这个概念的内涵（本质特征）就是指一般以有机物为食，能够自主运动或能够活动的有感觉的生物。而外延（实例）就是指各种各样的动物，如鸟、兽、昆虫、鱼等。概念不是一成不变的，随着历史的发展、人们认识的深入，概念的内涵和外延都会发生变化。例如，武器、交通工具等概念，都随着时代的改变、科学技术的发展而发生了很大的变化。因此，概念是人类历史的产物。

（二）判断

判断是肯定或否定事物之间或事物与它们的特征之间的联系的思维形式，如“老鼠是一种动物”“蝴蝶不是鸟”“鱼会游泳”等。思维过程要借助判断来进行，思维的结果也以判断的形式表现出来。

（三）推理

推理是从已知的判断（前提）推出新的判断（结论）的思维形式。推理分为归纳推理、演绎推理和类比推理。归纳推理是从个别到一般的推理。例如，由“铁会导电、铜会导电、铝会导电”推理出“金属会导电”。演绎推理是从一般到个别的推理。比如，由“三角形有三条边，直角三角形是三角形”推出“直角三角形也有三条边”。类比推理是对事物之间逻辑关系的一种反映，是指根据两个或几个事物某些属性相同或相似，推理出这些事物其他属性也相同或相似。

案例链接

幼儿采摘胡萝卜

概念、判断和推理是相互联系的。概念的形成往往要经过一定的判断、推理过程。做出判断也需要经过推理。从这个意义上说，推理是思维最基本的形式。

六、思维在学前儿童心理发展中的作用

（一）思维的发展标志着学前儿童认识水平的提高

思维是认识活动的高级阶段，是智力的核心。思维的发生和发展使学前儿童的认识发生了巨大的变化，学前儿童对事物的认识不再停留在事物的表面特征上，而能进一步认识事物的本质。例如，学前儿童在进行分类活动时，首先要对所有的事物进行比较，找出相同点和不同点，再把相同的东西放在一起。这实际上反映了学前儿童对某一类事物的概括过程。

（二）思维的发生和发展促进了学前儿童情感、意志和社会性的发展

思维不仅使学前儿童的认知有了质的飞跃，而且对学前儿童的情感、意志和社会性的发展具有重要影响。思维水平的提高使学前儿童的情感逐渐深刻化；在遇到困难时，学前儿童能够通过对问题的分析和判断，努力找到解决问题的方法；对同伴的理解使学前儿童学会了同情、关心、谦让等；通过对自己和他人的认识，学前儿童的自我意识得到了发展。

任务二　学前儿童思维的发生与发展

一、学前儿童思维的发生

学前儿童的思维处在思维发展相对较低级的阶段，虽已具有间接性和概括性的特点，但抽象概括水平很低，还不是人类特有的思维。学前儿童的思维发生在感知、记忆等认识过程之后，与言语发生的时间基本相同，即两岁左右。

想一想

思维发生的标志是什么？

出现最初的语词概括，是学前儿童思维发生的标志。学前儿童概括思维的发生与发展一般会经历以下三个阶段：

第一阶段：直观的概括。婴儿最初是对物体最鲜明和突出的外部特征（主要是颜色特征）进行概括。在一个实验里，为婴儿提供同一种颜色的玩具（如绿色的亭子），引导婴儿学会玩具的名称（亭子）以后，要求婴儿按指定的名称从整套玩具中将其找出，结果婴儿不仅指出了绿色的亭子，也指出了绿色的井。① 这说明婴儿学会一个物体的名称后，把这一名称推广到同一颜色的其他物体上去了。

第二阶段：动作的概括。婴儿学会操作各种物体，逐渐掌握各种物体的用途，如看到球就知道球能够滚动、看到小船就知道将船放在水里、看到娃娃就知道抱起来、拿到桶就会做提的动作等。但这只是对某个单独物体的概括，而不是对许多物体共同特征的概括；只是对物体外部特征的概括，还不能分清物体主要的稳定特征和次要的可变特征。因此，这还不是最初的概括。

第三阶段：语词的概括。两岁左右，婴儿出现了语词的概括，开始能按照物体较稳定的主要特征进行概括，舍弃那些可变的次要特征。例如，舍弃灯的颜色、大小等差别，将“灯”这个词作为各种灯的标志，甚至当房间很黑时，也能根据灯的主要特征（照明用的）要求将灯打开。

直观的概括是感知水平的概括，动作的概括是形象水平的概括，只有当婴儿能够

---

① 陈帼眉．学前心理学［M］．北京：北京师范大学出版社，2015：222.

借助语词概括物体的一些具有稳定性的一般特征时，也就是语词具有概括的意义时，才是思维水平的概括。

二、学前儿童思维发展的趋势

学前儿童思维发展的过程是有层次和规律的，在概念、判断、推理等不同思维形式和过程方面都有随着年龄的增长而不断由低级向高级发展的特点。具体来说，学前儿童思维的发展体现出以下趋势：从思维工具的变化来看，从主要借助于感知和动作，到主要借助于表象，再过渡到借助于概念；从思维方式的变化来看，从直觉行动思维，到具体形象思维，再过渡到抽象逻辑思维；从思维反映的内容来看，从反映事物的外部联系、现象到反映事物的内在联系、本质，从反映当前事物到反映未来事物。

想一想

小、中、大班幼儿思维的发展各有什么特点呢？

三、学前儿童思维发展的特点

（一）婴儿期和幼儿初期的思维具有一定的直觉行动性

直觉行动思维是利用直观的、行动的方式解决问题的思维。直觉行动思维是最低水平的思维，这种思维方式在2～3岁婴儿身上表现最为突出，在3～4岁幼儿身上也常有表现。这时婴幼儿的思维既离不开对物体直接的感知，也离不开自身的动作。

1. 思维是在直接感知中进行的，依赖直观的事物和情境

婴幼儿的思维会受到周围环境中的刺激物的影响，在不同刺激物的作用下，婴幼儿的思维内容会随之发生变化。例如，婴幼儿只有抱着玩具娃娃才会玩“娃娃家”的游戏，娃娃不见了，游戏也就停止了。

2. 思维是在实际行动中进行的，离不开婴幼儿自己的动作

婴幼儿在进行这种思维的时候，只能反映自己动作所能触及的具体事物，依靠动作思考，而不能离开动作在动作之外思考，更不能计划自己的动作，预见动作的效果。例如，生活中常常可以看到1岁左右的婴儿拿到一个电动娃娃，先会看一会儿，然后就抓过来开始用手摇晃，接着用手指抠娃娃闪动的眼珠。如果娃娃会发出声音，婴儿还会用力摔打或者努力扯开看一看声音从哪里来。这个过程也可能会被婴儿的父母制止，一旦婴儿的动作被阻止，他用动作思考问题的心理活动也就结束了。

想一想

幼儿教师或家长应如何对待学前儿童的“破坏性”行为？

直觉行动性是学前儿童思维的基本特征。除此之外，这一阶段学前儿童的直觉行动思维还出现了初步的概括性。这种概括性不仅表现在动作之中，还表现在感知上。

感知上的概括性表现为学前儿童常以事物的外部相似点为依据进行知觉判断。

虽然直觉行动思维具有一定的概括性，能够在刺激物的复杂关系和反应动作之间形成联系，但由于缺乏词作为中介，学前儿童对外界刺激的反应只是简单运动性和直觉性的，而不是概念性的。因此，它只能是一种“行动的思维”“手的思维”。

案例链接

户外游戏时间到了，小班的晨晨来到了螺丝螺母区进行游戏，在搭建小车的过程中，面对刚刚拧好的长板，晨晨在反复对比后摇摇头说：“这根太长了。”说着他拧下了左侧的长板，到一旁取来短板后，和右侧木板比了比说：“这回一样长了。”说着把它拧到了小汽车的左侧。晨晨继续游戏，每一次拼搭时都左右对比，小汽车规模越来越大，虽然结构复杂，但始终保持着对称，如图 7－1 至图 7－3 所示。

图 7－1　发现两侧木板长短不同

图 7－2　在比较中调整木板

图 7－3　安装长短适宜的木板

想一想：晨晨调整木板的过程体现了哪种思维呢？

分析提示：这个过程体现了幼儿的直觉行动思维。幼儿在实际操作中观察、对比木板的长短并进行调整，实质上就是用动作解决问题。活动中，幼儿通过反复的操作也进一步加深了对轴对称图形的认知。

（二）幼儿期以具体形象思维为主

具体形象思维是幼儿期典型的思维方式。幼儿初期的思维仍具有直觉行动的特点，在此基础上，幼儿思维的具体形象性逐渐发展起来，并成为幼儿思维的主要特点。例如，幼儿教师在讲故事《比比谁最美》时，请幼儿先观察图片，在头脑中建立起不同动物的形象，在讲故事时还模仿不同动物的声音，帮助幼儿理解故事中的对话和不同动物的情绪。

具体形象思维是直觉行动思维的演化结果，随着幼儿活动的发展，其表象日益丰富，且在解决问题中的作用越来越大，具体形象思维就是在直觉行动思维之中孕育出来并逐渐分化的。从某种意义上讲，这时真正的思维才开始产生，由“手的思维”转为“脑的思维”。

1. 内隐性

幼儿在直觉行动思维中多采用“尝试错误”法，当用这种思维方式解决问题的经验积累得多了以后，他们便不再依靠一次又一次的实际尝试，而开始依靠关于行动条件以及行动方式的表象来进行思维。思维的过程从“外显”转向“内隐”。从这个意义上说，思维开始摆脱与动作同步的局面，而可以提到动作之前。这样，思维开始对行动具有了调节和支配功能，所以才有了我们所说的“三思而后行”。思在前，行在后，就是从具体形象思维开始的。

2. 具体形象性

幼儿的思维内容是具体的，他们容易掌握代表实际事物的概念，不容易掌握抽象概念。比如，“家具”这个词比“桌子”“椅子”概括性更强、更抽象，幼儿较难掌握。幼儿较容易掌握“花”“草”“树”等概念，却较难掌握抽象性较强的“植物”概念。“灯”“袜子”“椅子”“窗户”等能在生活中找到对应物，幼儿容易理解，但对于“勇敢”“团结”“诚实”“漂亮”等的理解就比较难。他们必须依靠具体而形象的事件或物体来理解这些抽象的词，如认为打针不哭、跌倒了自己能爬起来且不哭就是“勇敢”。

案例链接

小班的幼儿刚入园时，老师对他们说：“请小朋友把水杯放好。”有一些小班幼儿无法理解这个指令，老师再次说：“请小朋友把水杯放在柜子里。”原来不理解的几个幼儿听明白了，但还有一个叫刘可的幼儿不理解，老师接着对他说：“刘可，请把水杯放在柜子里。”这次刘可做到了。

想一想：为什么有一些小班幼儿不能理解老师的指令？

分析提示：在老师的指令中，“小朋友”是一个泛指概念，并不特指某个幼儿，

"放好"这个动作要求也是一个泛化的指令，这两个泛化的概念缺乏具体性，幼儿找不到对应表象，出现了理解困难的情况。

幼儿思维的具体形象性，还表现在幼儿常常依靠事物在头脑中的形象来思维。幼儿的头脑中充满了不同颜色、形状、声音等各种各样生动的形象。比如，爷爷总是长着花白胡子、拄着拐杖、戴着老花眼镜；穿着军装的就是解放军；兔子是小小的、长耳朵的等。

幼儿的具体形象思维还有一系列派生的特点：

(1) 表面性。由于幼儿思维是根据具体接触到的表面现象来进行的，因此幼儿的思维往往只是反映事物的表面联系，而不反映事物的本质联系。例如，给幼儿出示两个大小相同的橡皮泥球，待幼儿确认后，幼儿教师将其中一个橡皮泥球捏成长条形的。这时，幼儿就认为这两块橡皮泥不一样多了。

(2) 绝对性。由于幼儿思维具有具体性和直观性，因此他们所能把握的往往是事物的静态方面，而很难把握那种稍纵即逝的动态和中间状态。

3. 自我中心性

自我中心是指个体在认识事物时，从自己的身体、动作或观念出发，以自我为认识的起点的倾向，不太能从客观事物本身的内在规律以及他人的角度认识事物。皮亚杰设计的"三山实验"是自我中心思维的一个最典型的例证。

自我中心性的特点还伴随着其他一些表现：

(1) 不可逆性。不可逆性即单向性，是指不能转换思维的角度。例如，问一名幼儿："你有姐姐吗?""有，我姐姐是小可。"过一会儿问她："小可有妹妹吗?"幼儿摇头。她只能从自己的角度看小可是姐姐，而不知从姐姐的角度看，自己是妹妹。由于缺乏逆向思维的能力，因此幼儿很难获得物质守恒的概念，他们不懂得一定量的物体形状改变，并不影响其量的稳定性。

(2) 拟人性（泛灵论）。自我中心性的特点常常使幼儿由己推人，自己有意识、有情感、有言语，便以为万事万物也和自己一样有灵性。因此，他们常常有一种看待事物的独特眼光和一颗敏感、善良、充满幻想的心，如看到星星闪烁就以为星星是在眨眼睛。

(3) 经验性。幼儿的思维常常根据自己的生活经验来进行。比如，幼儿喜欢吃糖果，就收集了很多糖果纸，将它们埋在土里，还每天用水浇，希望来年可以长出一棵结满糖果的糖果树。又如，幼儿将热水倒进鱼缸中，问他为什么时，他说老师说了多喝热水不生病，鱼儿也要多喝热水。

想一想

幼儿在入园前都认为老师是和蔼可亲、平易近人的，入园后他们觉得老师的确是这样的，老师像妈妈一样爱自己。这体现了自我中心性的哪个特点？

（三）幼儿晚期抽象逻辑思维开始萌芽

抽象逻辑思维是指利用抽象的概念或词，根据事物本身的逻辑关系解决问题的思维。幼儿期，特别是5岁以后，抽象逻辑思维开始萌芽。抽象逻辑思维是人类特有的思维方式。在整个学前期，幼儿不会完全具备这种思维方式，只是出现萌芽。幼儿遇到什么事情都喜欢追根究底，爱问“为什么”，这反映了他们正在努力探索事物之间的内在联系。

随着抽象逻辑思维的萌芽，幼儿自我中心性的特点开始逐渐消失，即开始“去自我中心化”。幼儿开始学会从他人以及不同的角度考虑问题，开始获得物质守恒概念，开始理解事物的相对性。

守恒，是皮亚杰理论中的重要概念，是衡量儿童运算水平的标志之一。守恒是个体对概念本质的认识能力的稳定性，具体指对事物的某种本质特征（如重量、体积、长度等）的认识不因其他非本质特征的变化而改变。

总的来说，婴儿期和幼儿初期的思维具有一定的直觉行动性，幼儿期以具体形象思维为主，幼儿晚期抽象逻辑思维开始萌芽。这个发展顺序是固定的、不可逆的。但这并不意味着这三种思维方式之间是彼此对立、相互排斥的。事实上，它们在一定条件下往往相互联系、相互配合、相互补充。

学前儿童的思维结构，特别明显地具有三种思维方式同时并存的现象。在其思维结构中占优势地位的是具体形象思维，但当遇到简单而熟悉的问题时，他们能够运用抽象逻辑思维，而当遇到的问题比较复杂、困难程度较高时，又不得不求助于直觉行动思维。

为此，幼儿教师在组织活动时，针对不同的年龄班，应采取不同的教学策略：

小班：活动中多提供可直接感知的操作材料。

中班：多唤起幼儿对有关生活经验的回忆，引导他们利用表象来思考和解决问题，帮助他们逐步摆脱对可直接感知材料的依赖。

大班：引导幼儿学习用语言和符号来交流和检查自己解决问题的过程，帮助幼儿逐步摆脱思维过程中表象形象性的制约。

想一想

李老师在组织实施小班科学活动“橘子的秘密”时，引导幼儿运用多种感官感知橘子的特征，通过看一看、闻一闻、尝一尝积累更多的有关橘子的经验。活动中李老师利用了幼儿的何种思维特点？采取了什么教学策略？

谈古喻今

“曹冲称象”的故事取自《三国志》：（曹冲）生五六岁，智意所及，有若成人之智。时孙权曾致巨象，太祖欲知其斤重，访之群下，咸莫能出其理。冲曰："置象大船之上，而刻其水痕所至，称物以载之，则校可知矣。"太祖大悦，即施行焉。

四、学前儿童思维过程的发展

思维的基本过程包括分析与综合、比较与分类、抽象与概括、具体化与系统化。由于学前儿童的思维水平主要处在具体形象思维阶段，因此学前儿童思维过程的发展突出表现在分析与综合、比较与分类能力这两方面。

（一）学前儿童分析与综合能力的发展

学前儿童在分析与综合活动中，还不能把握事物复杂的组成部分。对学前儿童来说，要求分析的环节越少，相应的概括完成得就越好。研究人员曾经做过一个关于学前儿童分析与综合能力的研究，将学前儿童分成三组，向他们提出下列任务：利用工具从器皿中取出带有金属圈的糖果。器皿旁放着形状、颜色各异的工具，其中只有带小钩的工具才能取出糖果，学前儿童需要选择适当的工具。①

第一组：工具形状、颜色各不相同，需要从两个维度分析。

第二组：工具颜色相同，形状不同，只分析一个维度。

第三组：工具颜色、形状都不同，但颜色鲜明的是适当的工具，颜色和有钩的形状之间有固定联系，是最简单的分析。

实验结果表明，第一组学前儿童完成任务所用时间和尝试次数最多。

（二）学前儿童比较能力的发展

学前儿童比较能力的发展表现在以下两个方面。

1. 逐渐学会找出事物的对应属性

学前儿童最初难以找出事物的对应部分，他们常常按物体的颜色进行比较。4～5 岁的学前儿童逐渐能够找出事物的对应部分，并进行比较，但一般只能找出两三个对应部分。

2. 先学会找不同，后学会找相同，最后学会找相似

学前儿童倾向于比较物体的不同之处。例如，比较两个大小和亮度不同的勺子，大部分 5 岁的学前儿童只能说出它们的不同。经过教育后，学前儿童能找出物体的相同之处，但他们首先是找颜色的相同之处，找物体的相同之处对学前儿童来说更加困难。一般来说，以第三个物体作为辅助，有助于明确其中两个物体的相同之处。

（三）学前儿童分类能力的发展

学前儿童分类能力的发展会经历随机分类、知觉分类、功能分类、概念分类四个

---

① 陈帼眉．学前心理学［M］．北京：北京师范大学出版社，2015：237.

阶段。

1. 随机分类阶段（2～3 岁）

随机分类又称习性分类，是指学前儿童对物体进行分类时既不能说出理由，也不能说出物体的某一个具体特征。例如，学前儿童将皮球和香蕉分在一起，当你问他为什么这样做时，他可能会摇头，也可能会回答："因为皮球可以玩，香蕉可以吃"或"我喜欢玩皮球，也喜欢吃香蕉"。

2. 知觉分类阶段（3～4 岁）

知觉分类是指根据物体的颜色或形状等外部特征进行分类。例如，学前儿童将葡萄和茄子分在一起的理由是它们都是紫色的，将皮球和苹果放在一起的理由是它们都是圆的。

3. 功能分类阶段（4～6 岁）

功能分类也称主题分类，是指学前儿童根据物体的功能或物体之间的关系进行分类。例如，学前儿童将空调和冰淇淋放在一起的理由是它们可以让人感到凉快，将马和人放在一起的理由是人可以坐在马车上。

4. 概念分类阶段（6 岁左右）

此时学前儿童的分类接近成人的分类水平，较为科学，有逻辑性，也就是能在理解事物的意义或功能的基础上对事物进行分类，即概念分类。例如，学前儿童将桌子和床放在一起的理由是它们都是家具，将手电筒和灯放在一起的理由是它们都是照明用的工具。

五、学前儿童思维形式的发展

概念、判断、推理是思维的基本形式。判断是由概念生发的，推理是由判断生发的，概念是思维进行的基础。

（一）学前儿童概念的掌握

概念是在概括的基础上形成的，学前儿童对概念的掌握受其概括能力发展水平的制约。学前儿童概括能力的发展主要处于形象概括水平，它有以下两个特点：

第一，概括的内容比较贫乏。学前儿童最初掌握的每一个词只代表一个或某一些具体事物，而不是代表这一类事物整体。例如，"猫"只代表自己家里的那只猫或少数他所见过的猫。到幼儿晚期，概念所概括的内容才逐渐丰富起来。

第二，概括的特征很多是外部的、非本质的。例如，学前儿童对人、马、虎的概括是根据外表特征进行的，理由是都有头、有身子、有脚。从 6 岁起，特别是 7 岁以后，儿童逐渐能根据事物的本质特征进行概括，他们认为人、马、虎是有生命的、活的、能生长的。因此，学前儿童所掌握的概念的内涵和外延都是不准确的。如学前儿童认为"老爷爷"就是"头发白了的人"或"拄着拐杖的人"，当看到白头发的年轻人时也会叫"爷爷"。同时，他们所掌握的大多是日常生活中能接触到的具体实物的概念，而不容易掌握一些比较抽象的性质概念、关系概念、道德概念。只有到了幼儿晚期，学前儿童才有可能掌握一些比较抽象的概念，如野兽、动物、家具、团结等。

1. 对实物概念的掌握

在对实物概念的掌握方面，现有研究主要集中于幼儿期。根据林崇德等的研究，从小班到大班，幼儿掌握实物概念的发展过程如下：

小班幼儿：实物概念的基本内容代表幼儿所熟悉的某一个或一些事物。例如，问："什么是马?"答："就是那个木马。"此处的木马就是幼儿所看见过的木马。

中班幼儿：已能在概括的水平上指出某一些实物的比较突出的特征，特别是功用上的特征。例如，问："什么是马?"答："马是拉车的。"

大班幼儿：开始能指出某一实物若干特征的总和，但还只限于所熟悉的事物的某些外部和内部特征，而不能将本质的和非本质的特征很好地加以区分。例如，问："什么是马?"答："马有头、有尾巴、有四只脚，会拉车。"在正确的教育下，大班幼儿也有可能初步掌握某一实物概念的本质特征，如"马是兽类"或"马是动物"等。

想一想

同学们，你们认为幼儿能掌握"未来"和"勇敢"这样的概念吗？为什么？

2. 对数概念的掌握

学前儿童对数概念的掌握也是一个从具体到抽象的发展过程。对数概念的掌握是以能将事物的数量关系从各种对象中抽出，并和相应的数字建立联系为标志的。

学前儿童数概念的发展大约会经历三个阶段：

第一阶段，对数量的动作感知阶段（2～3 岁）。学前儿童对大小、多少有笼统的感知，即只能认识很少量物体的明显差异；能口说 10 以下的数词，能数 5 个以下的实物，而且口说的数和手的指点动作互相配合和协调（手口一致地点数），但点完后仍然很难说出所数实物的总数。

第二阶段，数词和物体数量间建立联系的阶段（3～5 岁）。学前儿童能点数后说出总数，即有了最初的数群（集）概念，到幼儿晚期开始能进行少量物体的实物加减运算，并具有数量的"守恒"概念；能按数取物（约 5～15 个）；能认识"第几"和前后顺序；可以借助实物进行 10 以内的数的组成和分解。

第三阶段，数的运算的初期阶段（5～6 岁）。学前儿童能学会 20 以内的加减运算，基数和序数概念都有了一定的稳定性；对 10 以内的物体有了数量的"守恒"的概念。

总的来说，学前儿童的思维以具体形象思维为主，他们对数概念的理解很容易受到对事物直接感知的干扰。幼儿教师可以常常利用一些变化的图示来帮助学前儿童从多个角度感知事物，引导学前儿童通过分析和综合，发现事物的本质属性。

（二）学前儿童判断能力的发展

学前儿童的判断能力在幼儿期有明显发展，主要表现在以下几个方面。

1. 判断的形式逐渐间接化

幼儿初期的判断主要是感知形式的直接判断，不需要复杂的思维加工。比如，3 岁的学前儿童指着一个小男孩说："这是李老师的弟弟。"这是根据感知到的特征来判断的。而年龄较大的幼儿会说："这是李老师的儿子。"间接判断通常需要推理，反映事物之间的因果、时空、条件等联系。有关学前儿童对面积的感知的研究发现，5～6 岁的学前儿童在判断两个同样大的面积是否相等时，多数依靠直接判断，通过直觉判断出一块完整的面积比被分割开的面积大，或者认为被分割的面积大于完整的面积。7 岁以后，大部分儿童都能够进行间接判断推理。

2. 判断的论据逐渐明确化

幼儿初期，学前儿童往往把直接观察到的事物的表面联系作为因果关系。例如，一把 3 条腿的椅子倒了，3～4 岁的学前儿童认为是"风吹的"。在"物体的浮沉"活动中，3～4 岁的学前儿童说："球大，浮在水上，钉子小，所以沉下去了。"随着年龄的增长，学前儿童能逐渐发现事物的本质联系，寻找到本质原因。例如，5～6 岁的幼儿认为"椅子断了一条腿，它站不稳"，"球是空心的，所以轻，会浮在水上；钉子不是空的，是铁做的，所以重，就会沉下去"。

3. 判断的依据逐渐客观化

幼儿初期往往不能按照事物本身的客观逻辑进行判断和推理，而是按照自己的生活经验或情绪来进行，这种判断没有一般性原则，不符合客观规律。例如，3～4 岁的学前儿童认为球从椅子上滚下来是因为球不乖，它不愿意在椅子上待着；认为球浮在水面上是因为"它想游泳"。又如，问："你有 4 颗糖，给奶奶 2 颗，还剩几颗？"学前儿童回答说："奶奶的牙不好，她不喜欢吃糖，都留给我吃了。"这就是学前儿童以自身主观体验或情绪作为判断依据的一种表现。再如，5 岁左右的学前儿童在回答"同样大小的纸，剪出来的大红旗多还是小红旗多"的问题时，会说："小红旗多，因为小红旗小，就剪得多，大红旗费纸，就剪得少。"

案例链接

午后散步时，天天和几个小朋友驻足在凉亭下。天天蹲在地上激动地说："大家快看，这里有很多的蚂蚁，队伍排得非常整齐。"乐乐说："它们在做什么呢？它们一起搬的又是什么呢？”天天说：“我猜蚂蚁在搬家呢。”琪琪说：“蚂蚁为什么要搬家呢？它们的家又在哪里呢？”天天说：“我听妈妈说，动物能预感空气湿度，大概蚂蚁知道要下雨了。”乐乐说：“哦，我知道了，蚂蚁的家在地下，下雨了就会淹没它们的家，所以它们要把家搬到安全的地方去。”天天说：“还是团结的力量大。”

想一想： 分析天天的判断能力发展情况。

分析提示： 天天通过对蚂蚁搬家现象的观察，结合妈妈生活中的引导，判断出蚂蚁搬家是因为要下雨了。这体现出天天判断的论据明确化、判断的依据客观化的特征。

（三）学前儿童推理能力的发展

每一个推理都由前提和结论两部分组成，已知的判断是推理的前提，新的判断是推理的结论。

1. 学前儿童最初的推理是转导推理

转导推理是从一些特殊事例到另一些特殊事例的推理。这种推理还不是逻辑推理，属于前概念的推理。例如，2 岁 10 个月的安安想吃糖，妈妈说：“不能吃糖，牙会坏掉。”安安说：“我去刷牙，刷过牙了，就可以吃糖了。”

学前儿童的转导推理之所以常常不符合客观逻辑，主要与学前儿童缺乏知识经验和不能进行分类、概括有关。

2. 常常使用归纳推理和类比推理

早在婴儿期，学前儿童就能把自己已经掌握的动作运用在新情境中解决问题，这就是动作水平的归纳推理。例如，当学前儿童多次借助棍子取到手够不着的物品后，如果球滚到沙发下，他就会用同样的办法取球。到幼儿期，学前儿童能将不同外形的物体归为一类，这是表象水平上的归纳推理。

实验表明，1 岁左右的学前儿童就能根据知觉的相似性进行类比推理。① 在实验中，10～12 个月的学前儿童需要越过一个障碍获得一个不能直接拿到的玩具。为了得到玩具，学前儿童需要移开一个障碍（一个盒子），拉动一块布以拿到上面的一根绳子，然后拉动绳子以得到玩具。实验要求婴儿解决几个类似的问题，如改变绳子的颜色、质地等。学前儿童很少能独立解决任何一个问题。但当实验者向学前儿童示范了解决问题的方法后，许多学前儿童也能解决类似的问题。

3 岁后，学前儿童有时能根据关系的相似性进行类比推理。② 在一项研究中，向

① CHEN Z，SANCHEZ R P，CAMPBELL T. From beyond to within their grasp: the rudiments of analogical problem solving in 10 - and 13 - month-olds [J]. Developmental Psychology，1997，33 (5)：790 - 801.

② GOSWAMI U，BROWN A L . Higher-order structure and relational reasoning: contrasting analogical and thematic relations [J] . Cognition，1990，36 (3)：207 - 226.

4 岁、5 岁和 9 岁的儿童呈现一系列的图片让他们进行类比推理，如发现鸟与鸟巢的关系并寻找最佳的类比匹配（狗与狗屋等）。研究表明，4 岁、5 岁和 9 岁儿童的准确率分别为 59%、66%和 94%。

案例链接

班级的植物角里养了几条小金鱼，有一天，小金鱼游得速度非常慢，乐乐自言自语道："小金鱼，你是生病了吗？"接着，他拿来了一条毛巾盖在鱼缸上。老师问乐乐为什么这么做，乐乐说："生病了就要多休息，盖好被子睡一觉病就会好了。"

想一想：案例中乐乐使用的是哪种推理？

分析提示：学前儿童能把自己已经掌握的经验运用在新情境中解决问题，乐乐认为金鱼和人一样，生病了需要休息，盖被子睡一觉就好了，所以解决问题的方法也相同，这是一种类比推理。

（四）学前儿童理解能力的发展

理解是个体运用已有的知识经验去认识事物的联系乃至本质和规律的思维活动。理解分为直接理解和间接理解两种。直接理解与知觉过程紧密联系，它是不需要中介的、能立即实现的思维过程。对事物本质的认识则是间接理解，它需要经过一系列复杂的分析与综合、判断与推理等过程而逐步实现。

由于思维发展的水平有限，学前儿童对事物的理解一般是不深刻的，直接理解居多。但在正确的教育下，随着言语的发展和经验的丰富，学前儿童理解的水平不断提高。学前儿童理解的发展呈现出以下趋势。

1. 从理解个别的、孤立的事物，发展到理解事物之间的内在关系

从学前儿童对图画的理解中可以看出这种发展趋势。学前儿童理解图画，起先只理解其中最突出的个别人物，然后理解人物形象的姿势和位置，最后理解主要人物和物体之间的关系。学前儿童理解成人讲述的故事，常常也是先理解其中的个别字句、个别情节或者个别行为，之后才理解具体行为产生的原因及后果，最后才能理解整个故事的内容。

2. 从主要依靠具体形象理解事物，发展到依靠语言说明来理解

由于言语发展水平的限制，以及思维的直觉行动性和具体形象性，学前儿童常常依靠行动和形象来理解事物。如小班幼儿在听故事或学习文艺作品时，常常要靠形象化的语言和图片等辅助才能理解。随着年龄的增长，学前儿童逐渐能够摆脱对直观形象的依赖，而只靠语言描述来理解，但在有直观形象的条件下，理解的效果更好。例如，社会教育活动中的道德品质教育，幼儿教师不会采用说教的方式，而将道理蕴含

在生动的故事中，加深学前儿童的理解，使学前儿童逐步将其中的道理外化为自己的行为，内化成道德品质。

3. 从理解事物的表面现象，发展到理解事物较复杂和深刻的含义

年龄小的学前儿童理解事物往往很直接和肤浅，不能理解事物的内部含义。例如，幼儿教师给小班幼儿讲完《孔融让梨》的故事后，问幼儿："孔融为什么让梨?"不少幼儿回答："因为他小，吃不完大的。"可见他们还不理解"让梨"这一行为的深层含义。学前儿童对语言中的转义、喻义和反义现象也比较难理解。例如，幼儿教师组织活动时，小班幼儿安静不下来，叽叽喳喳地说个不停，于是幼儿教师说："吵吧，吵吧，你们使劲吵吧!"结果全班大乱。又如，有一个幼儿想上厕所，其他幼儿也想去了，幼儿教师生气地说："去去去，都去!"结果幼儿真的高高兴兴地去了。因此，在实际工作中，幼儿教师应把握学前儿童理解的特点，尤其不能对小班幼儿说反话，要坚持正面教育为主。大班幼儿已能理解事物较复杂和深刻的含义，他们喜欢猜简单的谜语、听寓言故事，能理解浅显的古诗。

4. 从强烈的主观情感的理解，发展到比较客观的理解

学前儿童对事物的情感态度，常常影响他们对事物的主观理解。这种现象在 4 岁前的学前儿童身上表现尤为突出。例如，问一名 3 岁学前儿童："妈妈吃了 2 个苹果，宝宝吃了 3 个苹果，一共吃了几个苹果啊?"学前儿童马上质疑："妈妈从不让我吃 3 个，再说了，我也吃不了 3 个。"这表明我们没有考虑到学前儿童对事物理解的主观情绪性。年龄较大的学前儿童开始能根据事物的客观逻辑来理解。

5. 从不理解事物的相对关系，发展到逐渐能理解事物的相对关系

学前儿童对事物的理解常常是固定的或绝对的，难以理解事物的中间状态或相对关系。例如，学前儿童掌握方位概念，如左、右这样的相对概念，是很困难的；当他们学会了 5+2=7 后，不经过进一步的学习，不知道 2+5 也等于 7。

任务三 学前儿童思维的培养策略

一、引导学前儿童在日常生活中观察和探索

日常生活是学前儿童一日活动的主体部分，学前儿童主要在日常生活活动中不断成长。《3－6 岁儿童学习与发展指南》中强调"幼儿的思维特点是以具体形象思维为主，

应注重引导幼儿通过直接感知、亲身体验和实际操作进行科学学习”，陶行知先生也主张“生活即教育”，因此，幼儿教师和家长首先要在一日生活中充分调动学前儿童的多种感官，引导他们主动、积极地观察和认识周围的世界。同时，在一日活动中，幼儿教师要以学前儿童为中心，从学前儿童的视角出发开展活动。

二、通过活动训练学前儿童的思维能力

（一）科学领域活动的组织

《3－6岁儿童学习与发展指南》中指出，幼儿在对自然事物的探究和运用数学解决实际生活问题的过程中，不仅获得丰富的感性经验，充分发展形象思维，而且初步尝试归类、排序、判断、推理，逐步发展逻辑思维能力。科学领域的实验操作活动、科技制作活动、观察比较活动、讨论交流活动、数概念运算活动中都蕴含着丰富的思维发展机会。幼儿教师可以利用一切开展科学活动的契机，引导学前儿童思维的发展。

（二）直觉行动性思维活动的组织

1. 提供可以直接感知的活动材料

学前儿童的思维离不开直接的感知，他们开展活动离不开直观的玩具、教具等活动材料。可以说，学前儿童的活动效果在很大程度上取决于活动材料的情况。因此，幼儿教师应根据活动的目标和学前儿童的思维特点，合理地提供各种物质材料。

案例链接

杨老师带领小班幼儿来到田地里认识黄豆。丝丝大喊：“老师快看，这是豆角！”当当说：“不，我吃过这个，这是毛豆。”杨老师告诉小朋友：“孩子们，这不是豆角，是黄豆。它在没有成熟时，里面的豆子是软的，人们称它为毛豆，现在我们可以拨开看一看，里面的豆子已经成熟了，是黄豆，我们采摘一些，清洗干净后加水放入豆浆机，榨汁后就可以喝到香甜浓郁的豆浆了。”孩子们行动起来，将豆荚拨开、清洗黄豆，当喝到通过自己的努力榨成的豆浆时，孩子们高呼：“这是我喝过最美味的豆浆！”如图7－4至图7－7所示。

图7－4　幼儿来到黄豆地

图7－5　幼儿采摘黄豆

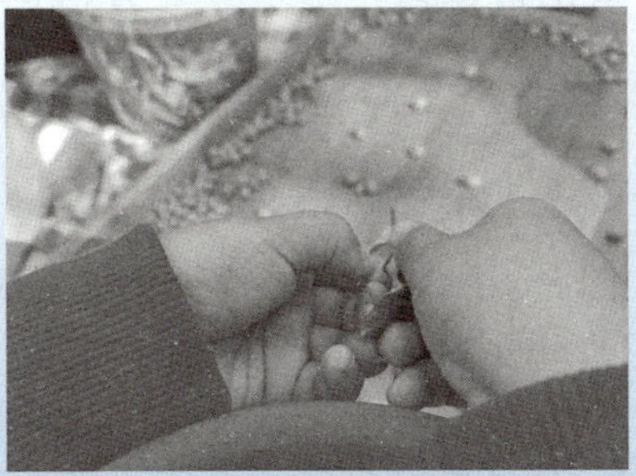

图 7-6　幼儿剥开黄豆荚获取黄豆

图 7-7　幼儿品味制作好的豆浆

想一想： 对比采摘黄豆、品味豆浆的活动过程和仅通过黄豆的相关图片组织活动，二者效果有何不同？

分析提示： 幼儿在采摘黄豆的活动中，充分调动了多种感官，能够直接感知黄豆，从而更全面、更具体地了解黄豆。一般来说，实际操作要比直观的实物效果好，直观的实物比模型效果好，而模型又比图片效果好。总之，动态的效果要好于静态的效果。

2. 创造参与活动与操作的条件和机会

学前儿童的思维对动作的依赖性较强，因此，幼儿教师应创造让学前儿童参与活动与操作的条件和机会，尽量让他们多看、多听、多闻、多尝、多动手，并鼓励学前儿童边操作边思考。

想一想

如何投放区域活动的操作材料？需要注意哪些问题？

3. 引导学前儿童用表象代替动作，逐步向具体形象思维过渡

在充分操作的基础上，幼儿教师要引导学前儿童根据自己的经验进行归纳和总结，用表象代替动作，逐步实现直觉行动思维向具体形象思维的过渡。例如，在组织小班活动“我们一起来玩水”的过程中，幼儿教师首先与学前儿童一起讨论水的用处及怎样节约用水；然后为他们提供操作材料（各种能够浮沉的玩具、杯子、瓶子、勺子、叉子以及各色颜料等），让他们分组进行自由操作活动（其目的是初步感知水会流动的特性，观察水的颜色变化，感知水中物体的浮沉）；再组织学前儿童围绕以下问题集体讲述——在玩水的过程中用了哪些东西、是怎么玩的、你发现了什么；最后幼儿教师对学前儿童讲述内容进行简单小结。活动中，幼儿教师根据小班幼儿思维的直觉行动性特点，提供了大量的操作材料，让学前儿童充分探索；然后引导学前儿童根据自己的探索经验（表象）进行讲述，有助于学前儿童的思维由直觉行动性向具体形象性过渡。当然，幼儿园开展的活动要坚持直观性原则。学前儿童的思维特点决定

了为其提供的材料要尽可能具体、形象、直观，要重视玩具、教具的鲜明、形象、生动。

（三）具体形象性思维活动的组织

1. 丰富学前儿童的感性经验

思维是在感知觉的基础上产生和发展起来的，因此，成人要充分调动学前儿童的各种感官，引导他们主动、积极地观察和认识周围的世界，养成积极的思维习惯。幼儿教师要引导学前儿童积极观察周围事物的变化，并经常与学前儿童交流或者谈话，这样学前儿童就会有许多新的发现。例如，下雨后，幼儿教师带学前儿童去踩水坑，学前儿童说："我发现水里有我的影子，我一踩，水就变成一圈一圈的了，过一会儿水就没有圈了，因为我没继续踩。"

2. 选择适宜的活动材料和教学方法

幼儿教师应根据学前儿童的思维特点，提供鲜明、形象、生动、直观的玩教具和活动材料，教学方法以游戏法、观察法、操作练习法为主。例如，幼儿教师组织《小熊过桥》诗歌欣赏活动时，如果能提供直观形象的图片，设置独木桥的场景，让学前儿童观察图片、体验小熊过独木桥时的心情，比单纯由幼儿教师讲解和让学前儿童背诵的效果要好得多。

3. 尊重和理解学前儿童的思维特点

学前儿童思维水平的局限性使他们的想法往往具有片面性和表面性，他们常常会做出令成人匪夷所思的事情，也容易陷入一些"困境"，幼儿教师应予以理解，而不是简单地批评他们。例如，一个学前儿童将开水倒入鱼缸，结果将金鱼烫死，当幼儿教师了解原因（该学前儿童发现金鱼游得慢了，以为它感冒了，希望它快点好起来，想起妈妈曾告诉过他"感冒了要多喝开水，病就会好得快"）后，不仅没有责怪他，反而表扬他是一个有爱心的孩子，同时也给予他正确的引导。

（四）概括活动的组织

学前儿童的概括水平较低，属于感知水平的抽象概括。幼儿教师要有目的、有计划地开展各种形式的训练活动，引导学前儿童在多次观察、感知的基础上进行讨论、思考，概括出事物的本质特征，形成初步的类概念。

例如，在科学活动中，幼儿教师让学前儿童观察苹果、桃子、黄瓜、西红柿等实物，引导学前儿童发现虽然其形状、颜色、味道不同，但它们内部都有种子，这样便可以使学前儿童在头脑中把这种共同属性抽取出来，并推广到有这种属性的其他事物上，形成一个初级的"果实"的概念。

（五）分类活动的组织

分类就是按一定的标准把事物分成不同种类，先根据共同点将事物归为较大的类，再根据不同点将事物划分为较小的类，从而使事物构成具有一定从属关系的不同等级的系统。例如，在引导学前儿童操作学具的过程中，先把生物分成植物和动物，再把植物分成花卉、蔬菜、水果、粮食作物等，最后把蔬菜分成吃根的、吃茎的、吃花的、吃叶的、吃果实的五类。同时，幼儿教师可以引导学前儿童根据不同的标准进行分类。

（六）推理活动的组织

推理是思维的核心，它是从一个或几个已知判断推导出新的判断的过程。推理能力是保证思维活动的效率以及顺利完成思维活动的个性心理特征。幼儿教师在对学前儿童进行思维训练时应注重归纳推理、演绎推理和类比推理的训练。例如，学前儿童根据鹰是鸟且有羽毛，猫头鹰是鸟且有羽毛，燕子是鸟且有羽毛，黄鹂是鸟且有羽毛，推理出鸟都有羽毛（归纳推理的训练）；根据凡是鸟类都有羽毛，蝙蝠没有羽毛，推理出蝙蝠不是鸟（演绎推理的训练）；根据牛和牛头、狮和狮头、鹿和鹿头的画面，推理出虎和虎头的关系（类比推理的训练）。

想一想

幼儿园可以采用哪些活动形式培养学前儿童的推理能力？

任务测验

1. 训练目标

（1）能够结合实践活动，初步辨别和分析学前儿童思维的发展情况。

（2）掌握促进学前儿童思维发展的策略。

2. 训练内容

（1）分别观摩幼儿园小班、中班、大班幼儿的半日活动，纵向比较学前儿童思维发展的特点。

（2）以小组为单位，对观察到的学前儿童思维发展案例进行梳理，对幼儿教师进行访谈，总结促进学前儿童思维发展的策略。

3. 训练评价

（1）能用客观的语言描述学前儿童思维发展的特点，语言表达清晰、准确，逻辑性强。（20 分）

（2）能小组分工合作，共同制定观摩计划和访谈方案。（20 分）

（3）能顺利完成实践观摩和教师访谈。（30 分）

（4）能总结、概括活动观摩和访谈的结果，并根据观摩和访谈结果进行反思和计划与方案的改进。（30 分）

项目八　学前儿童言语的发展

学习目标

知识目标

1. 理解言语的概念、分类及在学前儿童心理发展中的作用。
2. 掌握学前儿童言语发展的特点及趋势。

能力目标

1. 能够根据学前儿童言语表现，分析其言语所处发展阶段。
2. 能初步运用促进学前儿童言语发展的策略，提升学前儿童言语能力。

素养目标

1. 认可言语对学前儿童心理发展的重要价值，理解并形塑促进学前儿童言语发展的科学儿童观。
2. 能够在实践中注意自身语言规范，为学前儿童树立使用标准普通话的榜样。
3. 树立文化自信，能够发现并利用传统节日和汉字中蕴含的学前儿童言语的教育契机。

幼儿故事

安安小朋友迎来了两周岁的生日，听着家人们唱生日歌，他开心地手舞足蹈。家人们说安安两周岁了说话还不太完整，是不是应该去医院做些相关检查，可妈妈说："我们要耐心等待，等待他慢慢长大，成长需要过程。"之后，安安进入托育机构学习和生活，在老师的引导和小朋友的陪伴下，安安的语言进入了快速发展阶段，他开始表达完整的句子，而且语言逻辑非常清晰，就此也打消了家人们的疑虑。

想一想：安安在两周岁时说话还不太完整属于正常言语发展的情况吗？安安是怎么学会表达完整句子的呢？

分析提示：学前儿童的言语理解先于言语表达。安安在两周岁时虽然还不能够完整讲话，但是已经积累了很多言语经验，能够很好地理解言语的内容，发展了初步的言语交往能力。在集体活动中，教师和同伴成为他的交往对象和学习对象，随着交往内容的增多，其言语能力也迅速发展起来。

任务一　言语概述

语言作为人类主要的交际工具，要使它有效地发挥作用，交际双方都必须掌握一系列的技能和规则。

一、语言与言语的概念

语言是词汇按一定的语法规则组成的复杂的符号系统，它包括语音、词汇和语法，即以语音为物质外壳、以词汇为建筑材料、以语法为结构规律而构成的体系。语言属于语言学这门学科的研究对象，语言学的任务就是研究语言这一符号系统的形成、演变规律和内部结构规律。语言具有稳定性，是一种社会现象。

言语是个体使用语言进行交际的过程。"一个思想，两个人分享，就有了两个思想"，人在交际活动中，不仅要表达自己的语言，还要感知和理解交往对象的语言。

言语是心理语言学的研究对象，心理语言学的任务是研究语言是如何被个体掌握和运用的。言语具有个体性和多变性，是一种心理现象。

想一想

语言和言语是一回事吗？二者又有什么关系呢？

我们的祖国日益强大，人们经常感叹："厉害了，我的国！"我们以这句话为例来理解语言和言语的关系。这句话由"国""厉害"等词汇组成，依托于汉字的读音和字形呈现；其表达形式是汉语中的倒装句结构，遵循了汉语的语法规则，因此，它本身是一种语言。而不同的人在表达对祖国的自豪感时可能会说"厉害了，我的国"，也可能会说"此生无悔入华夏"，甚至会借助不同国家的语言进行表达，这一表达过程就是言语。

由此可见，语言和言语是一对既有区别又有紧密联系的概念，二者相互依存，不可分割。

二、言语和思维的关系

言语和思维的功能是统一的，人们能够利用言语活动来交流思想、表达观点，一切皆因言语和思维有着密切的联系。一方面，言语是实现思维的工具。人们的思维过程和思维结果都需要通过言语活动来体现，言语也被称为思维的"物质外壳"。另一方面，言语活动的顺利开展有赖于思维的帮助。社会成员在交际中通过言语活动相互沟通，需要运用思维去理解、分析别人的话；同样地，需要通过思维对自己要表达的观点进行组织，使自己的话被他人理解。言语活动的整个过程都离不开思维。

三、言语的分类

言语分为外部言语和内部言语两种，在两者之间还有过渡言语。

想一想

宇航员在中国空间站中进行了多次太空授课。那么，"天宫课堂"的知识讲授属于哪种言语呢？

（一）外部言语

外部言语是以语音或者文字符号等能被人们感受到的形式存在的一种言语。学前儿童由于受到思维发展的局限性影响，心理活动必须借助具体的、可感知的物体支持才能开展，因此，学前儿童最初言语的发展需要借助口头的或书面的语言来维持心理活动过程。根据学前儿童言语活动借助的对象，外部言语又分为以下两类。

1. 口头言语

口头言语是指一个人凭借自己的发音器官发出某种语言的声音，来表达自己的思想和情感。例如，两人或两人以上的聊天、老师的讲座、学前儿童讲故事等都是口头言语。口头言语可分为独白言语和对话言语两种形式。独白言语是指一个人独自进行的时间较长且连贯的言语。对话言语是指两个或两个以上的人直接交际时的言语活动。学前儿童主要运用的就是口头言语。

2. 书面言语

书面言语是指一个人通过书写某种语言文字来表达自己的思想或情感的言语。书面言语的传播一般不受时空的限制，它不直接面对交流对象，缺少了具体的语言情境的支持，表达者无法借助表情、声调、手势等来传播更多的信息，它必须通过语法、逻辑、修辞等对原有的独白言语进行提炼和加工，以使阅读者能更全面、具体地理解表达者的意思。

（二）内部言语

内部言语是指人不出声思考时的言语活动，它是不发挥交际功能的言语，只能作为个人思维的工具。例如，人们在回答问题前会先打腹稿，就是利用内部言语相比外部言语极具概括性、传播速度快的优势，先行组织好所要表达的内容。内部言语在 4 岁左右开始产生，在学前儿童外部言语发展到一定阶段的基础上才逐步派生出来。

（三）过渡言语

在学前儿童内部言语开始发展时，常常出现一种介乎外部言语和内部言语之间的过渡言语形式，即出声的自言自语，主要有游戏言语和问题言语两种形式。其中，游戏言语是指在游戏和活动中出现的自言自语。例如，学前儿童在搭积木时边搭边说："这个放在下面当门，这个放在上面做屋顶。"问题言语是指在活动进行中碰到困难或问题时产生的自言自语。3～5 岁学前儿童游戏言语占多数，5～6 岁学前儿童问题言语开始增多。

案例链接

中班建构区域内，瑞瑞正在用木质积木边搭建边说："今天搭个立交桥吧，这样我们的城市就不会堵车了。"她拿起了 8 个拱形玩具依次将它们连接起来并说道："我在电视中看到的立交桥就是这样的。"然后她拿起圆柱体进行架空，一番操作后自言自语道："桥搭完了，还缺少道路指示牌，要不要做一个呢？"于是，瑞瑞将建构区内的道路指示牌摆放在相应位置。随后，她又说道："为什么想到要搭建立交桥呢？因为呀，我长大后要做一名桥梁设计师，为我们的城市设计出好多的桥，这样爸爸妈妈上班就不会迟到啦！"如图 8-1 所示。

图 8-1　瑞瑞在搭建“立交桥”

想一想：瑞瑞在搭建积木的过程中有哪些过渡言语，是什么形式？

分析提示：瑞瑞在搭建积木过程中的自言自语，实际上是典型的过渡言语中的游戏言语。瑞瑞通过自言自语、自问自答，很顺利地进行建构游戏。幼儿教师应了解学前儿童言语发展的特点，不应随意打断学前儿童，更不能因学前儿童吵闹而盲目制止他们的表达。

四、言语在学前儿童心理发展中的作用

学前儿童能够获得比亲身感知更丰富且更深刻的经验，主要是因为言语的获得。言语对学前儿童的心理发展具有非常重要的意义，具体表现在以下三个方面。

（一）言语推动学前儿童社会化的进程

学前儿童的言语是为交际而产生的，也是在交际过程中发展的。通过与成人的交流互动，学前儿童可以获得生活自理能力、日常生活经验和社会行为规范等，逐渐实现由自然人向社会人的过渡。例如，幼儿教师给小班幼儿讲述了《排队》的故事，因为故事中的小狗不懂得排队，其他小朋友都不爱跟它玩。大家听过故事后学会了在群体生活中要遵守排队的行为规范。

（二）言语促进学前儿童认知的发展

言语的参与使学前儿童的认识过程发生了质的变化。通过对事物的命名，学前儿童可直接通过言语获取有关事物的知识，对事物的认识更加深刻；通过对事物的共同特征加以语言描述，学前儿童的概括能力得到提升；通过借助词语对事物间的细微差别加以描述，学前儿童对相似事物的辨别更精确。例如，在认识三角形和圆形的时候，幼儿教师会请学前儿童看一看、摸一摸两种图形，并尝试说出两种图形的不同之处，通过语言描述提高学前儿童观察与辨别图形的能力。

总之，通过言语，学前儿童认识范围不断扩大，认识程度不断加深；同时，认识

能力的发展反作用于言语，使学前儿童的言语愈加丰富。

（三）言语帮助学前儿童调节心理活动及行为

言语对学前儿童的心理活动和行为具有一定的调节功能，各种心理活动有意性的发展，是由言语的自我调节功能引起的。例如，大班的阳阳一边用积木搭火车，一边小声地说："我要快点搭，小动物们马上就来坐火车了。"他通过自己的言语组织自己的注意，形成有意注意，从而更好地将精力集中在搭火车的活动中。

任务二　学前儿童言语的发生与发展

谈古喻今

《荀子·劝学》中说："故不积跬步，无以致千里；不积小流，无以成江海。"这句话告诫我们：无论是学识的丰富、身体的发育还是心理的发展，都是一个逐渐积累、循序渐进的过程。

学前儿童言语的发展是一个不断积累变化的过程。例如，同样是看见小猫，1 岁左右的婴儿会指着猫说"喵喵……"；1 岁半左右的婴儿会说"喵喵、叫"；2 岁半左右的婴儿就会说"可爱的小猫，喵喵叫"，还一边说一边模仿小猫的叫声和动作。那么，学前儿童的言语是如何从量变到质变的呢？

一、言语的准备期（0～1 岁）

刚出生的第一年，可以说是言语的准备期。这一阶段婴儿不断受到外界言语环境的刺激，从不能理解到逐渐理解所接收言语的意义；从无意识地发音到逐渐学会控制发音器官发出声音。这一时期语音的发生会经历以下阶段。

（一）第一阶段：单音节阶段（0～4 个月）

哭是婴儿出生后最初的发音。这一阶段婴儿的发音以单音节为主，但这时的发音是不分化的，属于一种本能行为。韵母出现较早，而声母只是偶尔出现。例如，新生儿可发出 ei、ou 等声音；第二个月的婴儿可发出 m-ma 的声音；之后可发出 ai、ei、 ai-i、hai-i 等声音。

（二）第二阶段：多音节阶段（4～10 个月）

这一时期婴儿的前言语获得明显增多，会发出许多复杂的语音并发出连续的音节，同时可发出不少近似词语的声音。如发出各种声母，还能发出 a-ba-ba、da-da 等声音，家长可能误认为婴儿是在说话，但事实上这只是前言语阶段的发音现象。8、9 个月的婴儿已经能“听懂”成人的一些言语，表现为能对言语做出相应的反应。但这时，引起婴儿反应的主要是语调与整个情境（如说话人的动作、表情等），而不是词的意义。如果成人发出同样的音，但改变语调和情境，婴儿就不再做出反应或做出不同的反应。相反，语调不变而改变词汇，反应还可能发生。

（三）第三阶段：学话萌芽阶段（10～12 个月）

这一阶段的婴儿能够正确地模仿成人的语音，其特点是：这种模仿不仅在音色上极为相近，在声调上也极为相似；婴儿的模仿能保持相当一段时间，并能被适当迁移和正确运用。1 岁左右，婴儿能理解几十个词，但能说出的词很少。

想一想

生活中我们经常听到有妈妈开心地说，自己的孩子 6 个月就会叫妈妈了，那么这个时期婴儿发出的 ma-ma 的声音到底是不是真正的言语呢?

二、言语的形成期（1～3 岁）

婴儿言语的形成期具体可分为三个阶段。

（一）单词句阶段（1 岁～1 岁半）

1 岁～1 岁半，婴儿大都只能说一个字或一个词，因此可将这一阶段称为单词句阶段，例如，婴儿会说“饭饭”，用来表达自己饿了，要妈妈给他喂饭。此阶段婴儿说出的词的特点有：单音重叠、词义泛化、以词代句。

1. 单音重叠

单音重叠是指由于婴儿的大脑发育尚未成熟，发音器官缺少使用，而重复的音节及重复的声调较容易掌握，不需要舌、唇的复杂运动，因此，这一阶段的婴儿喜欢说重叠的字音，如“娃娃”“饭饭”“帽帽”“衣衣”“车车”等。他们还喜欢用象声词代表物体的名称，如把火车叫作“呜呜”、把小鸭叫作“嘎嘎”等。

2. 词义泛化

词义泛化是指婴儿对词义的理解和使用超出了目标言语的范围，即一词多义，这是婴儿对于词的语义特征掌握过少造成的。例如，婴儿常用“毛毛”代表所有带皮毛的动物或皮毛做的东西。

3. 以词代句

以词代句是指这一阶段的婴儿不仅用一个词代表多种物体，而且用一个词代表一个句子。例如，婴儿说“球”这一个词，既可以表示“我要玩皮球”，也可以表示“我看见了一个皮球”。

这一阶段婴儿大脑能建立更多的词与实物的联系，使得婴儿能够理解更多的词和简单的句子，能以定向反射来回答别人的问题。例如，别人说：“小汽车在哪里？”婴儿会将视线转向小汽车的方向，并能伸手指向小汽车。除此之外，婴儿还能执行简单的任务。例如，妈妈说：“帮妈妈把手机拿过来。”婴儿能够很好地完成任务。由此可见，婴儿理解的词比会说的词多，遵循着言语理解先于言语表达的规律。

（二）双词句阶段（1岁半～2岁）

这一阶段，婴儿出现了“词语爆炸”现象，表现为说话的积极性很高，说出的词语大量增加。18个月的婴儿经常挂在嘴边的是大约20个词，到21个月则能说出大约100个词，到24个月则能说出300多个词，虽然大部分词仍然是名词，但其他各类词都开始出现在婴儿的话语当中。这一阶段，他们能说出的句子多是简单句，主要是一些简单的主谓句（如“宝宝拿”）、谓宾句（如“吃饭饭”）或主谓宾句（如“宝宝喝奶奶”）。因为这类句子都很短，没有修辞，大多在5个字以下，从表现形式上看是断续的、简明的、结构不完整的，与电报文十分类似，所以人们会把此阶段婴儿说的这种由两个或三个词组成的句子称为“电报句”。这一阶段是婴儿掌握词语的第一个关键期，说出句子既是婴儿言语发展中的一大进步，也是这一阶段婴儿言语发展的主要特点。

（三）完整句阶段（2～3岁）

2～3岁是婴儿基本掌握口语的阶段。此时婴儿说出的句子明显加长，大部分句子已有6～10个字，并且句子结构较完整。这一阶段婴儿言语的发展具体表现在以下两个方面。

1. 词汇量突飞猛进

2～3岁的婴儿学习新词的积极性非常高，词汇量增长十分迅速，几乎每天都能掌握新词。此时婴儿经常指着某种物体问“这是什么”或“那是什么”，当成人把物体的名称告诉他们时，他们便学到了一个新词。如果进一步扩展，即成人不但教给婴儿新词，而且说明该词与某人、某物、某种经验的联系，那就不仅能教会婴儿一个新词，还能使他们学到更多的东西。

2. 简单句增加，甚至能说复合句

2岁以后，婴儿说的简单句逐渐增加，有主谓结构、谓宾结构、主谓宾结构等。2岁半以后，婴儿很少再说叠音词，逐渐说出由各种词类构成的较长且复杂的句子。在言语所表达的内容方面，也发生了质的变化，婴儿从只能以眼前的事物为话题，发展到具备回忆过去、谈论将来的能力。在与成人一问一答的交谈中，2～3岁婴儿可以用自己的言语表达事物之间比较简单的关系。例如，婴儿会说：“因为今天的天气好，所以放风筝的人很多。”至此，婴儿的言语已基本形成。

案例链接

今天的晚安故事，3岁的安安选择了一本科普绘本，讲到地球时，安安问爸爸："地球既公转又自转啊？"爸爸说："对呀，地球绕着太阳公转，转一周要365天呢，就是一年，自转一周需要一天……"安安："爸爸，你听我说，那地球不累吗？"爸爸说："那你可以问问地球。"安安对着书上画的地球大喊："地球，你累不累？"

想一想：安安言语的发展有什么特点？

分析提示：2～3岁的婴儿，正处于言语发展的关键期，词汇量突飞猛进，可以用语言表达事物之间的简单关系。安安在了解地球的自转和公转的知识后，进行思考并用自己的语言进行表达，会说完整的简单句，表明其言语已基本形成。

三、言语的发展期（3～6岁）

（一）口头言语的发展

1岁左右时，一些婴儿能开始说话，但此时他们还只会用一些字、词来表达自己的意思。3岁以后，幼儿的言语发展迅速。3～4岁的幼儿能独立讲述自己的生活经历，但是由于逻辑思维水平有限，其讲述常常主题不明确、条理不清晰，只能简单罗列一些事实；4～5岁的幼儿能够主动、大胆地讲述故事或各种事情；5～6岁的幼儿口头言语表达的顺序性和逻辑性有了明显的提高，而且能够自然、生动地进行描述。幼儿口头言语的发展具体包括语音、词汇、语法以及口语表达能力的发展。

1. 幼儿语音的发展

幼儿语音的发展得益于他们意识的发展。进入幼儿期后，幼儿开始对别人的发音很感兴趣，喜欢纠正、评价别人的发音，同时他们也开始注意自己的发音。幼儿语音的发展呈现出三个方面的特征：一是借助语音的自我调节机制，幼儿发音的正确率随着年龄的增长逐渐提高；二是3～4岁时幼儿进入语音发展的飞跃期，4岁以上的幼儿一般能够掌握本民族的全部语音；三是幼儿对声母、韵母的掌握程度不同，3～6岁幼儿更容易掌握韵母的发音；幼儿容易发错的音，大多数是辅音，如幼儿容易混淆d－g、n－l、zh－z、ch－c、sh－s等发音。

2. 幼儿词汇的发展

词汇是语言中所有的词和固定短语的总和，也是言语的建筑材料。一个人要想很好地掌握语言这一交际工具，首先必须积累足够数量的词汇，才能明确地表达自己的思想，才能与别人自如地交谈。词汇是约定俗成的，幼儿在言语发展过程中，要学习和掌握社会上通用的词汇。幼儿词汇的发展有先后顺序，而且对情境的依赖性较强。

一般来说，幼儿词汇的发展主要表现在三个方面：词汇数量迅速增加；词类范围日益扩大；词义理解逐渐准确和深化。

（1）词汇数量迅速增加。人在幼儿期掌握的词汇数量呈直线上升的趋势，是人一生中词汇数量增加最快的时期，3～4 岁词汇量的年增长率最高。此后，词汇量逐年大幅增长，但词汇量的年增长率逐年递减。国内外的一些研究数据显示，幼儿的词汇量 3 岁为 1 000～1 100 个；4 岁为 1 600～2 000 个；5 岁增至 2 200～3 000 个；6 岁则达到 3 000～4 000 个，约为 3 岁时的 3 倍。决定幼儿获得新词及理解其意义的顺序的因素有两个：一是意义的复杂程度，意义越复杂的词幼儿掌握得越晚；二是幼儿所依靠的非语言策略，这种策略是幼儿根据事物类别的概念结构形成的。田学红等人的研究发现，4 岁幼儿已经掌握简单的方位词，由易到难顺序依次是：里—外、上—下、左—右等。①

（2）词类范围日益扩大。在词汇数量不断增多的基础上，幼儿掌握的词汇类型也日益丰富。幼儿掌握词类的规律是先掌握实词，后掌握虚词。具体来说，幼儿掌握词类的先后顺序为：名词→动词→形容词→数量词、副词、代词等。名词是幼儿掌握得最早和数量最多的词，占主导地位，占 51%左右；其次是动词，占 20%～25%，4 岁以后，幼儿掌握动词的比例开始超过名词；再次是形容词，占 10%以上；最后幼儿也能逐渐掌握一些虚词，但这些词在幼儿词汇中所占的比例很小，掌握得也较晚。

幼儿词类范围的扩大还表现在词汇内容的增加上。幼儿掌握具体名词早于且快于抽象名词，幼儿常用的名词包括表示人物称呼、动物称呼、生活用品、交通工具、生活环境等的名词；幼儿常用的形容词包括描述物体特征、动作、表情和情感、个性品质、事件和情境等的形容词。随着年龄的增长，幼儿的观察、注意及思维水平得到提高，幼儿掌握的抽象名词逐渐增多，也能逐步地掌握一些与日常生活距离稍远的词，甚至还能掌握与社会现象有关的词。此外，幼儿掌握的主要词汇逐步由具体的词汇发展到具有抽象性和概括性的词汇。例如，幼儿开始只会说“飞机”“汽车”“轮船”等具体名词，之后会逐渐掌握“交通工具”这一抽象名词。

（3）词义理解逐渐准确和深化。幼儿对词义的理解需要经历由笼统（泛化）到精确化（分化）的过程。随着年龄的增长，幼儿对同一个词的理解会发生改变。通常幼儿最先掌握的是基础类别的词，然后才逐渐掌握上级类别和下级类别的词。例如，幼儿先掌握“杯子”，再理解下级词语“茶杯”“酒杯”和上级词语“餐具”。

幼儿初期在理解和使用新词时，时常出现词义“泛化”“窄化”“特化”的现象，它可以发生在言语的各个层面上，包括语音、词汇和语法，词汇方面的表现尤为突出。词义泛化，即词义扩张，是指幼儿扩大词义，对词义的理解和使用超出目标言语范围的现象。例如，幼儿指着飞机说：“这是鸟”，将“鸟”过度泛化使用。词义窄化

① 田学红，方格，方富熹．4—6 岁幼儿对有关方位介词的认知发展研究［J］．心理科学，2001（1）：114－115.

是指对词义的理解和使用达不到目标言语范围的现象。例如，幼儿说花猫，仅仅是指自己家的那只猫。词义特化是指幼儿词语的指称对象完全与目标言语不同。特化后的词属于幼儿自己特有的称呼。例如，幼儿看到一只小虫子一跳一跳地走路，再次看到小虫子时就称其为“跳跳”。

3. 幼儿语法的发展

（1）句型的发展。句型的发展主要是句法的发展，即掌握某种语言特有的一套句子组成规则。幼儿句法的学习包括句子理解和句子产生。在幼儿语言发展过程中，句子理解先于句子产生。在幼儿能说出某个句子之前，他基本已能理解这个句子的意义。幼儿在掌握句型方面有以下趋势：

1）从简单句到复合句。幼儿最先掌握简单句；然后掌握由两个简单句组合而成的复合句，也就是还不会使用连词，如虽然表达转折，但没有转折连词；最后逐渐开始掌握复合句，但复合句总体比例较小，应用时也比较单一，例如，幼儿只能用“如果……就……”反映假设关系，用“只有……才能……”反映条件关系，用“因为……所以……”反映因果关系等。

案例链接

小邦的爸爸是位消防员，经常加班。某个周末爸爸没有回家，小邦很失落地和妈妈说：“妈妈，爸爸说话不算数，说好了今天回来陪我一起把消防车拼完的。”随后他生气地噘起了小嘴。妈妈微笑着说：“不要难过，今天是一个特别的日子。”小邦用期待的眼神看着妈妈说：“什么日子呢？”妈妈说：“因为今天是建党一百周年呀！”小邦惊讶地问：“啊？爸爸需要一百年才能回家吗？”妈妈解释道：“不是的，今天是党的生日，全国人民都在为祖国、为党庆祝。”小邦说：“我知道了，因为是祖国的节日，所以爸爸要保家卫国。”

想一想：小邦的言语发展有什么特点？

分析提示：幼儿期爱国的观念还处在萌芽阶段，对“国家”的理解与认知需要建立在生活体验的基础上，小邦爸爸的职业潜移默化地培养了他的爱国、爱党情感；小邦用语言清楚地表述了自己理解的事物的因果关系，言语表达中出现了复合句。

2）从不完整句到完整句。幼儿掌握句子结构的顺序随年龄的增长依次为：单词句→双词句→简单句→复合句等。其中单词句和双词句属于不完整句，简单句和复合句属于完整句。由此可见，幼儿对句型的掌握是由不完整句逐步发展为完整句的过程。

3）从陈述句到多种形式的句子。幼儿的口头言语中，陈述句占比较大，约占三分之一，其他句型如疑问句、感叹句等也慢慢发展起来。从幼儿的言语实践中可以看到，他们由于受简单句、陈述句等句型模式的影响，往往会对一些复杂的句子不能理解而发生误解，如双重否定句、反话等。

案例链接

涛涛今年3岁了，一天妈妈带他去朋友家做客，刚一见面，阿姨就热情地打招呼，并问："涛涛几岁了？"涛涛说："3岁了。"阿姨说："长得真高呀！都快和柜子一样高了。"涛涛睁大眼睛问妈妈："妈妈，柜子几岁了？"

想一想：涛涛为什么会说出"柜子几岁了"这样的话呢？

分析提示：幼儿的言语能力要在生活中随着语言的不断运用而发展起来，3岁的涛涛还不能够理解一些复杂的句子，所以会误解阿姨的话。

（2）语法结构的发展。

1）从混沌一体到逐步分化。幼儿掌握和运用语言的过程中，最初的语句是笼统、混沌的，随着年龄的增长，语句逐渐分化。例如，年龄小的幼儿会说："我长大了要当解放军叔叔"，把"解放军叔叔"当作一个词来使用。

2）从松散到逐步严谨。最初的单词句只是一个简单的词链，不能体现语法结构。3岁半以前婴幼儿的话语常常漏缺主要词类，语序紊乱。3岁半以后幼儿的话语中才出现加上复杂修饰语的语句。

3）由压缩、呆板到逐步扩展、灵活。在语法结构上，幼儿最初不能分出核心部分和附加部分，他们从只能说出形式上千篇一律的、由几个词组成的压缩句，逐渐发展到能加上简单修饰语，然后加上复杂修饰语，最后达到简单修饰语的灵活运用和语句中各种成分的多种组合的水平。幼儿语法结构的发展在4岁～4岁半时较为明显，5岁的幼儿语法结构逐渐完善，6岁时语法水平显著提高。

4. 幼儿口语表达能力的发展

幼儿口语表达能力的发展主要表现在两个方面：一是幼儿能够根据不同的谈话对象来确定和改变语气以达到会话的目的；二是幼儿对故事的复述能力提高。具体表现如下：

（1）对话言语向独白言语过渡。一般来说，口语表达有对话和独白两种形式。3岁之前，婴儿的言语主要是在和成人的交往中学会的，即以对话为主，婴儿的言语往往只是回答成人提出的问题，或向成人提出一些问题和需求。步入幼儿期，由于独立性的发展和生活经验的积累，幼儿逐步具备了表达自己思想的能力。这样，独白言语也就逐渐发展起来了。因为幼儿期独白言语尚处于萌芽时期，发展水平还很低，所以在对3岁多的幼儿进行观察时，观察者发现其虽然能描述身边发生的事，但仍然不流畅，有较多的伴随语，如"嗯……嗯""那个……那个"等，5～6岁，幼儿就能较清晰、完整地表述自己看到的或听到的事情了。因此，对于5～6岁的幼儿，成人可以用讲故事的方法训练其口语表达能力。

（2）情境性言语向连贯性言语过渡。情境性言语是指言语不能连贯地按一定的逻辑顺序进行，言语的内容与特定的场景有关，幼儿想到哪儿说到哪儿，常常以手势、表情为辅助手段，表现为缺乏连贯性、断断续续。3 岁前婴儿的言语基本上都是情境性言语。随着年龄的增长，情境性言语的占比逐渐下降，连贯性言语的占比逐渐上升。整个幼儿期都处于从情境性言语向连贯性言语过渡的时期。5～6 岁，幼儿上中、大班时，在讲述自己经历的事情或者看图讲述以及复述故事时，情境性言语逐渐减少，连贯性言语已经得到比较稳定的发展。

（3）讲述的条理性逐渐提高。3 岁以后，随着思维能力的不断发展，幼儿的讲述不再是对要讲述的内容进行堆砌和简单罗列，而是能做到将讲述的内容与主题联系起来，条理性逐渐提高，层次也逐渐清晰。

（4）语用技能初步发展。语用技能是指个体根据交谈双方的言语意图和所处的语言环境有效地使用语言工具以达到沟通目的的一系列技能。幼儿语用技能的发展主要包括说话语用技能的发展和听话语用技能的发展。说话语用技能主要是指说话者善于吸引听者的注意，说话的内容和方式能适应听者的水平和需要，并能根据听者的反馈以及不同的交谈情境随时调整自己的言语等。研究发现，3 岁以前的婴儿不仅能用指点、姿态等来表明需求，还会通过调节语调引起成人重视，并且会及时根据成人的反应来调整自己的言语。4 岁幼儿的语用技能进一步发展，已初步学会了有效交流的基本规则，即必须使自己的话语适应听者的水平。例如，幼儿对成人讲话时更多的是表达自己的想法，想从成人那里得到信息或帮助，而对比自己年幼的幼儿说话时，更多的是告诉对方事情，表现得更自信。听话语用技能是指听者能够推测说话者的意图，同时对所听到的信息的可靠性和准确性进行判断，并及时反馈。研究发现，4 岁～4 岁半的幼儿，即使在说话者的话语提供的字面线索很少的情况下，也可以推测其表达意图。

知识扩展

口吃

口吃是指由语言障碍与心理障碍相互作用、相互影响而产生的一种语言心理失调现象。1 岁半～2 岁的婴儿只能说双词或三词组成的句子，而 2～3 岁的婴儿已能够说简单句甚至复合句，可以说 2～3 岁是言语发展的关键期。随着思维能力的发展，婴儿表达的意愿更加强烈，但是受语言表达能力限制，经常发生不能清晰、流畅、完整地表达一句话的现象，此时如果成人打断婴儿的话，极易造成婴儿的紧张，导致口吃现象的发生。到了幼儿期，言语模仿能力增强也会导致口吃现象的发生，此时成人的苛责会加重口吃现象。当幼儿因为急于表达而说不清楚的时候，成人要提醒他不要着急，慢慢说；同时要耐心倾听，给予必要的补充，帮助他厘清思路并清晰地说出来。因此，幼儿教师及家长在婴幼儿言语发展的关键时期，应为婴幼儿创设轻松愉悦的言语氛围，促进其言语能力的健康发展。

（二）书面言语的准备

掌握书面言语一般要经过识字、阅读和写作三个阶段。学前儿童一般到幼儿期才进入书面言语的准备阶段，即前阅读或早期阅读阶段，这一阶段幼儿书面言语的发展主要表现在识字能力的发展和早期阅读能力的发展两个方面。

1. 识字能力的发展

从心理机制上看，幼儿识字的过程就是将汉字的书面符号与相应的声音、意义联系起来，形成一种稳定的联结储存于记忆中，需要时进行提取，用于区分与该声音及意义相联系的汉字。幼儿只要能听懂成人对他说的话语，掌握了一般生活词汇的发音和意思，就具有了开始学习书面言语的基本条件。有学者曾经对两个班共 54 名幼儿进行了连续三年的识字教学实验，实验结果表明，通过幼儿园组织的识字活动，幼儿识字量可达到五百多个。但幼儿识字教学的目的不仅仅是增加幼儿识字量，更重要的是幼儿教师应通过识字教学活动激发幼儿识字和早期阅读的兴趣。

2. 早期阅读能力的发展

5～6 岁的幼儿不仅口头言语快速发展，识字数量也在不断增长。受幼儿教师和家长组织的阅读活动影响，幼儿对读物中蕴含的丰富内容产生了浓厚的兴趣，独立性的发展促使他们开始尝试独立阅读。6 岁左右的幼儿，书写能力开始发展，在学习活动中，他们有时还能根据交流内容的需要，借助简单的文字或图夹文①来辅助言语活动。

任务三　学前儿童言语的培养策略

生活中不难发现，学前儿童言语存在语调较平淡、断句不正确以及吐字不清、平翘舌不分等问题。例如，有些学前儿童会将“日子”说成“yì 子”，将“兔子”说成“兔 zhi”等。那么，幼儿教师应采取哪些策略促进学前儿童言语的发展呢？

---

① 金小梅．浅述早期阅读教育中的教学策略［J］．学前教育研究，2005（2）：30－32.

一、重视语言教育活动

（一）运用语言教育活动，为学前儿童提供说的机会

幼儿教师要为学前儿童创造说话的机会并引导学前儿童体验语言交往的乐趣。在有组织的语言教育活动中，幼儿教师可借助玩具、图片、讲故事、做游戏、表演戏剧等有效的教学工具和方法，创设灵活多样的语言氛围，调动学前儿童说话的积极性。活动中幼儿教师还可以引导学前儿童恰当用词、完整表达，从而提高其语言表达能力。

例如，在中班语言教育活动——故事《点子公司》的理解与讲述中，幼儿教师导入时问幼儿："什么是点子呢？"幼儿教师利用开放式的提问，让幼儿"多说"；随后出示故事图片，问道："故事中的小动物们都遇到了什么困难？狐狸给他们出了哪些点子呢？"幼儿教师通过形象的图片引出幼儿的直接经验，让幼儿"会说"；一遍故事讲完后，幼儿教师扮演其他小动物，幼儿扮演狐狸，共同进行角色扮演，让幼儿"乐说"；在幼儿充分理解故事内容的基础上，幼儿教师请幼儿各自选择小狗、狮子、乌龟等，为他们出点子，通过编编讲讲，让幼儿"愿说"。整个语言活动中，幼儿教师利用多种教学方法，激发幼儿的兴趣，将幼儿的思维和想象充分地打开，让幼儿能大胆思考、大胆表达。

（二）运用语言游戏活动，提高学前儿童发音的准确度

发音的准确度依赖于发音器官的灵活性，受生理发育水平的限制，学前儿童对精细动作的支配能力较差，语言游戏活动可训练学前儿童嘴部肌肉的灵活性，为发音打好生理基础。例如，做唇操和舌操、用嘴唇抿吸管喝水、用吸管吹水泡、吹吸乒乓球等游戏。语言游戏活动还可以有针对性地、及时地帮助学前儿童纠正发音错误，尤其可以快速、高效地纠正学前儿童普遍容易发错的语音，如传话游戏、听说游戏等。活动中，学前儿童难免会有语音不准、用语不当等问题出现，幼儿教师应多给予正确的示范，同时鼓励学前儿童大胆表达、敢于说话。在学前儿童说话时，幼儿教师要给予充分的尊重，并耐心、仔细地倾听。对学前儿童在语言上的表现，幼儿教师要适时给予积极的反馈，在学前儿童完成语言任务时要及时表扬，遇到问题或困难时要及时鼓励。

二、利用日常交流培养学前儿童的口语表达能力

著名教育家陈鹤琴提出："大自然、大社会都是活教材。"成人应把学前儿童生活中的全部活动看作语言教育的"活教材"。在一日生活中，成人要有目的、有计划地和学前儿童接触、交谈，让他们介绍看到的和听到的新鲜事，在日常交流中提升其口语表达能力。在此过程中，成人应充当耐心的倾听者、欣赏者。在听到学前儿童说话不连贯时，成人不要"包办代替"或打断他们的话，应以表情或眼神鼓励他们。因为，鼓励学前儿童敢于表达比要求其说得正确更为重要。对个别语言发展水平较低的

学前儿童，成人要耐心指导。

三、丰富学前儿童的语言环境

幼儿园坚持以倾听与表达为主的语言教育，目的是更好地促进学前儿童理解他人和清楚地表达自己思想等能力的提升，为各领域的发展打好基础。幼儿教师应组织丰富多彩的园内、园外活动，让学前儿童在与成人的交流互动中，倾听成人的语言表达，使学前儿童扩大眼界、丰富知识面、扩充词汇量。例如，在大班“中秋节”主题活动中，除了做月饼、做花灯、赏月，幼儿还同老师们一起穿汉服、行作揖礼、讨论《神舟飞天》和《嫦娥奔月》的故事。在这样民主、宽松的语言环境中，幼儿学会了“像……一样”的表达方式，还积累了“盼望”“美丽”“花好月圆”“阖家团圆”等词汇。

四、幼儿教师要做好学前儿童言语的榜样

幼儿期是语音发展的关键时期，幼儿教师是幼儿语言模仿的主要对象之一，能说一口流利、标准的普通话是对每一位幼儿教师的要求，幼儿教师要为幼儿发音做出正确的示范。同时，幼儿教师要注意语言文明，为幼儿做出表率。

五、适当引导学前儿童学习书面言语

（一）培养学前儿童早期阅读的兴趣和习惯

研究表明，3～8 岁是阅读能力发展的关键期。早期阅读活动的开展，不仅为了发展幼儿的阅读能力，更重在其阅读意识的启蒙。成人培养幼儿的早期阅读习惯可以为其选择适龄的读物，如图画书、图夹文等儿童读物；成人在阅读活动中及时对幼儿的阅读行为表示关注和赞赏；成人要热情回答幼儿在阅读中提出的各种问题；成人与幼儿、幼儿与幼儿共同阅读的方式能够帮助幼儿形成良好的阅读习惯，掌握阅读技能，如图 8 - 2 所示。

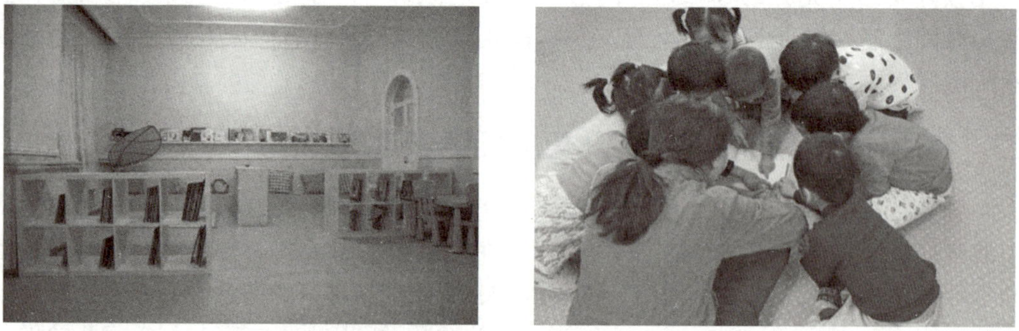

图 8 - 2　幼儿教师和幼儿在图书室共同阅读绘本

（二）提高学前儿童的识字兴趣和识字能力水平

《幼儿园教育指导纲要（试行）》指出，利用图书、绘画和其他多种方式，引发幼儿对书籍、阅读和书写的兴趣，培养前阅读和前书写技能。由此可见，学习书面言语的前提和重要目的是激发和培养学前儿童阅读和识字的兴趣。因此，幼儿教师可以引导并鼓励学前儿童学习生活中出现的文字，发现不认识的字主动向周围的成人请教；也可以利用学前儿童熟悉的事物作为依托，引导学前儿童择取生活经验来引起对文字的联想，帮助学前儿童记忆。

案例链接

有趣的象形字——“林”

想一想

幼儿教师还可以用哪些策略来促进学前儿童言语的发展呢？

任务测验

1. 训练目标

（1）能够在实践中观察、分析学前儿童言语的发展水平，并找到学前儿童言语发展的“最近发展区”。

（2）能够运用语言教学活动，发展学前儿童的言语表达能力。

2. 训练内容

（1）观察一名或多名学前儿童的言语，结合学前儿童言语发展的特点，分析其言语发展水平。

（2）观摩幼儿园的语言活动，分析幼儿教师提升学前儿童言语能力的方法有哪些。

（3）以小组为单位制定提高学前儿童言语能力发展的教学活动方案。

3. 训练评价

（1）掌握学前儿童言语发展的特点及趋势，初步学会运用适当的策略提高学前儿童语言表达能力。（20 分）

（2）能小组分工合作，共同制定合理、有效的促进学前儿童言语发展的语言活动方案。（20 分）

（3）能顺利实施促进学前儿童言语发展的语言活动方案。（30 分）

（4）能总结、概括活动实施的效果，并根据活动效果进行反思和方案的改进。（30 分）

项目九　学前儿童情绪情感的发展

学习目标

知识目标

1. 明确情绪情感的概念、种类及在学前儿童心理发展中的作用。

2. 掌握学前儿童情绪情感发展的特点。

能力目标

1. 能根据学前儿童情绪情感发展的特点提出促进其情绪情感发展的教育策略。

2. 能运用所学的知识促进学前儿童情绪情感的健康发展。

素养目标

1. 观看《大美中国》视频，感受祖国大好河山的美感，培养热爱祖国的家国情怀。

2. 从学前儿童身心发展的深远角度看待学前儿童情绪情感的发生与发展，尊重、理解学前儿童的情绪情感，并采用专业的方式促进学前儿童情绪情感的发展。

幼儿故事

3岁的昊宁是刚上小班的幼儿，每当妈妈把昊宁送到班里要离开时，他就又哭又闹，不是紧紧抱住妈妈的脖子，就是抓住妈妈的衣服不肯松开。妈妈离开后，昊宁很快就平静下来，参与到游戏中。可是，当吃饭、睡觉时，昊宁又哭喊着："我要找妈妈，快给妈妈打电话……"

想一想：3岁的昊宁为什么会出现这种情况呢？

分析提示：初入园的幼儿由于对陌生环境的不适应、生活规律的改变、人际关系的复杂化等，在情绪情感方面会出现一定的入园焦虑现象，这是分离焦虑的一种表现。在入园前，家长和教师可以帮助幼儿做好心理、生活和交往等方面的准备，以缓解幼儿的入园焦虑，实现家园共育。

任务一　情绪情感概述

情绪情感是一种极其复杂的心理现象，有着独特的心理过程。情绪情感最能表达人的内心状态，是人心理状态的晴雨表。情绪情感既是人的心理活动中动力机制的重要组成部分，也是个性形成的重要方面。

一、情绪情感的概念

情绪情感是人对客观事物的一种普遍的态度体验及相应的行为反应。人的情绪情感不是凭空产生的，而是由一定的刺激情境引起的。人在认识外界事物时，会产生喜与悲、乐与苦、爱与恨等主观体验。这些反应都是人在面对各种事物时产生的情绪情感的不同表现形式。这些情绪情感对个人的成长来说非常重要。

情绪情感是以个体的愿望和需要为中介的一种心理活动。人对客观事物或情境采取何种态度，取决于它能否满足人的需要。客观事物或情境如果符合主体的需要和愿望，就能引起积极的、肯定的情绪情感，从而引起愉快、欢乐、满意、尊敬、爱等内心体验；客观事物或情境如果不符合主体的需要和愿望，就会产生消极、否定的情绪情感，从而引起不愉快、不满意、痛苦、忧愁、恐惧、愤怒、恨等内心体验。例如，我们在生活中遇到志同道合的朋友会感到欣慰，看到助人为乐的行为会产生敬意，这是因为这些人和事符合我们的需要而使我们产生了积极的情绪情感；而亲人离世我们会感到痛苦，这是因为它不符合我们的需要而使我们产生了消极的情绪情感。

想一想

某幼儿喜欢李老师，常常围着李老师转，亲切地喊李老师为“李妈妈”，她说：“我喜欢我的幼儿园老师，我长大了也要当幼儿园老师。”这体现了幼儿的什么心理现象？

二、情绪与情感的区别和联系

（一）情绪与情感的区别

一般情况下，情绪与情感是时刻联系在一起的统一体，尽管如此，二者仍存在一定的差异。通常认为，情绪是指那些与生理需要（饮食、睡眠、安全等）相联系的内心体验。由于睡眠的需要是否得到满足而引起的惬意或烦躁，由于安全的需要是否得到满足而引起的安定或恐慌就是例子。而情感是指那些与社会性需要（道德、教育、劳动、娱乐、交往等）相联系的内心体验，如爱国主义情感、责任感、爱情、友谊等。情绪与情感的区别具体如表 9－1 所示。

表 9－1　情绪与情感的区别

角度	情绪	情感
需要角度	和有机体的生理需要相联系	和高级的社会性需要相联系
发生角度	情绪是原始的，发生较早，为人类和动物所共有	情感发生较晚，是人类特有的，是个体发展到一定阶段才产生的
稳定性角度	情绪不稳定，具有较强的情境性、激动性和暂时性	情感具有较强的稳定性、深刻性和持久性
表现形式角度	情绪一般发生得迅速、强烈而短暂，有强烈的生理变化，有明显的冲动性和外部特征	情感比较内隐，多以内在体验的形式存在

（二）情绪与情感的联系

情绪与情感虽然有各自的特点，但又是相互依存、不可分离的。情感是在多次情绪体验的基础上形成的，并通过情绪表现出来，而已形成的情感又会影响情绪的表现和变化。例如，幼儿教师在工作中总是感到轻松、愉快，就会爱上这份职业，产生教育情怀；反过来，当他们对这份职业有着无限的热爱时，就会因为工作的出色完成而欣喜，也会因为工作中的疏漏而伤心。由此可见，情绪是情感的基础和外部表现，情感是情绪的深化和本质内容。

三、情绪与情感的种类

（一）情绪的种类

一个人在特定的生活环境中，于一段时间内所产生的情绪体验叫作情绪状态。根据情绪状态的强度和持续时间的不同，情绪分为心境、激情和应激。

1. 心境

心境是一种微弱、持久、带有渲染性的情绪状态。心境具有弥散性，它不是个体关于某一特定事物的特定体验，而是以同样的态度体验对待一切事物。所谓“情哀则景哀，情乐则景乐”，说的就是心境。

谈古喻今

“清明时节雨纷纷，路上行人欲断魂。”清明虽是柳绿花红、春光明媚的时节，但唐代诗人杜牧借清明雨景的描写反映了自己在雨中孤身行路的凄冷心境。

心境具有以下特点：

（1）持续时间有很大差别。心境的持续时间短则几小时，长则几周甚至几个月或更长的时间。

（2）人格特征和气质、性格会影响心境。性格开朗的人往往豁达大度，而性格内向的人则容易耿耿于怀。

（3）心境产生的原因是多方面的。生活中的顺境和逆境、个人的健康情况等，都可能成为引起某种心境的原因。

2. 激情

激情是一种强烈的、迅猛爆发的、激动而短暂的情绪状态。这种情绪状态通常是由对个人有重大意义的事件引起的。重大成功之后的狂喜、亲人突然离世引起的极度悲哀等，都是激情状态。

谈古喻今

1949 年 10 月 1 日，毛泽东在天安门城楼上向全世界庄严宣告：“中华人民共和国中央人民政府今天成立了！”中国人民从此当家作主成为国家的主人，中华民族的发展从此开启了新的历史纪元。每次重温这一伟大历史事件，我们都心潮澎湃，难以自抑。

激情具有以下特点：

（1）和心境相比，激情维持的时间一般较短暂。冲动一过，激情也就弱化或消失了。

（2）激情状态往往伴随着生理变化和明显的外部行为表现。如盛怒时的面红耳赤、狂喜时的手舞足蹈等都是激情的外部表现。

（3）过度的兴奋与抑制都容易引起激情状态。人在激情状态下容易行为失控，甚至做出鲁莽的行为或动作。

想一想

“范进中举”体现的是哪种情绪状态呢？

3. 应激

应激是一种由出乎意料的紧急情况所引起的十分强烈的情绪状态。人在遇到紧张、危险的情境而又需要迅速采取重大决策时，就可能导致应激状态的产生。

在应激状态下，人可能有两种表现：一种是目瞪口呆，手足无措；另一种是急中生智，及时摆脱险境。应激既有积极的作用，也有消极的作用。一般的应激状态能使人具备特殊的防御排险能力，能使人及时摆脱困境。但是人如果长期处于应激状态下，会有害身体健康，严重的还会危及生命。

想一想

结合生活实际，你还能举出哪些心境、激情和应激的例子呢？

（二）情感的种类

情感是同人的社会性需要相联系的主观体验，是人类所特有的心理现象之一。人类高级的社会性情感主要有道德感、理智感和美感。

1. 道德感

道德感是人类特有的一种高级社会性情感，是人们根据一定的社会道德规范评价自己和他人的行为时所产生的一种内心体验。当行为符合社会道德规范时，人们就会产生肯定性的情感体验，如爱慕、敬佩、赞赏等；反之便会产生否定性的情感体验，如羞愧、憎恨、厌恶等。道德属于社会历史范畴，不同时代、不同民族、不同阶级有着不同的道德评价标准。

2. 理智感

理智感是人们在智力活动过程中认识和评价事物时所产生的情感体验。对新事物的好奇心和新异感、对真理的追求和对谬误的憎恨等都属于理智感。

理智感同人认识活动成就的获得、需要的满足、对真理的追求及思维任务的解决等相联系。人的认识活动越深刻、求知欲望越强烈、追求真理的兴趣越浓厚，理智感就越强烈。理智感受社会道德观念和人的世界观的影响，它反映了每个人鲜明的观点和立场。

3. 美感

美感是人们根据一定的审美标准评价事物时所产生的情感体验。它是由具有一定审美观点的人对外界事物的美进行评价时所产生的一种肯定、满意、愉悦、爱慕的情感。人的审美标准既反映事物的客观属性，又受个人思想观点和价值观念的影响。优美的自然风光、高尚的道德行为会给人带来美感；而不同文化背景、不同民族、不同阶层的人对美的评价也各不相同。

想一想

请同学们观看《大美中国》视频，感受大自然的奇妙，说说你有什么感受。

四、情绪情感在学前儿童心理发展中的作用

（一）情绪情感是学前儿童适应生存的重要心理工具

学前儿童从出生开始，就要在适应中生存。学前儿童通过情绪信息向成人传递着各种需要。他们用哭声反映身体的不适，用微笑反映舒适、愉快，引起父母对他的关注和疼爱。学前儿童所表现出的这些情绪情感最能激起父母无微不至的关怀和积极的情感回应，这些回应会促使学前儿童的身心健康发展。

（二）情绪情感是学前儿童心理活动的激发者

研究表明，情绪情感对学前儿童的心理活动具有明显的动机作用。学前儿童心理活动的情绪色彩非常浓厚，情绪直接指导着学前儿童的行为。学前儿童在愉快的情绪下，做什么事都积极，反之则不爱动、不爱学。

案例链接

心语准备将大大的木板车运上山坡，开始她用双手向上抬木板车，车贴着地面一动不动，然后心语更换了方法，将车放在地面上从后面向山顶推，可是车推到山腰处就停住几乎要滑下去了。最后她是在同伴的帮助下才将车运到山顶的。回来后老师和心语交谈，她总结了运车失败的原因——山是斜的路不平，同时表示明天要继续挑战运车。第二天游戏时，心语发现人背对山顶，抬起车的前边双手向上倒着拉可以把车拉到山顶，经过反复尝试心语终于掌握了运木板车上山的方法。心语在游戏故事中记下了自己成功后的喜悦心情。

想一想：心语在运车挑战游戏中有哪些情绪情感体验呢？

分析提示：心语在游戏时具有积极的情绪，这使她面对失败不泄气，保持继续挑战的意愿，从中可以看出学前儿童在积极情绪影响下心理活动的过程，及情绪对学前儿童发展的重要影响。

（三）情绪情感推动、组织学前儿童的认知加工

情绪情感对学前儿童的认知活动起着或推动、促进，或抑制、延缓的作用。不论是感知、记忆，还是注意、思维，都在很大程度上受学前儿童情绪情感的影响，受其制约、调节。

许多心理学家的实验研究都证明了情绪对认知的组织作用。结果表明，学前儿童不同的情绪状态对其智力操作的影响具有显著的差别，具体表现在以下几个方面：

（1）在外界新异刺激的作用下，学前儿童的情绪会在愉快与惧怕之间浮动。

（2）愉快的情绪有利于学前儿童的智力操作及其效果，而痛苦、惧怕等情绪会对学前儿童的智力操作产生不良影响。

（3）同一情绪在不同唤醒水平下对智力操作的影响不同，过高或过低的情绪唤醒水平不如适中的唤醒水平，后者才能使操作效果达到最佳。

（4）愉快情绪的唤醒差异与操作效果之间呈倒“U”形关系，即适中的愉快情绪能使智力操作效果达到最优，这时起核心作用的是兴趣。

（5）痛苦、惧怕情绪的唤醒差异与操作效果间呈直线相关，即痛苦、惧怕情绪越强烈，操作效果越差，操作效果随情绪强度的增加而下降。

（四）情绪情感是学前儿童人际交往的有力手段

表情作为情绪的外部表现，是学前儿童与成人交往的重要工具之一。表情包括面部表情、肢体表情和言语表情。新生儿几乎完全借助面部表情、动作、姿态及声音等与成人沟通，使成人了解他的各种需要，给他情感上的抚慰。直到幼儿期，表情仍然是一种重要的交流工具，它和言语一起共同实现着幼儿与成人、幼儿与同伴间的社会性交往。许多研究表明，情绪是幼儿维持正常社会关系的必要手段。

（五）情绪情感促进学前儿童意识的产生和个性的形成

情绪作为一种主观体验，为意识提供最初的来源和成分。学前儿童最初的情绪体验就是最初的意识。学前儿童对自身积极的情绪体验，如由操作成功得到的自豪感、由他人喜爱得到的被爱感，能促使其形成积极的自我形象和肯定性的自我评价；而对自身消极的情绪体验则会促使其产生否定性的自我评价。

> **案例链接**
>
> 被强迫的交往

学前儿童情绪和情感对个性的形成也有很大影响。学前期是个性形成的奠基时期。学前儿童在与不同人、不同事物的接触中，受成人的不同态度和交往方式的影响，逐渐形成了对不

同人、不同事物的不同情绪态度；学前儿童经常受到特定环境刺激的影响，反复体验同一情绪状态，这种状态会逐渐稳固下来，形成稳定的情绪特征，而情绪特征正是性格结构的重要组成部分。

任务二　学前儿童情绪情感的发生与发展

想一想

人们常说，孩子的脸像六月的天，说变就变。刚刚伤心的眼泪还挂在脸上，转眼间又和小伙伴们有说有笑了。这反映出学前儿童情绪情感的哪些特点呢？

一、婴儿情绪情感的发生与发展

想一想

新生儿有情绪反应吗？

观察和研究普遍表明，初生的婴儿就有情绪反应。如新生儿或哭，或安静，或四肢舞动等，都可以称为原始的、基本的情绪反应。学界普遍认为，原始的、基本的情绪是进化来的，是天生的、本能的反应。这种情绪反应与生理需要是否得到满足有直接关系。

新生儿和别人的交往，主要是通过表情来实现的。出生后第一个月内，婴儿逐渐能和母亲“用眼睛对话”，或称眼神交流。在吃奶时，他的眼睛会时不时地看看母亲。新生儿的笑，更多属于生理性的笑。新生儿更多的情绪表现是哭，其中生理性的哭占多数，他们用哭来反映身体的各种不舒服，如渴了、饿了、困了和由于刺激太多而疲劳等。原始情绪可以分为许多种类，行为主义创始人华生提出人天生的情绪反应有怕、怒、爱三种。

婴儿在出生一段时间后，在成熟和后天环境的作用下，情绪不断分化。例如，2～3 个月的婴儿，产生了与成人接触的社会性需要，有人逗他玩时就咯咯笑，社会性微笑的产生是婴儿情绪社会化的一个重要标志；6～7 个月的婴儿对亲人非常依恋，尤其是对母亲，母婴依恋的形成是婴儿情绪社会化的另一个重要标志；7～8 个月的婴儿，由于母婴依恋的建立，能很好地区分母亲和陌生人，陌生人的出现会引起婴儿的恐惧和焦虑，甚至会使婴儿大哭，这种反应称为“陌生人焦虑”。

1 岁以后，随着适应环境能力的增强，婴儿肯定情绪增多并开始超过否定情绪。3 岁左右的婴幼儿，开始出现比较复杂多样的社会化情感，但由于控制能力差，容易受到外界环境刺激的影响，其情感体验肤浅、易变。

知识扩展

婴儿依恋的发展

1. 依恋发展的阶段

第一阶段：无差别的社会反应阶段（0～3 个月）。

这个时期婴儿对人的反应的最大特点是不加区分，无差别，对所有人的反应几乎都是一样的，喜欢所有人，听到任何人的声音都高兴，看到任何人的脸都会注视。此时的婴儿还没有产生对任何人包括母亲的偏爱。

第二阶段：有差别的社会反应阶段（3～6 个月）。

这时婴儿对人的反应有了区别，对母亲更为偏爱。此时婴儿对母亲和其他熟悉的人及陌生人的反应是不同的。在母亲面前表现出更多的微笑、咿呀学语、依偎，而在其他熟悉的人或家庭成员面前这些反应相对少一些，在陌生人面前就更少，但依然有所反应。

第三阶段：特殊的情感联结阶段（6 个月～3 岁）。

从 6、7 个月起，婴儿对母亲的存在特别关切，特别愿意与母亲在一起，与母亲的接近会使他特别高兴，当母亲要离开时则会哭喊不让母亲离开，别人也不能代替母亲使他高兴起来。当母亲回来时，婴儿会立刻高兴起来。母亲在身边时，婴儿能安心地玩，探索周围环境，好像母亲是他的安全基地。婴儿在这时出现了明显的对母亲的依恋，形成了专门的对母亲的情感联结。同时，婴儿对陌生人的态度也有很大变化，见到陌生人不再微笑，不再咿咿呀呀，而是紧张、不安、恐惧甚至哭泣，出现怯生现象。

2. 依恋的类型

虽然婴儿普遍能对母亲形成依恋，但不同的婴儿的依恋性质有所不同。美国心理学家安因斯沃斯利用陌生情境实验法进行研究，将婴儿的依恋分为安全型、回避型和反抗型三种。

如图 9-1 所示，在实验中，安因斯沃斯将婴儿和母亲与一个陌生人安排在实验室里，分别观察婴儿与母亲在一起、与陌生人在一起、与母亲和陌生人同时在一起等情况下的情绪和

图 9-1　陌生情境实验

行为反应，以作为判断婴儿依恋性质的指标。

（1）安全型。这类婴儿与母亲在一起时，能安逸地玩弄玩具，并不总是依偎在母亲身旁，只是偶尔需要靠近或接触母亲，更多的是用眼睛看母亲、对母亲微笑或与母亲有距离地交谈。母亲在场时婴儿感到足够安全，能在陌生的情境中进行积极的探索和操作，对陌生人的反应也比较积极。当母亲离开时，婴儿操作和探索行为受到影响，明显地表现出苦恼、不安，想寻找母亲。当母亲回来时，婴儿会立即寻求与母亲的接触，并很容易受到抚慰进而平静下来，继续做游戏。这类婴儿约占65%～70%。

（2）回避型。这类婴儿对母亲在不在场都无所谓，母亲离开时，他们并不反抗，很少有紧张不安的表现；当母亲回来时，也往往不予理睬，表示忽略，自己玩自己的，有时也会欢迎母亲回来，但只是短暂的，接近一下就又走开了。因此，实际上这类婴儿对母亲并没有形成特别密切的情感联结。这类婴儿约占20%。

（3）反抗型。婴儿每当母亲将要离开时就显得很警惕，母亲离开时表现得非常苦恼，极度反抗，任何一次短暂的分离都会引起他们的大喊大叫。但是当母亲回来时，他们对母亲的态度又是矛盾的，既想和母亲亲近、接触，但又反抗与母亲的接触。所以当母亲想要抱抱他们时，他们会生气地拒绝、推开母亲。但如果要他们重新回到游戏中去似乎又不太容易，他们会不时地朝母亲这里看。这类婴儿约占10%～15%。

二、幼儿情绪情感的发生与发展

想一想

当询问幼儿喜欢老师的原因时，小班幼儿会说老师眼睛大、声音好听等，随着年龄的增长，大班幼儿会说老师爱我、照顾我、教我本领等。这体现了幼儿情绪情感发展的什么特点呢？

（一）情绪情感的社会化

学前儿童最早出现的情绪是与生理需要相联系的，随着年龄的增长，其需要不断发生变化，逐渐与社会性需要相联系，这是学前儿童情绪社会化的过程。社会化是幼儿期情绪情感发展的一个主要趋势，主要表现在以下三个方面。

1. 引起情绪反应的社会性动因不断增加

1岁以内婴儿的情绪主要由生理需要引起，是与其基本生活需要是否得到满足相联系的。1～3岁婴儿的情绪反应除了与生理需要相关，还与社会性需要密切相关，如想要自己吃东西、独立行走等。引起3～4岁的幼儿情绪的动因由主要为满足生理需要向主要为满足社会性需要过渡。5～6岁幼儿社会性需要越来越多且越来越强烈，他们希望被人注意、重视、关爱，渴望与别人交往。因此，幼儿的社会性交往和人际关系对幼儿情绪情感影响很大，是其情绪情感产生的最主要动因。

2. 情绪中与社会性交往有关的内容不断增加

随着年龄的增长，在学前儿童的情绪活动中，涉及社会性交往的内容不断增加。

例如，一项研究发现，学前儿童交往中的微笑可以分为三类：第一类，学前儿童自己玩得高兴时的微笑；第二类，学前儿童对幼儿教师的微笑；第三类，学前儿童对小朋友的微笑。这三类微笑中，第一类不是社会性情感的表现，后两类则是社会性情感的表现。该研究所得 1 岁半和 3 岁学前儿童三类微笑的次数比较如表 9-2 所示。

表 9-2 1 岁半和 3 岁学前儿童三类微笑的次数比较

年龄	自己玩得高兴时的微笑		对幼儿教师的微笑		对小朋友的微笑		总数	
	次数	占比（%）	次数	占比（%）	次数	占比（%）	次数	占比（%）
1 岁半	67	55.37	47	38.84	7	5.79	121	100
3 岁	117	15.62	334	44.59	298	39.79	749	100

从表 9-2 中可以看出，学前儿童从 1 岁半到 3 岁，非社会性微笑的占比下降，社会性微笑的占比则不断增长。

3. 情绪表现不断社会化

表情是情绪的外部表现，表情提供的信息，对学前儿童与成人的社会性交往起着非常重要的作用。学前儿童表情社会化的发展主要包括两个方面：一是理解（辨别）面部表情能力的发展，二是运用社会化表情手段能力的发展。研究表明，小班幼儿已经能辨别别人高兴的表情，对愤怒表情的识别能力则大约从中班开始发展。

（二）情绪情感的丰富和深刻化

从学前儿童情绪情感所指向的事物来看，其发展趋势是越来越丰富和深刻的。

1. 情绪情感的丰富

学前儿童情绪情感的丰富主要表现在两个方面：一是情绪体验不断分化。例如，刚出生的婴儿只有少数几种情绪，随着年龄的增长，情绪不断分化、增加。二是引起情绪体验的动因不断增多。随着学前儿童年龄的增长，先前有些不引起学前儿童情绪体验的事物，引起了情绪体验。例如，2～3 岁的学前儿童不太在意小朋友是否和他一起玩，而 3～6 岁的学前儿童对于小朋友的孤立、不和他玩会非常伤心。

2. 情绪情感的深刻化

学前儿童情绪情感的深刻化表现为，情绪情感从指向事物的表面现象转化为指向事物的内在特征。如婴儿对父母的依恋主要是由于父母能满足他的基本生活需要，而年长幼儿对父母的依恋则包含了对父母的尊重和爱戴等。

（三）情绪情感自我调节能力的提高

1. 情绪的冲动性减弱

学前儿童常常处于激动的情绪状态，其情绪来势强烈，不能自制。年龄越小，这种冲动性越明显。例如，一个学前儿童因为某件事高兴地拍桌子，周围的学前儿童也会跟着拍，而且情绪和第一个拍桌子的学前儿童一样强烈；一个学前儿童喊“园长妈妈好”“阿姨好”，其他学前儿童也会跟着喊，声音一个比一个大。学前儿童的情绪冲动性还常常表现为用过激的动作和行为表现自己的情绪，如想要一个玩具，得不到就会大哭大闹，短时间内不能平静下来。

随着年龄的增长、言语的发展，学前儿童逐渐学会接受成人的语言指导，学会调控自己的情绪，冲动性逐渐减弱。因此，成人经常对学前儿童进行教育和提出要求以及学前儿童在集体生活中学习和成长，都有利于他们逐渐养成控制自己情绪的能力，减少冲动情绪。

2. 情绪的稳定性增强

学前儿童的情绪是非常不稳定的，容易变化。这主要与两个因素有关：一是情境性。学前儿童的情绪常常被外界情境所支配，某种情绪往往随着某种情境的出现而产生，又随着这种情境的变化而消失。如当学前儿童得不到喜爱的玩具而大哭时，成人递给他一块糖，他就立刻笑起来。这种“破涕为笑”的现象，在小班尤为明显。二是受感染性。学前儿童的情绪非常容易受周围人情绪的影响。如看到幼儿教师因为一名学前儿童捣乱生气了，其他学前儿童也会跟着生气。

大班幼儿情绪的稳定性逐渐增强，情境性和受感染性逐渐减弱，但仍然容易受亲近的人，如父母和幼儿教师的感染。因此，父母和幼儿教师在学前儿童面前必须注意控制自己的不良情绪。

案例链接

子轩，男孩，5岁。在游戏交流分享时，老师请小朋友举手发言，老师的问题刚说完，班里很多小朋友都举手了，子轩也是其中之一，最终老师选择了其他小朋友回答，但也明确指出，小朋友还有机会表达自己的想法。这时，子轩“哼”了一声，低下头，手摆弄着衣带，不再理睬接下来的分享内容，老师发现了他的异常，第二个问题便点名让子轩回答，可是子轩还是低着头，依然生着气，其他小朋友则交流得很热烈。当老师说到他感兴趣的“如何做出可以拉动的小车”时，子轩再次参与到分享中，他详细地介绍自己的小车有哪些功能、自己是怎样操作的。接下来的分享中，子轩不再生气了，脸上出现了笑容，他积极倾听小朋友的分享，和小朋友一起讨论，直到活动结束。

想一想：子轩在游戏中的变化给你什么启发？

分析提示：交流分享时渴望成为第一个分享的人，当意愿没有得到满足时幼儿出现情绪波动，产生消极情绪，不参与、不关注；当又有新的内容引起幼儿兴趣时，其情绪由消极向积极转化，从中可以看出幼儿情绪不稳定，以及情绪转移的速度较快。当幼儿出现不稳定情绪时，幼儿教师可以通过分散注意力、转移话题、引发新兴趣等方法，引导幼儿情绪的转换。

3. 情绪由外显到内隐

婴儿期和幼儿初期的学前儿童，还不能意识到自己情绪的外部表现。他们的情绪完全表露于外，丝毫不加以控制和掩饰。学前儿童情绪外显的特点有利于成人及时了解他们的情绪，给予正确的引导和帮助。但是，控制、调节自己的情绪是正常进行社会交往的需要，随着言语的发展和心理活动有意性的发展，学前儿童逐渐能够调节自己的情绪及其外部表现。比如，到了幼儿晚期，学前儿童在不愉快的时候也可以不哭。这个阶段，情绪已经开始具有内隐性，成人要细心观察和了解学前儿童内心的情绪体验，给予正确的指导和培养。

案例链接

静怡的情绪

（四）高级社会情感的发生与发展

随着认知能力的不断提高，幼儿的高级社会情感也在不断地发生和发展。

1. 道德感的发展

道德感是由自己或别人的举止是否符合社会道德标准引起的情感。3 岁前的婴儿只有某些道德感的萌芽。3 岁后，学前儿童在集体生活中掌握了各种行为规范，道德感逐渐发展起来。小班幼儿的道德感主要指向个别行为，往往由成人的评价和态度引起。成人表扬了学前儿童某种行为，他就高兴并继续表现；如果批评了学前儿童某种行为，他就不高兴并停止表现。中班幼儿比较明显地掌握了一些概括化的道德标准，他们开始把自己或别人的行为与规则相联系，会主动产生某种道德体验。中班幼儿不但关心自己的行为是否符合道德标准，而且开始关心别人的行为是否符合道德标准，由此产生相应的情感。例如，当他们看见小朋友违反规则时，就会产生不满情绪，出现“告状”现象，这就是由道德感激发出来的一种行为。大班幼儿的道德感进一步发展和复杂化，不仅仅表现在对具体行为的是非体验上，还表现在对广泛的观念的体验上，开始形成爱劳动、爱集体、爱家乡等情感体验。他们对好与坏有着显著不同的情感。这个年龄阶段学前儿童的道德感已经有了一定的稳定性。

案例链接

从春暖花开的四月，到骄阳似火的六月，幼儿园开展了一系列爱党、爱祖国的主题活动，浩宇和爸爸妈妈、爷爷奶奶一起翻看老照片，听黑白照片里的故事，感受过去生活的不易；在小剧场里，他还和小朋友们一起观看红色电影《闪闪的红星》，看电影时，浩宇随着故事情节的发展时而愤怒、时而激动，浩宇和小朋友们一起为小英雄潘冬子的勇敢与智慧欢呼。从这天起，浩宇不但喜欢上了唱《红星歌》，还会每天在音频软件里听老师录制的经典红色故事。幼儿在交流中常常会提到王二小、海娃等抗日小英雄的故事，就连在建构游戏中也出现了小英雄英勇制敌的角色游戏。幼儿常常自豪地感叹说：“我是中国人!”

想一想：小朋友为什么会不自觉地表达出“我是中国人”的自豪感呢？幼儿园的爱党、爱国主题活动对幼儿的爱国情感有着怎样的影响？

分析提示：幼儿园一系列的爱党、爱国主题活动，让学前儿童在过去与现在生活的对比中，感受到了祖国发展带来的巨大变化，让学前儿童心中这颗爱党、爱国的种子生根发芽，让红色基因薪火相传。

案例链接

中国有一项传统习俗，在临近新年的时候，每家每户都会进行大扫除，称为扫尘或除尘。除尘有着祛除病疫、祈求新年安康的美好寓意。

在新年即将到来之际，大班幼儿决定一起动手大扫除，让班级变得干净又漂亮！大家主动协商，自由分组，选择不同的劳动任务：扫地、擦桌椅、擦门、擦窗台、整理玩具架、清洗抹布……所有人都十分认真地劳动着，脸上挂着笑容，如图 9－2 所示。在大家的齐心协力下，班级焕然一新！

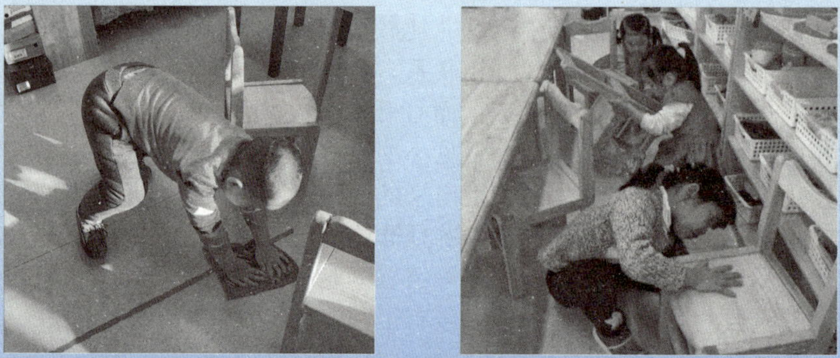

图 9－2　幼儿体验劳动的快乐

想一想：幼儿了解劳动的原因吗？他们是怎样开展劳动的？这次劳动能够带给他们哪些情感收获？

分析提示：根据日常生活经验，大班幼儿知道了在春节前夕要大扫除，他们爱自己的幼儿园和班级，所以也按照传统习俗，一起分工、合作，对班级进行了大扫除。在劳动过程中，该班幼儿体验到了爱集体、爱劳动、和同伴互助友爱等道德感。

2. 理智感的发展

理智感是人类所特有的高级情感，它与人的求知欲、解决问题的需要等相联系。

幼儿理智感的产生，在很大程度上受环境和成人培养的影响。一般来说，5 岁左右的幼儿这种情感会明显地发展起来，突出表现为很喜欢提问题，会因为提问和得到满意的回答而感到愉快。与此同时，学前儿童还喜欢进行各种智力游戏，如拼图、下棋、猜谜语、搭建大型建筑物等需要动脑筋解决问题的活动。这些活动不仅能满足他们的求知欲和好奇心，还有助于促进理智感的发展。

3. 美感的发展

美感是人对事物审美的体验。学前儿童对美的体验，与其认知能力的发展是分不开的，是一个逐步发展的过程。学前儿童从小就喜欢色彩鲜艳、声音悦耳的事物，以及清洁整齐的环境。研究表明，新生儿已经倾向于注视端正的人脸，而不喜欢观看五官凌乱颠倒的人脸。这是学前儿童喜欢美好事物的表现，抑或是美感的萌芽。在环境和教育的影响下，学前儿童逐渐形成审美的标准。比如，学前儿童对于玩具、图书摆放整齐产生快感，对拖着长鼻涕脏兮兮的样子感到厌恶。同时，他们也能够从人们的服装穿着、环境的布置，以及从事的音乐、舞蹈、美术等艺术活动中体验到美，并且对美的评价标准也逐渐提高，从而促进美感的发展。

任务三　学前儿童情绪情感的培养策略

学前儿童情绪情感的培养主要包括积极情绪情感的培养和消极情绪情感的疏导与转移两个方面。情绪情感的产生与需要相关：当需要得到满足时，学前儿童获得积极的体验；当需要得不到满足时，则获得消极的体验。但并非学前儿童所有的需要都会得到满足，所以学前儿童需要具备一定的自我调节和排除消极情绪情感的能力。

一、学前儿童积极情绪情感的培养

（一）提供良好的生活和精神环境

良好的生活环境，合理的、有规律的生活作息制度，以及充满肯定的情绪情感气氛，不仅有利于学前儿童身体健康和良好行为习惯的养成，而且有助于学前儿童保持情绪的稳定。在这样的环境中生活和学习，学前儿童会感到安全和愉快，产生亲切感，易于接受要求。因此，无论是家长还是幼儿教师都应为学前儿童创造良好的生活环境，合理安排学前儿童的一日生活，使学前儿童时时刻刻都处在欢乐愉快的氛围中，促进学前儿童积极情绪情感的形成。在为学前儿童创设精神环境方面，成人必须注意自己的教育态度，和颜悦色、和蔼可亲的态度会感染学前儿童并形成宽松愉快的环境气氛；成人若经常呵斥学前儿童，就会让他们时刻处于紧张压抑状态，从而产生消极的情绪情感。

（二）树立科学的教养理念，提供良好的情绪情感示范

成人在学前儿童的教育、管理方面应树立科学的教养态度。幼儿教师和家长要随时以亲切的微笑、和蔼的面孔出现在学前儿童面前，跟他们亲切地交谈，适度地进行抚摸、搂抱等，让他们获得愉快、积极的情绪情感体验；公平合理地对待学前儿童，满足其提出的合理要求，坚持正面教育，既不能恐吓、威胁学前儿童，也不能溺爱或过分严厉地对待学前儿童；关注学前儿童的爱心教育，培养学前儿童的爱心和同情心等。

由于学前儿童的情绪易受感染、模仿性强，因此成人的情绪情感示范非常重要。家长和幼儿教师在日常生活中所表现出的积极热情、乐于助人、关爱老幼等良好的情绪情感，对学前儿童良好情绪情感的发展会起到潜移默化的促进作用，反之则会造成不良后果。幼儿教师和家长要以身作则，为学前儿童树立良好的情绪情感榜样。

（三）开展游戏或主题活动，促进学前儿童健康情绪情感的发展

游戏是学前儿童最喜爱的活动。在游戏中学前儿童可以自由地宣泄自己的情绪情感，不受真实活动的条件限制，充分地展开想象的翅膀，从事自己向往的各种活动，从而获得心理的满足，产生积极愉快的情绪情感。绘画、玩泥、玩水、玩沙、唱歌、跳舞等都可以使学前儿童充分表达自己不同的情绪情感，使学前儿童感到轻松愉快。学前儿童由于年龄小，还不能完全理解自己身边发生的事情，不可避免地会产生某种程度的焦虑或不满，而游戏正好可以使学前儿童从这些不愉快的情绪中得以释放和解脱，有利于其积极情绪情感的发展。

案例链接

游戏中，中班的一个女孩想当“理发师”，而别人不愿意带她一起玩，她一个人偷偷地哭泣。

想一想：此时，幼儿教师应该怎样做？

分析提示：幼儿教师应该先稳定她的情绪，让她说出不高兴的原因，然后帮她分析自己的情绪，让她知道遇到事情生气、哭是没有用的，最后引导她克服不良情绪，想出解决问题的方法。小女孩经过思考，想到了自己先当“顾客”，然后跟同伴商量轮流当“理发师”的方法。这使她顺利地参与到了同伴的游戏中，情绪也逐渐变得愉快、积极起来。

（四）通过文学艺术作品培养学前儿童的高级情感

文学艺术作品深受学前儿童的喜爱，在培养学前儿童高级社会情感方面有着独特的作用。许多优秀的学前儿童文艺作品，人物角色形象鲜明，情节生动，富有感染力。通过对这些作品的欣赏和表演，学前儿童可以体会到丰富的情感，激发审美体验，促进美感的发展。同时，这些作品中往往具有一定的情感教育内容，如友爱、合作、诚实等，可以使学前儿童的道德感、理智感得到启发和陶冶。

（五）引导学前儿童认识自己和他人的情感

学前儿童学会认识自己和他人的情感，并学会为自己和他人的情绪情感命名，不仅可以使他们了解自己的长处和不足，还能使他们学会从他人的角度考虑问题，这样当遇到问题和挫折时，学前儿童就能比较客观地看待问题，避免消极情绪的干扰。

第一，要引导学前儿童积极认识自己的情绪情感并能够正确命名。例如，学前儿童因为最喜欢的玩具掉在地上摔坏了而伤心地哭泣，家长和幼儿教师应该共情，对他表示理解，可以说："我看到你因为最喜欢的玩具摔坏了而伤心，如果是我的玩具坏了，我想我会和你一样伤心难过。"家长和幼儿教师告诉学前儿童他此刻的情绪情感就是伤心，下一次学前儿童因为某些原因伤心时，他就会说："因为×××，我感到很伤心。"认识自己和他人的情绪情感并学会命名是调节情绪情感的前提。

第二，要培养学前儿童察言观色，告诉学前儿童如何根据语言、表情、仪表和行为等辨别他人的情绪情感，帮助他们养成对情绪情感的敏感性。

第三，要培养学前儿童控制自己情绪的能力，让他们知道不能不顾及别人的感受肆意表现自己的情绪。

第四，要让学前儿童明白，面对同一事物每个人都会有自己的看法和感受，都有表达自己喜怒哀乐的权利。例如，你喜欢吃甜食，但别人不一定喜欢；你讨厌钢琴，但也有人喜欢钢琴。我们不能以自己的喜怒哀乐为标准来要求别人。

二、学前儿童消极情绪的疏导与转移

2021 年颁布的《中国儿童发展纲要（2021—2030 年）》强调："增强儿童心理健康服务能力，提升儿童心理健康水平。"健康是在精神上、身体上和社会交往上保持健全的状态。因此，学会调节自己的情绪对学前儿童的健康发展来说是十分必要的。

（一）正确对待学前儿童的消极情绪

成人往往比较乐于看到学前儿童的积极情绪，而忽视、排斥学前儿童的消极情绪，认为消极情绪对学前儿童的成长不利，他们不应该出现消极情绪。所以，当学前儿童出现消极情绪时，成人就会训斥和制止。面对成人的训斥，学前儿童往往会情绪低落，或者慢慢地隐藏自己的情绪，或者开始怀疑、否定自己的感觉和判断，变得无助。

积极的情绪体验可以使学前儿童身心愉悦，促进其健康成长；消极的情绪体验则是学前儿童面对冲突、挫折等情况的一种正常反应，可以促使学前儿童不断改进自己的行为，重新思考和行动。幼儿教师和家长要学会正确对待学前儿童的各种情绪，不论是积极的还是消极的情绪，学前儿童都有感受的权利。因此，当学前儿童出现消极情绪时，幼儿教师和家长不能一味地斥责或简单地制止，而应以此为教导学前儿童的契机，真诚地接纳、认可它。

（二）传授学前儿童恰当的情绪表达方法，帮助学前儿童及时疏导和转移不良情绪

每个学前儿童在生活中都有可能发生冲突、遇到挫折，从而表现出不良的情绪反应。家长和幼儿教师一定要充分理解和正确对待学前儿童的发泄行为，不要让学前儿童幼小的心灵总是受到压抑；并且要为学前儿童创设发泄不良情绪的环境和情境，引导学前儿童掌握多样化的发泄方法并学习自我疏导。

1. 转移法

学前儿童的注意力相对较弱，注意某一事物的时间相对较短。因此，当学前儿童对某件事具有不良情绪反应的时候，成人可以将学前儿童的注意力转移到令他们高兴的事情上，如看电视、做游戏、玩玩具，也可以讲一些笑话或以前发生的快乐或幽默的事，使学前儿童的情绪重新变得愉快起来。

案例链接

2 岁半的乐乐和妈妈一起逛公园，看到各种各样的游乐玩具，便不想走了，哭闹地叫着："妈妈，我想坐摇摇车……"妈妈抱着乐乐转向池塘，对他说："前面的池塘里有许多红鲤鱼呀，我们快去看看！"接着乐乐的目光就被红鲤鱼吸引住了，忘了要坐摇摇车的事。

想一想：乐乐妈妈采用了哪种方法帮助乐乐及时疏导和转移不良情绪？

分析提示：乐乐妈妈采用了转移法。2 岁半的婴儿以无意注意为主，容易被新异的、感兴趣的事物所吸引，妈妈正是利用了这一点，成功地将乐乐的注意从游乐玩具转移到池塘中的红鲤鱼上。

这种转移注意的方法有时候并不奏效，往往是由于成人之前只是为了哄学前儿童，之后就忘记了自己的许诺，以后学前儿童就不再"受骗"了。对于 4 岁以后的学前儿童，当他处于情绪困扰之中时，成人可以尝试用精神的而非物质的转移方法。

2. 冷却法

当学前儿童情绪十分激动时，成人可采取暂时置之不理的办法，让他自己慢慢平息激动的情绪，等学前儿童情绪平静下来后再对其讲道理，他更容易接受。当学前儿

童处于激动状态时，成人切忌跟着激动起来。

3. 消退法

消退是指条件反射形成之后，如果得不到强化，条件反应就会逐渐削弱直至消失。当学前儿童形成了企图通过表现某种不良情绪达到目的的心理时，成人可以用消退法，即对学前儿童的情绪失控不予理睬。例如，学前儿童吵着要买玩具，甚至在地上打滚，父母一直坚持不劝说、不争吵，也不满足其无理要求，让学前儿童感到父母并不在意他的这些行为，从而意识到他的哭闹行为是无用的，最后其不良行为就会逐渐消退。

（三）帮助学前儿童掌握调节自己情绪的方法

1. 反思法

成人可以让学前儿童想一想自己的情绪表现是否合适。比如，在自己的要求不能得到满足时，想想自己的要求是否合理。

案例链接

3岁的土豆因为搭建玩具时发生了倒塌，情绪变得激动起来，他把所有的积木推倒，一块块到处扔。妈妈让土豆冷静一下，于是先走开了。过了一会儿，土豆平静了下来。妈妈来到土豆身边并对他说："土豆，你刚才发脾气是因为看到高楼大厦倒了，非常沮丧吧？"土豆点点头。"那你通过扔积木的方式发脾气，高楼大厦能回来吗？"土豆小声说："不能。""所以，发脾气对解决问题毫无帮助。我们把积木都捡回来，再一起搭高楼大厦好吗？"土豆很顺从地和妈妈一起捡积木，重新搭建高楼大厦。

想一想：土豆妈妈采用了哪种方法帮助土豆及时疏导不良情绪？

分析提示：土豆妈妈首先用了冷却法，在土豆情绪十分激动时，采取了暂时置之不理的办法，让他自己慢慢平息激动的情绪，而后通过提问让土豆进行反思，取得了较好的效果。

2. 自我说服法

自我说服法能培养学前儿童的忍耐力，避免不良情绪带来的过激行为。成人可教给学前儿童在发怒时默数"1、2、3、4……"或默念"我不发火，我能管住自己"等，暂时缓解激动的情绪，避免做出冲动的事情。

3. 想象法

当学前儿童遇到困难或挫折而伤心时，成人可以引导学前儿童想象自己是个"大姐姐""大哥哥""男子汉"，让学前儿童勇敢起来。

案例链接

3岁的壮壮很喜欢蹦蹦跳跳，一天在户外游戏时，他不小心摔倒了，摔伤了腿，但是他没有哭，而是自己站起来走到老师身边说："我是男子汉，我要像解放军战士那样勇敢，不能哭！"

想一想：壮壮采用了哪种方法调节自己的情绪？

分析提示：乐乐采用了想象法，将自己想象成解放军战士，鼓励自己遇到困难不能轻易低头和放弃，要勇敢面对。

4. 诉说法

每个学前儿童在生活中都会有消极情绪，家长和幼儿教师可以通过多种方式为学前儿童提供机会诉说自己心中的感受，引导学前儿童表达自己的情绪情感并积极面对、解决问题。例如，在学前儿童因与同伴争执而产生愤怒、悲伤等情绪反应时，幼儿教师要支持、鼓励他们充分表达自己的感受，耐心倾听他们的解释，这样有利于学前儿童及时排解消极情绪，以平和的心态面对矛盾，积极寻求解决问题的办法。

（四）引导学前儿童缓解过度焦虑的情绪

针对学前儿童的过度焦虑，幼儿教师和家长要引起注意，要分清学前儿童焦虑的原因，对症下药。

1. 缓解入园焦虑

家长要在学前儿童入园之前为学前儿童做好一定的交往准备。如在入园前要有计划地扩大学前儿童的交往范围和活动空间，帮学前儿童找玩伴，让他多和其他学前儿童接触，引导学前儿童主动和他人交往。家长之间也要多接触，以帮助学前儿童建立良好的人际关系和社会关系，初步建立交往的信任感和安全感。

2. 缓解期待性焦虑

期待性焦虑多是由于家长对学前儿童的期望过高，超过了学前儿童的实际能力，而学前儿童无法达到家长的期望，担心受到家长的责备而产生的。如很多家长会横向比较，总是夸奖别人的孩子，对自己的孩子提出更高的要求。家长要实事求是，从孩子的兴趣出发，多给孩子鼓励而不是提出过高的期待和要求。

此外，成人还可以运用音乐法和游戏法来缓解学前儿童的焦虑。焦虑的学前儿童不适合做安静的活动，因为安静的环境很容易勾起他们伤心的情绪，所以成人需要多组织一些令他们开心愉快、情绪兴奋的活动，从而转移他们的注意力。"玩"是学前儿童的天性，为吸引学前儿童的注意力，幼儿教师可增添户外活动，让学前儿童体会大自然的魅力，缓解自身的焦虑情绪。

任务测验

1. 训练目标

(1) 能够结合教学活动，初步辨别和分析教学和生活中学前儿童的情绪情感。

(2) 能够为学前儿童提供良好的情绪情感示范，并掌握疏导与转移学前儿童不良情绪的方法。

2. 训练内容

(1) 结合学前儿童情绪情感教育案例，分析如何疏导与转移学前儿童的不良情绪。

(2) 以小组为单位设计一个促进学前儿童积极情绪情感发展的游戏方案。

3. 训练评价

(1) 能用客观的语言描述学前儿童情绪情感发展的特点，选择适当的方法疏导与转移学前儿童的不良情绪，语言表达清晰、准确，逻辑性强。(20 分)

(2) 能小组分工合作，共同制定促进学前儿童积极情绪情感发展的游戏方案。(20 分)

(3) 能顺利实施促进学前儿童积极情绪情感发展的游戏方案。(30 分)

(4) 能总结、概括游戏实施的效果，并根据游戏效果进行反思和方案的改进。(30 分)

项目十　学前儿童意志的发展

学习目标

知识目标

1. 明确意志的概念、特征及意志行为的主要心理成分。
2. 掌握学前儿童意志发展的特点。

能力目标

1. 能够根据不同年龄阶段学前儿童的意志发展特点组织开展教育活动。
2. 能够运用所学的知识培养学前儿童良好的意志品质。

素养目标

1. 意识到意志品质的培养是学前儿童教育的重要内容之一。
2. 正确认识学前儿童意志发展的表现及特点，形塑尊重学前儿童意志发展规律的儿童观。
3. 意识到红色文化在学前儿童意志品质培养中的重要价值。

幼儿故事

在幼儿园操场上的大型建构区里，有木板、梯子、轮胎等丰富的游戏材料可供幼儿自由选择。大班幼儿在户外游戏时，铄铄、凯凯和霖霖三名幼儿商量着今天玩什么游戏。凯凯最近参观了军事博物馆，对大炮十分感兴趣，所以提议搭建“大炮”。三名幼儿达成一致后，在老师的提示和帮助下绘制了计划图，然后开始行动起来。搭建过程中，他们顺利地找到了竹筒梯子当“炮筒”，但是还需要一个稳定的底座架起“炮筒”才行。三名幼儿一直都在调整、更换能够支撑的材料，老师适时提醒他们思考“哪个地方觉得不好搭”“梯子不稳定怎么办”。他们先是放了一个塑料框，发现支撑度不够，又增加到两个，但还是不行，然后换成轮胎试了试，轮胎支撑度够了但不稳定，于是他们又想到在轮胎两边垫上木块，果然稳定了！搭建完成后，三名幼儿露出骄傲的笑容，开心地玩起了“大炮”，如图 10 - 1 所示。

图 10 - 1　三名幼儿搭建“大炮”

想一想：铄铄、凯凯和霖霖三名幼儿如何成功地玩起了“大炮”的游戏呢？

分析提示：铄铄、凯凯和霖霖三名幼儿首先确定了搭建“大炮”这一目标，行动前在老师的提示下制订了游戏计划，思考了行动的过程、方法以及对结果的预期，做出了意志行为的决策。计划执行过程中，他们经历了几次失败，克服了不平衡和支撑力度不够等困难，最终完成了“大炮”的搭建。“大炮”的游戏内容由幼儿自主发起，游戏情节由幼儿自主推进，游戏中遇到的问题也由幼儿自主解决。在这样的游戏中，幼儿的意志力、语言表达能力、社会交往能力、大肌肉动作发展等方面都得到了提升。

任务一 意志概述

一、意志的概念与特征

（一）意志的概念

意志是个体自觉地确定目的，并根据目的来控制、调节自己的行为，在行动过程中克服困难，最终实现预定目的的心理过程。

意志是人类独有的心理现象，因为它和意识有紧密的联系，也是意识能动性的集中表现，它会在人类主动调节行为的行动中表现出来。动物没有意志，它们的行为是在日积月累的自然生存过程中逐渐形成的一种本能反应，比如燕子筑巢，并没有事先进行设计，过程中也没有所谓的意志调节，整个过程都是它本能的生存反应。同样是建筑房屋，反观人类，建筑之前有思考和设计、明确的施工目标，过程中要克服风吹日晒、高空恐惧等，行动有意志的控制和调节，直到达成最终目的。人的意志产生于劳动的需求，又在劳动的过程中发展，同时又与克服困难的过程紧密相连。

（二）意志的特征

1. 目的性明确

人在行动前，会思考行动的方向、方法以及对结果的预期，有明确的目的性。当人对行动的目的有了清楚的认知后，意志便能发挥其对人行动的调节和支配功能，而行动的目的越清晰明确，目的所产生的社会价值就越大，意志行动的水平就越高。例如，“杂交水稻之父”袁隆平为让天下人都吃饱饭，一辈子扎根稻田，克服因长期泡在稻田里患上的皮炎和肠胃疾病的不适，最终创建了超级杂交稻技术体系；运动员为了能在比赛中获得奖牌为国争光，日复一日刻苦训练，一个动作每天要重复练习无数遍。

2. 以随意运动为基础，以意识调节行动

随意运动是受意识支配的运动，是实现意志行动的基础，如阅读、游泳等。我们的任何决策都必须有相应的随意运动。有了随意运动，人就可以根据目的去组织和调节一系列动作来组成复杂的行动，从而实现预定目的。

意志还表现为人的意识对行动的自觉控制与调节。例如，学生准备某个考试时，

会有意识地减少休闲娱乐的时间，反复识记知识点。这便体现了意志对行动的控制与调节。另外，意志不仅能够调节人的外部活动，也可以调节人内部的心理状态。比如幼儿在挑战“攀爬架”时，虽然内心很恐惧，但他会努力保持镇定，直至完成游戏，这就体现了意志调节人内部心理状态的功能。

3. 与克服困难的过程紧密相连

人在为达到目的和完成任务而行动的过程中，常会遇到各种困难，要克服困难就需要意志努力。克服困难是意志行动的核心，克服的困难越大、越付出努力，越能体现一个人的意志水平。

意志行动中的困难包括内部困难与外部困难。内部困难是指人自身心理上和身体上的原因造成的不利因素，比如患有病痛、悲观的情绪、自卑的性格、学识的浅薄等。外部困难是指社会环境和自然因素造成的困难，比如人为的障碍、缺乏必要的工作条件等。外部困难和内部困难是相互影响的，一般来说，外部困难通过内部困难起作用。

二、意志行为的主要心理成分

（一）动机冲突

动机是由某种对象或目标所引导，推动和保持个体活动的内部动力或内在心理过程。意志行为中的动机冲突是非常复杂的，从形式上来看，大致可以分为以下三种。

1. 双避冲突

双避冲突又称负负冲突，是动机冲突的一种，是指同时有两个可能对个体有威胁的或不利的事发生，个体都想躲避，但受条件限制，只能避开一种，而接受一种，在做抉择时内心产生的矛盾和痛苦。比如，抗日战争时期，狼牙山五壮士为掩护军队转移，将日伪军引向狼牙山棋盘陀峰顶，面对“前有断崖，后有追兵”的绝境，战士们宁死不屈，战斗到最后一刻后纵身跳下悬崖。

2. 双趋冲突

双趋冲突是指个体必须对同时出现的两个具有同等吸引力的目标进行选择时产生的难以取舍的心理冲突。例如，买玩具时妈妈只允许选一个，但是孩子同时对两辆小汽车都爱不释手，十分纠结。当两个目标对个体的吸引力接近或相同时，解决问题会比较困难；当吸引力差别较大时，解决问题就相对容易。所以，如果要解决双趋冲突，就要思考目标的轻重，选择更有价值的目标。

谈古喻今

孟子曰：“鱼，我所欲也，熊掌，亦我所欲也；二者不可得兼，舍鱼而取熊掌者也。生，亦我所欲也，义，亦我所欲也；二者不可得兼，舍生而取义者也。”在革命年代，中国共产党人为了民族独立和人民解放不惜抛头颅、洒热血，舍生取义，这是中国共产党人在面临双趋冲突时高尚意志品格的集中表现。

3. 趋避冲突

趋避冲突是指个体对于同一目标同时具有趋近和逃避的心态。例如，大学生想要参加学生会活动，又担心耽误太多时间完不成作业。又如，幼儿既想加入同伴的游戏中，又担心被拒绝，一直在原地犹豫徘徊。

想一想

在你的生活经历中，有过哪些动机冲突呢？你是如何解决的呢？

（二）意志行为的决策与执行

1. 意志行为的决策

意志行为的决策阶段一般包含以下几个环节：确定目标、制订计划、解决矛盾、做出决策等。在行动过程中，如果想要达到的目标只有一个，则一般不会产生心理冲突；但如果有多个可选择的目标，确定目标时就会产生一定的心理冲突，此时就需要意志来调节。当目标确定后，就可以制订接下来的行动方法和计划了。

选择行动方法是指个人根据所要达到的目标的外部条件与内部规律适当设计自己的行动过程。在选择的过程中也会有不同的情况：有时目标确定后，行动方法自然就确定了，不需要意志来调节；有时要达到目标，有多种方法可以选择，这就需要比较它们的优缺点以及考虑是否会影响公众利益和社会道德、是否符合客观规律，并思考可能会出现的结果，当内心犹豫不决时就需要做出意志努力。这一系列的过程既能反映出一个人的智力、经验、认知水平，又能反映出一个人的意志水平。

2. 意志行为的执行

在确定目标、选择方法、制订计划后就需要执行决策。执行决策要有更强的意志力来克服执行过程中的阻碍因素，比如个人出现消极心态；要付出大量的体力、脑力劳动；出现意料之外的新问题、新情况；出现与既定目标不相符的其他动机；新的动机、目的、手段会在心理上造成干扰；等等。在实现目标的过程中，个体在面对困难时既要有勇气和机智，又要承受心理和身体上的压力，此时，要按既定计划积极主动开展工作，运用已有经验对过程中发生的变化进行分析判断，确定克服困难的策略方法，尽力达成既定目标；同时，要努力排除周边干扰、克服困难、弥补自身的不足，根据实际情况及时做出必要的调整，对原计划进行修正，根据新的决策采取行动。

任务二　学前儿童意志的发生与发展

一、婴儿意志行为的萌芽

由于学前儿童生理和心理发育水平有限，因此他们的意志行为通常缺乏目的性，在行为过程中如果遇到阻碍就很容易改变行为，不能坚持完成，也就更不用谈自觉性了。所以，学前儿童的自觉意识性发展过程较长，在整个学前期，其意志行为都处于比较低级的水平。

8个月左右，婴儿就开始出现克服困难、排除障碍努力完成目标的行为。比如想要拿到前方的玩具，中间隔着一个垫子，此时他就会努力挪动垫子，拿到玩具。

1岁以后，婴儿会通过“尝试错误”来排除达成目标的过程中遇到的障碍。比如，玩具在前面的小毛巾被上放着，婴儿想直接拿取玩具却拿不到，在尝试的过程中偶然抓住了小毛巾被的一个角，发现了毛巾被的运动和玩具的运动之间有某种关系，于是他开始尝试拖动小毛巾被，使玩具同时接近自己，最终拿到玩具。也就是说，这是一个重复探索、放弃无用方法而保留有效方法的过程。

1岁半到2岁左右，婴儿在行动时，不仅有了较明确的目的性，而且有了明确的根据目的而决定的行动方式，过程中不再采用“尝试错误”的方法。

进入幼儿园后，幼儿园集体生活的行为准则、一日活动中的各类学习任务和游戏规则等对幼儿的意志发展都起着积极的作用，这才使得他们的意志得以真正发展。

二、幼儿意志行为的发展

随着幼儿生理的逐渐发育，以及心理过程、言语系统的逐渐发展，幼儿意志行为的发展也进入了新阶段，但由于心理活动发展水平和生理水平的限制，幼儿的意志行为还是处于发展的低级阶段。对于幼儿意志行为的发展，我们可以从以下三个方面进行观察。

（一）行为目的性逐渐增强

幼儿初期，成人外加的目的在幼儿的行为中仍然起着相当重要的作用。此时，往往是由成人提出行动要求，用具体示范和语言提示为幼儿确定行为目标，指导幼儿按照目标去行动，并且使幼儿在活动中反复实践，从而得到强化。此时，幼儿的目标在活动中能够保持 5～10 分钟。例如，幼儿教师运用手偶表演使小班幼儿对如何擦鼻涕产生了兴趣，于是在要求下，幼儿开始学习擦鼻涕的正确方法。可见，针对小班幼儿，幼儿教师要通过具体示范和语言提示（如儿歌等）使其在活动中反复实践，以实现行为目的。

幼儿中期，幼儿逐渐能自觉地提出行动目标。在成人的组织下，幼儿逐渐学会提出行动目标，开始尝试在某些活动中独立地预想行为的结果，确定任务，但是这种目的性不够稳定、不够明确，有赖于成人的帮助。这个时期的幼儿，不仅能在活动中独立地提出自己的个人目标，还能提出相当多的共同目标（约占 80%）。在活动中同时有两三个目标，但恪守一个目标的人数比幼儿初期明显增加。通常，他们的目标在活动中能保持 15～25 分钟。如中二班的刘老师组织幼儿进行区角游戏，3 个幼儿在娃娃家区角中提出了自己想要扮演的角色，并且知道符合该角色的社会期望行为是什么，如“妈妈”是要做饭的、“爸爸”是要上班的、“宝宝”在游戏。但由于中班幼儿行动的目的性不够稳定，扮演爸爸的小朋友为了玩具，可能会放弃扮演爸爸，要求当宝宝。

幼儿晚期，幼儿已经能够提出比较明确的行为目标。这个时期，他们不仅能提出个人目标，也能提出共同目标，而且在稳定的游戏兴趣的支撑下，他们的个人目标与共同目标能统一起来。大班幼儿的目标在活动中通常能够保持 35～55 分钟。如大班幼儿在进行积木建构游戏时，会通过讨论首先确定一个共同目标——搭一座大桥；同时他们又有个人目标——用自己喜欢的积木搭建。这里，他们的个人目标和共同目标是一致的。

（二）行动坚持性逐步发展

行动坚持性的发展是幼儿意志发展的主要标志。研究证明，1.5～2 岁的婴儿，已经出现了坚持性的萌芽。

3 岁幼儿坚持性发展的水平是很低的，他们在某些条件下虽然能够开始有意识地控制自己的行为，但其行为过程仍然不完全受行动目标的制约，他们时常违背成人的语言指示，或者难以使自己的行为服从成人的指示，坚持的时间极短。在实现目标的过程中，如果遇到小小的困难，或者任务比较单调枯燥，幼儿一般会放弃坚持完成任务的愿望和行动。

众多研究结果表明，幼儿的坚持性是随着年龄的增长而提高的。坚持性发生明显质变的年龄在 4～5 岁，也正是在这个年龄，外界条件对幼儿坚持性的影响最大。因此，4～5 岁是幼儿坚持性发展的关键年龄，成人应重视对这个年龄幼儿坚持性的培养。

案例链接

在“感受一分钟”活动中，彤彤老师通过游戏让大班幼儿来体验一分钟有多长。

游戏一：串珠游戏——让幼儿感受并记录一分钟的时间里自己串珠的数量。

游戏二：木头人游戏——当听到“山山水水，我们都是木头人”的“指令”后，幼儿需要摆出一个造型并坚持一分钟。游戏结束后，彤彤老师让幼儿交流感受时，悦宁说：“在串珠游戏中，我想多串几颗珠子，可是一会儿就到时间了，感觉一分钟好短。但是在木头人游戏中，我摆那个造型定住不动，我都开始摇摇晃晃了，一分钟还没到，感觉一分钟好长啊。”然然说：“我刚刚在‘一分钟’的游戏中，摆了一个单脚着地的很难的造型，可是我一动也没动地就坚持下来了。”

在讨论中，幼儿还联想到了自己在日常生活中类似的感受。潇潇说：“如果一分钟用来跳绳，可以跳好多，如果一分钟用来看书就根本来不及。”晨晨说：“我在做自己喜欢做的事情时也感觉时间走得特别快，做不喜欢的事情时就觉得时间过得非常慢，但是也得坚持完成啊。”

想一想：分析幼儿在“感受一分钟”活动中不同表现的意志行为特点。

分析提示：行为坚持性的发展是幼儿意志发展的主要标志，幼儿在串珠、木头人游戏中的行为表明他们的行为坚持性正在逐步发展，已能够有意识地控制自己的行为，但行为坚持性存在一定的个体差异。从幼儿的讨论中也能够发现，其行为坚持性与游戏的类型和自身对所做事情是否感兴趣息息相关。随着年龄的增长，他们清楚，即使是不感兴趣的事情，为了完成目标，也要坚持完成，但行为坚持性依然存在个体差异。

（三）自制力逐渐发展

自制力是意志行为的重要成分之一。幼儿在成人的教育指导下，通过与外界环境不断交往，从不自觉的行为逐渐发展为自觉的行为，逐渐克服冲动性，自制力得到了发展。但幼儿的行为还易受外界事物或情境的引诱。所以，总的来说，幼儿的自制力是比较弱的。

知识扩展

延迟满足实验

3 岁幼儿自制力很差，行为中冲动性占主导地位，言语指导和诱因对自控无明显作用，常有语言与行为脱节现象。

4 岁幼儿自制力有一定发展，诱因开始具有较明显的激励作用，但幼儿对行为的自控还很不稳定，不能很好地通过言语来调节自己的行为。

5～6 岁幼儿自制力有明显提高，开始不受周围情境的影响，对活动结果的重视程度不断提高，能比较正确地按成人要求行动。他们逐渐学会了按游戏规则活动，一般能按老师的要求进行游戏，而且能将游戏进行到底。这时他们开始能控制自己的外部行动，同时也能逐渐控制自己内部的心理过程，有意注意、有意记忆和有意想象等由此开始发展起来。

任务三 学前儿童意志的培养策略

学前期是意志力开始萌芽并初步发展的时期，因此，从小培养学前儿童优秀的意志品质会对他们的一生产生积极的、重要的影响。以下是三种常用的学前儿童意志培养策略。

一、在日常实践中培养意志力

学前儿童意志力的培养应从生活实践入手，成人既可以积极正向的方式鼓励学前儿童做好每一件小事，也可以随时创设一些机会或有挑战性的情境，使学前儿童在实践中得到锻炼。

（一）培养与学前儿童成长息息相关的良好习惯

成人要告知学前儿童“做事情要坚持不懈”“自己的事情自己做”等，比如，让学前儿童自己穿脱衣物、自己用勺子吃饭、饭前便后自己洗手、玩完的玩具自己整理并放回原位等。这些生活中的“小事”能够给学前儿童创造实践的机会，既能让他们在日复一日的锻炼中增强坚持性，又能培养他们良好的自理能力和意志力。在此过程中，如若学前儿童遇到困难，成人应及时进行指导与教育，帮助他们克服心理障碍，提高自控能力，调整情绪，以体验到成功的乐趣。

（二）鼓励学前儿童在活动中磨炼意志

鼓励学前儿童积极参加运动，通过身体锻炼来增强身体素质，同时培养其良好的意志力。在幼儿园一日活动中，幼儿教师不仅要保证每天两小时的户外活动，还可以设计一些有层次性、挑战性的运动活动，比如远足、爬高、雪中踢球等，这些活动能让学前儿童在锻炼身体素质的同时从内心克服疲劳与恐惧，增强自制力，养成良好的意志品质。

案例链接

北方冬季寒冷，但幼儿园的户外活动依然正常进行，即使是暴雪过后，零下二三十摄氏度的低温下，孩子们依然在冰天雪地中玩得不亦乐乎。而且冬季的活动也十分有趣：打雪仗、堆雪人、拉爬犁、雪中足球……每天两小时的户外时间虽然寒冷，但孩子们热情高涨，如图 10－2、图 10－3 所示。

图 10－2　冰壶游戏

图 10－3　轮胎雪车游戏

想一想： 幼儿园为什么设置丰富多彩的活动以保证幼儿每天两个小时的户外活动时间？

分析提示：《幼儿园工作规程》指出，在正常情况下，幼儿户外活动时间（包括户外体育活动时间）每天不得少于 2 小时，寄宿制幼儿园不得少于 3 小时；高寒、高温地区可酌情增减。在不同的季节，鼓励幼儿积极参加户外运动，通过户外活动可以锻炼身体，增强体质，也能起到培养自制力、增强意志坚韧性的作用。

二、在游戏活动中培养意志力

游戏活动是学前儿童的主要学习和活动形式。研究发现，学前儿童良好的意志品质只有在多样的游戏活动中、在反复克服困难的实践活动中才能逐渐养成。学前儿童的意志力需要通过具体的游戏活动来培养和实现，游戏既可以培养学前儿童的耐性与毅力，也能培养学前儿童的规则意识与纪律性。例如，在益智游戏中，学前儿童用纸牌进行垒高，在独立思考垒高方法的同时还要坚持和忍耐，集中注意力，过程中如果纸牌不小心散落，还要克服内心的不甘重新思考、再次游戏，这些都能培养学前儿童独立思考、不怕失败、有始有终的良好品质，使学前儿童在解决困难的过程中增强意志力。另外，在学前儿童游戏的过程中，幼儿教师要做好观察，发现问题及时进行正确的指导，中、大班幼儿在游戏活动结束后可以让其自由点评，以提升其自我反思和点评的能力，有效提高游戏水平。

案例链接

煮蛋是端午节的习俗之一，端午煮蛋寄寓着人们对健康平安的祈求。为了能够实现搭建灶台在户外煮蛋的愿望，大一班的佳佳、小屹等几位小朋友用小推车把操场上闲置的空心砖运到了沙水乐园的泥巴区里，探索搭建灶台的好方法。第一次尝试时，由于小朋友们搭建的灶台太矮、围口太大，铁锅一放入就直接落在了地上。第二次搭建时，小朋友们摞起四块空心砖，铁锅虽然可以架在灶台上面，但还是不够稳固。眼尖的小屹发现了问题，说道："还是不够稳固，要不我们把空心砖竖起一部分试试，不用这么多层也许会稳固一些！"这一次，小朋友们先用空心砖在最下面竖着围起一圈，又横向围起一圈，经过反复调整，灶台终于搭建成功！小朋友们又查找了煮茶叶蛋的方法，终于实现了户外煮蛋的愿望，如图 10－4 至图 10－6 所示。这一次挑战成功达成了小朋友们的小心愿，当小朋友们吃到自己煮的茶叶蛋时，心里那份喜悦油然而生。

图 10－4　运输空心砖

图 10－5　反复调整灶台直至搭建成功

图 10－6　利用灶台煮茶叶蛋

想一想：为了实现户外煮蛋的愿望，大一班的小朋友们是如何克服困难，从而保证活动顺利进行的？

分析提示：大班幼儿意志力有了一定的发展，坚持性较稳定，他们的行为有了一定的目的性，即使遇到困难也能够尝试与同伴分析问题、解决问题。在该活动中也可以看出幼儿教师适当放手、支持幼儿自主探索的教育理念。这次具体的游戏活动促进了幼儿意志力的发展。如平板车的运用解决了搬运重物的难题，他们有的拉拽平板车、有的推空心砖，通过团队配合省时又省力地完成了运送空心砖的工作。同样，在搭建灶台的过程中，他们虽然经历了几次失败，但从不言弃、敢于挑战，这充分体现了幼儿良好的意志力。

三、在家园共育中培养意志力

家庭是学前儿童最初成长的社会环境，它对学前儿童良好行为习惯的养成和优秀品德的培养有着十分重要的影响。幼儿入园初期所展现的行为习惯往往都是在家庭中养成的，因此，幼儿园和家庭一定要保持紧密联系和互动，家园共育也是培养学前儿童良好意志力的重要途径。

（一）和谐稳定的家庭氛围是培养学前儿童良好意志品质的前提

父母的受教育水平和教育方法、亲子沟通的方式与家庭氛围等因素对学前儿童意志品质的发展都是至关重要的。和谐民主的家庭沟通氛围有利于培养学前儿童积极主动的生活态度，使他们主动、自觉地参与到家庭活动中，进而发展意志力和自觉性。父母要善于在生活中观察学前儿童、充分地尊重学前儿童，遇事多鼓励，以积极和正向的语言、行为引导学前儿童，愿意换位思考，甚至在解决家庭问题时也听一听学前儿童的思考和建议，在这一系列的活动中，学前儿童可以逐渐形成良好的意志品质与责任感，同时也能建立自信开朗的性格。

（二）父母正确的教育观念能促进学前儿童意志力的发展

作为父母，要避免对学前儿童的溺爱和过度保护，树立正向的育儿观念，在家庭活动中培养学前儿童的独立自主性，提高其独立思考的能力，从而发展其意志力。比如，学前儿童遇到困难无法解决时，如果父母急于帮助其解决问题，长此以往学前儿童就会产生依赖心理。所以当学前儿童遇到困难时，父母可以先耐心和学前儿童进行交谈，如“你想怎么处理?”“我们可以一起解决”“你可以先想一想”等，这样学前儿童会先进行思考，找到处理问题的思路，问题解决后便能够获得成就感，而家长在此过程中可以告诉学前儿童一些解决问题的技巧和方法，使其能够更好地克服困难、解决问题。这就要求家长在生活中要注意育儿经验的积累，比如通过育儿公众号、书籍或与幼儿教师交流等方式学习正确的育儿知识和技巧，这样在学前儿童遇到某类问题的时候就能够陪伴他们克服困难、用正确的方式进行解决，最终使学前儿童体验到成功的快乐与满足，从而更好地促进学前儿童意志力的发展。

（三）父母要为学前儿童做出良好意志品质的榜样

爱模仿是学前儿童的特点和天性，这也证明了“言传身教”的重要性，成人的行为对学前儿童有着直接的暗示作用，所以在学前儿童面前，父母要保持积极正向的态度，说到做到、不畏困难、正直善良、包容友爱，做出意志坚强的表率，使学前儿童在潜移默化中磨炼意志力。如果成人生活态度不积极，平常懒散懦弱，则很难培养出意志品质优良的学前儿童。在生活中，家长除了要以自身的言行举止影响学前儿童，还可以通过幼儿故事、小儿歌或动画形象来感染学前儿童。

（四）幼儿园教育对学前儿童意志品质的培养同样至关重要

尊重和热爱学前儿童是幼儿园教育开展的基础。幼儿教师在日常的教育教学中要充分地尊重学前儿童的性格、兴趣以及发展需要，并且知道如何在教育教学中引导学前儿童产生积极的情感和克服困难的勇气，避免消极情绪，适当地予以鼓励、表扬，给学前儿童创造发展意志力的机会，逐渐培养学前儿童优秀的意志品质。

案例链接

发展幼儿意志力

总而言之，良好的意志力对一个人的成长非常重要，因此，家长和幼儿教师都要重视学前儿童意志力的培养，促进学前儿童核心素养的发展，为学前儿童养成良好的学习品质奠定基础，也为学前儿童未来的发展打下坚实基础。

任务测验

1. 训练目标

（1）能够结合教学活动，初步辨别和分析一日活动中学前儿童意志行动的具体表现。

（2）能够提供良好的行动示范并循序渐进地培养学前儿童良好的意志品质。

2. 训练内容

（1）结合具体的学前儿童意志力教育案例，分析如何培养学前儿童良好的意志品质。

（2）以小组为单位设计一个促进学前儿童意志力发展的游戏方案，该方案应包含游戏的设计意图、游戏活动目标、游戏的过程步骤、反思与改进等内容。

3. 训练评价

（1）能用客观的语言描述学前儿童意志发展特点，能采取恰当的策略和方法培养学前儿童意志，语言表达清晰、准确，逻辑性强。（20 分）

（2）能小组分工合作，共同制定培养学前儿童意志力的游戏方案。（20 分）

（3）能顺利实施培养学前儿童意志力的游戏方案。（30 分）

（4）能总结、概括游戏实施的效果，并根据游戏效果进行反思和方案的改进。（30 分）

项目十一　学前儿童个性的发展

学习目标

知识目标

1. 掌握与学前儿童个性发展有关的基础理论知识。

2. 掌握学前儿童气质、性格、能力和自我意识发展的特点。

能力目标

1. 能分析学前儿童的气质、性格、能力和自我意识发展的水平。

2. 能运用所学的知识促进学前儿童气质、性格、能力和自我意识的发展。

素养目标

1. 融合中国传统文学著作精华，形塑尊重学前儿童、促进学前儿童个性发展的科学儿童观。

2. 树立以德施教的奉献精神和职业理想。

幼儿故事

幼儿园里，3 岁半的朵朵整天慢悠悠的，平日说的最多的话就是“没事、没事”，她从不和小朋友一起玩，问她为什么，她说：“他们不乖，不听话。”她更喜欢待在录音机旁听音乐。4 岁的英英最喜欢听好听的故事，并且非常擅长给别人讲故事。5 岁的好好最大的特点就是“独来独往”加“动手动脚”。小朋友们一起做游戏的时候，亮亮却独自玩起了乐高，一天的大部分时间里，亮亮都是个“自由人”。

想一想：为什么朵朵、英英、好好、亮亮如此不同？这在心理学中属于哪种心理现象呢？

分析提示：幼儿有不同的行为表现是因为个性不同，学前期是个体个性形成和发展的重要时期，2 岁左右，个性逐步萌芽，3～6 岁时个性开始形成，并且具有整体性、独特性、稳定性和倾向性的特点。

任务一　学前儿童气质和性格的发展

人们对“个性”“气质”“性格”等词汇并不陌生，但人们对这些词汇的理解却与心理学上的定义有很大的不同。在心理学看来，任何人都有自己的个性，正如俗语所说：“人心不同，各如其面”。由于学前期是个性最初形成的时期，个性的可塑性较强，因此学前儿童的个性教育就显得格外重要。

一、个性概述

（一）个性的概念

心理学上所说的“个性”，又称“人格”，它是一个人比较稳定的、具有一定倾向性的各种心理特点或品质的独特结合。个性并不是各种心理活动的随意组合，而是心理活动的有机结合，它总是一个相对稳定的体系。个性包括以下两个方面：

（1）个性倾向性：它是个性结构中最活跃的部分，是人的心理活动的动力因素，包括需要、动机、兴趣、理想、信念、世界观和自我意识等。

(2) 个性心理特征：它是个性中最能突出表现个体心理差异的部分，包括气质、能力和性格等。

(二) 个性的基本特征

个性作为一个综合系统，既受先天因素的影响，又受后天社会环境的塑造。

1. 整体性

人的各种心理活动是一个统一的整体。个性是心理活动的总和，它不是各种心理活动简单或是机械的相加，而是有机构成的一个系统。也就是说，一个人的个性体现在他行为的各个方面，比如一个急性子的人往往表现为：吃饭快，走路快，做事喜欢一鼓作气，也比较容易冲动等。因此，从一个人行为的某些方面就可以推测出他的个性。

2. 独特性

每个人的个性都有不同于其他人的独特性，这是由个性结构各种成分本身的特色决定的，也是由个性各种心理成分的不同组成结构决定的。

3. 稳定性

稳定性是个性的基本特征，一个人在不同的时间、地点、场合会有相似的行为表现，是比较稳定的。

4. 倾向性

个性倾向性的形成是个性形成的重要标志。个性总是表现出一定的活动倾向，一个人经常的追求、对事物的看法，以及行为方式等都有一定的倾向性。

幼儿期是个性开始形成的时期。这个时期个性结构的各种心理成分开始发展，特别是性格、能力、自我意识等已经初步发展，由此产生一系列个体独有的行为反应，表现出明显的、稳定的倾向性，形成了个性特征的雏形。但个体的个性要到大约18岁，甚至更晚一些才基本定型。

想一想

尝试分析一下自己的个性特征，并说一说形成的原因。

二、学前儿童气质的发展

(一) 气质的概念

气质是一个古老而久远的话题，千百年来，它像神秘的斯芬克斯之谜一样，不断吸引着心理学家去探究。新生儿有的比较活跃、多动且哭声响亮，而有的则比较安稳宁静、声微气小。仔细观察周围人，你也会发现有的人精力充沛、生气勃勃；有的人沉默寡言、不善交际；有的人情感热烈、难以自制；有的人庄重冷静、不露声色；有的人多愁善感、郁郁寡欢；有的人思维敏捷、行动灵活、适应能力强；有的人反应迟钝、动作缓慢、变通性差。人的这些行为表现都与他们的气质类型息息相关。

气质是人的心理活动所表现出来的比较稳定的动力特征，是人的三大个性心理特征（气质、能力、性格）之一。它通常表现在心理活动的速度（如言语速度、思维速度）、强度（如情绪体验的强弱、意志努力程度）、稳定性（如注意力集中时间长短）和指向性（如内向或外向）等方面，这些方面各自具有的特点和不同的差异组合就构成了人与人之间千差万别的气质特点。

气质与人的解剖生理特点联系最直接，其生物性较为突出。个人的气质特点与生俱来，与其他个性心理特征相比，它的稳定性更强。气质使个体的心理活动带有独特的个人色彩，具有制约个体心理活动的作用。

（二）气质的类型

1. 希波克拉底的气质分类

希波克拉底对气质的分类方法一直影响至今。他认为个体内有四种体液，其分布多寡造成了人的气质差异：有的人易激惹，好发怒，难以自制，是由于黄胆汁过多，这种人称为胆汁质；有的人热情，活泼好动，是由于血液过多，被称为多血质；有的人敏感、抑郁，是由于黑胆汁过多，被称为抑郁质；有的人冷静、沉稳，是由于黏液过多，被称为黏液质。希波克拉底把人的气质分为四种基本类型比较切合实际，心理学上一直沿用至今，对学前儿童同样适用。

案例链接

幼儿园大班的阳阳看着就像班级里的“小领导”一样，大家总喜欢跟他一起玩。骑车时他总是喜欢在前面，户外活动时他总是指挥小伙伴们一会儿玩这个，一会儿玩那个，忙得不亦乐乎。阳阳平时心急口快，看到同伴哭鼻子他会说：“真娇情”；看到同伴不敢滑滑梯他会说：“胆小鬼”，然后自己爬上梯子毫不犹豫地滑下来。搭建积木时，如果有小朋友撞倒了他的“高楼”，他便会大发脾气，但过一会儿就像没事人一样继续找这个小伙伴玩游戏。

想一想：案例中的阳阳主要体现了哪种气质类型的特点？

分析提示：案例中的阳阳精力旺盛、说话直爽、脾气暴躁、易冲动，体现了胆汁质气质类型的特点。正确地分析学前儿童的气质类型，了解各气质类型的优缺点，是有针对性地促进学前儿童个性发展的前提。

2. 巴甫洛夫的神经活动说

巴甫洛夫通过实验研究，发现神经系统具有强度、平衡性和灵活性三个基本特性，它们在条件反射形成或改变时得到表现。由于在个体身上存在不同的组合，因此形成了各自的神经活动类型，其中四种最典型的是：（1）强、平衡而且灵活型。条件反射形成或改变均迅速，且动作灵敏，又叫活泼型。（2）强而不平衡型。兴奋占优势，条件反射形成比消退来得更快，易兴奋、易怒而难以抑制，又叫不可遏制型或兴奋型。（3）强、平衡而不灵活型。条件反射容易形成而难以改变，庄重、迟缓而有惰性，又叫安静型。（4）弱型。兴奋与抑制都很弱，感受性强，难以承受强刺激，胆小而神经质。可见，神经活动的类型构成了人的气质的生理机制。换句话说，气质就是由神经活动类型所决定的心理表现。

这四种神经活动类型，恰恰与希波克拉底所划分的四种气质类型相对应，详见表11－1。

表11－1 神经活动类型与气质类型

神经活动类型	气质类型	心理表现
强、平衡、灵活	多血质	活泼、灵活、好交际
强、不平衡	胆汁质	反应快、易冲动、难约束
强、平衡、不灵活	黏液质	安静、迟缓、有耐心
弱	抑郁质	敏感、畏缩、孤僻

其实，在现实生活中，只有极少数的人具有单一的、典型的气质类型，大多数人都是两种或者多种气质类型的混合型，只是其中某一类型特征的表现会比较突出。

想一想

分析林黛玉、王熙凤、沙和尚和张飞的气质类型及其特点。

（三）学前儿童气质发展的特点

1. 婴儿的气质类型

婴儿一出生就表现出了气质类型。心理学家根据婴儿的运动水平与程度，睡眠、饮食、排泄等行为的规律性，对陌生人或新的刺激的反应，对环境变化的适应性，引起应答反应的强度，情绪的积极与消极，从事活动的持久性，以及注意受外界刺激影响而改变行为的程度，将婴儿的气质分为四种类型：

第一，容易抚育型（40%）。这类婴儿的饮食和睡眠习惯很有规律，很容易适应新的时间表、食物和人，情绪反应温和、较积极，醒后常笑，显得很愉快。

第二，缓慢型（15%）。这类婴儿在第一次遇到一种新的经验时总要退缩，适应较慢，看起来总带点消极的心境，同时表现出较低的活动水平。

第三，难以抚育型（10%）。这类婴儿在睡眠和饮食习惯方面相当不规律，适应新的环境很慢，情绪反应强烈，心境相当消极，容易表现出不寻常的紧张反应，如大声哭叫、暴躁。

第四，混合型（35%）。以上三种类型各种特点的混合。

2. 幼儿气质发展的特点

幼儿气质的发展具有一定的年龄特点，具体表现在稳定性和可塑性两个方面。

（1）稳定性。气质是与生俱来的，这与神经系统的先天或遗传特征有关。因此，气质是个性中显得比较稳定的方面，具有稳定性。在幼儿期，气质一般不会发生明显变化。

（2）可塑性。幼儿的气质具有很强的稳定性，但这并不是说气质是绝对不可改变的。事实上，由于幼儿期大脑神经系统尚未发育成熟，再加上后天的生活环境和教育的影响，幼儿的气质类型及其行为表现在一定程度上具有可变性。

三、学前儿童性格的发展

（一）性格的概念

性格主要体现在对自己、对别人、对事物的态度和所采取的言行上。所谓态度，是个体对社会、对自己和对他人的一种心理倾向，它包括对事物的评价、好恶和趋避等方面。例如，当国家和集体财产遭受损失时，有人不惜献出自己的生命奋起保卫，有人则退缩自保，有人甚至趁火打劫。这就是人们对同一件事的不同态度。这些不同的态度表现在人们的不同行为方式中，构成了人的不同性格。

性格表现了一个人的品德，它受人的价值观、人生观和世界观的影响，有好坏之分。如有的人大公无私，有的人自私自利。这些具有道德评价含义的人格差异，我们称之为性格差异。性格是后天在社会环境中逐渐形成的，性格差异体现了人格差异。

（二）学前儿童性格发展的特点

1. 婴儿的性格特点

人的性格是其在与周围环境相互作用的过程中形成的。婴儿期是个体性格萌芽的关键时期，婴儿性格的差异最早会在2岁左右表现出来，主要体现在以下方面：

（1）合群性。这主要表现在同伴关系当中，并且体现出明显的区别，如有的婴儿比较随和，富有同情心，看到小伙伴哭会主动上前安慰，发生争执时，也较容易让步；而有的婴儿则表现出更多的攻击性行为。

（2）独立性。在婴儿期，个体的独立性发展十分迅速，并且在2～3岁时表现得十分明显。独立性发展较好的婴儿能够独立完成很多事情，而独立性发展较差的婴儿常常表现出对照料者的过度依赖，缺乏安全感。

（3）自制力。在正确的引导下，3岁左右的婴幼儿就已经掌握了初步的行为规范，并能够遵照规则的要求控制自己的言行，如不随便要东西、不抢他人玩具等。当然，也有很多婴幼儿不能很好地控制自己的言行和情绪，一旦要求得不到满足，就会以哭闹的方式要挟父母。

（4）活动性。活动性显示了婴儿对外部环境所持的态度，比如有的婴儿活泼好动，一刻也不能安静，对任何事物都表现出强烈的好奇心和兴趣，且精力总是很充沛；而有的婴儿则十分安静，不热衷人际交往，喜欢安静地做事情，如阅读或绘画。

婴儿期性格的差异还表现在坚持性、好奇心和情绪等方面。进入幼儿期后，在外界环境相对稳定的情况下，这些刚萌芽的性格特征将逐渐稳定下来，并保持到成年甚至一生。《幼儿园教育指导纲要（试行）》中明确指出："既要高度重视和满足幼儿受保护、受照顾的需要，又要尊重和满足他们不断增长的独立要求，避免过度保护和包办代替，鼓励并指导幼儿自理、自立的尝试。"因此，幼儿园要培养幼儿的独立性，促进幼儿健康发展。

2. 幼儿的性格特点

幼儿期是性格的初步形成期，这一阶段幼儿的性格特点如下：

（1）活泼好动。活泼好动是幼儿的天性，也是幼儿期性格最明显的特征之一。不论何种类型的幼儿都有此种共性。即使是那些非常内向、羞怯的幼儿，在家里或与非常熟悉的小伙伴一起玩耍时，也会自然而然地表现出活泼好动的天性。

幼儿的活泼好动可以达到让成人无法理解的程度。幼儿并不因为自己不断活动而感到疲劳，而往往由于活动过于单调和枯燥而感到厌倦。活动对形成幼儿良好、愉快的情绪状态具有积极的意义。

（2）喜欢交往。进入幼儿期后，幼儿在行为方面最明显的特征之一是喜欢和同龄或相近年龄的小伙伴交往。对于大多数幼儿来说，在任何地方，他们都可以不经他人特别介绍而很快、很自然地熟悉起来，并一起做游戏。

（3）好奇好问。幼儿有着强烈的求知欲和好奇心，主要表现在探索行为和提出问题两个方面。幼儿对客观事物，特别是未见过的新鲜事物非常感兴趣，什么都想看看、摸摸，甚至会拆开来看看。同时，幼儿期又是儿童提出问题最多的时期。

（4）易冲动，自制力差。由于性格特征还不够稳定，容易受到周围环境的影响，因此，幼儿较多地表现出情绪不稳定、好冲动、控制力较差等特点。

幼儿易冲动、自制力差、情绪外露，一方面他们做事比较马虎、粗心大意、缺乏深思熟虑，另一方面他们待人真诚、坦率、诚实。如果得到正确的引导，幼儿会养成善于处理问题、胸怀坦荡、为人磊落等良好的性格特征。

想一想

"江山易改，本性难移"里的"本性"指的是气质还是性格？请说说它们之间的区别。

四、学前儿童气质和性格的培养策略

（一）学前儿童气质的培养策略

气质对学前儿童的生活和发展有着重要影响。针对学前儿童的气质特点，成人在对学前儿童的教育中应注意以下几点：

第一，父母是学前儿童最先接触的环境因素，因此科学的父母教养方式是促进学前儿童气质健康发展的首要因素。有研究发现，学前儿童的气质会影响父母的教养方式。气质表现为容易适应、易于抚慰、易于社交的学前儿童会引发父母态度温和、反应迅速的教养方式；气质表现为易怒、苛求和退缩的学前儿童会导致父母易被激怒、疏远孩子的教养方式。不同教养方式对学前儿童气质特征的变化也会产生不同的影响。例如，挫折教育可能会使坚持性强、情绪稳定的学前儿童吸取教训、获得经验和树立信心，但可能会使耐受性差、情绪易激动的学前儿童产生抵触情绪，甚至出现对抗行为。因此，在教育过程中，父母要考虑孩子的气质类型及其特点，做到因材施教。

第二，幼儿教师对学前儿童发展有重要影响，要采取积极的措施来促进其气质的健康积极发展。幼儿教师在进行教育和教学工作时，要针对学前儿童的气质特点，提出不同要求，采取适当措施解决学前儿童气质发展过程中出现的问题。对于胆汁质的学前儿童，要培养其勇于进取、豪放的品质，防止任性、粗暴；对于多血质的学前儿童，要培养其热情开朗的性格及稳定的兴趣，防止粗枝大叶、虎头蛇尾；对于黏液质的学前儿童，要培养其探索精神及踏实、认真的品质，防止墨守成规、谨小慎微；对于抑郁质的学前儿童，要培养其机智性、敏锐性和自信心，防止多虑和孤独。

总之，气质无好坏之分，我们研究学前儿童的气质特点，就是要使教育者正确地对待学前儿童的气质特点，并针对学前儿童的气质特点进行培养和教育，以促进学前儿童身心健康发展。

（二）学前儿童性格的培养策略

在进行学前儿童性格的教育与培养时需要注意以下几个方面。

1. 家庭是学前儿童性格形成的摇篮

家庭是学前儿童性格发展的重要基地。大量的研究结果表明，家庭成员的关系、父母的文化素养与性格特征、父母对学前儿童的教养态度、学前儿童在家庭中的地位、家庭的生活方式等等，都会在学前儿童的性格上打下最初的、深刻的烙印，直接影响学前儿童性格的发展。

2. 为学前儿童树立榜样做示范

幼儿教师和父母要重视榜样在学前儿童性格塑造中的作用。学前儿童好模仿，别人的态度和行为方式生动形象地呈现在面前，易于为学前儿童所感受、模仿。现实生活中英雄模范人物的坚强性格是学前儿童学习的典范，电视、电影、戏剧以及故事中所呈现的人物的高尚品德和英勇行为也是学前儿童性格塑造的榜样。幼儿教师和父母要给学前儿童提供适当的榜样，并指导和鼓励他们向榜样学习。

3. 组织各种积极的实践活动

学前儿童的性格是在实践活动中表现出来，并逐步形成的。游戏对其良好性格的形成和发展作用很大。特别是在角色游戏中，学前儿童通过模仿成人，表现出社会生活中人际交往的行为规范，因此角色游戏可以培养学前儿童对人、对事、对己的正确态度和行为习惯，并逐渐巩固。组织学前儿童参与各种积极的实践活动，有助于其良好性格的形成；同时要把道德教育渗透到各种活动中去，并坚持正面教育，这样才能更有实效。

任务二 学前儿童能力的发展

一、能力概述

（一）能力的含义

能力是指人们成功地完成某种活动所必须具备的个性心理特征。如我们评价某人，说他具有较强的逻辑思维能力、敏锐的观察力或优秀的人际交往能力等，这样的评价都来自这个人经常且稳定的行为活动；反过来，这些能力又是这个人成功地完成某种活动的必备条件。

（二）能力与知识、技能的区别与联系

能力和知识、技能既相互区别，又相互联系。

1. 三者之间的区别

知识是人脑对客观事物的主观表征，是人类社会历史经验的概括和总结。技能是人们通过练习而获得的动作方式和动作系统。按活动方式的不同，技能可分为操作技能和心智技能。能力则是顺利完成某种活动的心理条件。

2. 三者之间的联系

首先，能力是掌握知识、技能不可缺少的前提，一个人能力发展的好坏直接影响到他掌握知识和运用技能的快慢、深浅、难易、灵活性及对知识和技能的巩固程度。其次，知识、技能的掌握也会对能力的发展起到促进作用。因此，能力是人们掌握知识、提高技能的基本条件，但不是唯一条件，而知识、技能的掌握程度又能影响个人能力发展的高低。

（三）能力的分类

1. 一般能力和特殊能力

根据活动领域，能力划分为一般能力和特殊能力。

一般能力就是我们所说的智力，它是人的认识活动中一种具有多维结构的综合性

能力。个人认识过程中的各种能力，如感知能力、记忆能力、思维能力、想象能力、言语能力等都属于智力的范围。其中抽象概括能力是智力的核心，创造能力是智力的高级表现。例如，有的学前儿童记忆能力较强，很长的故事、儿歌或快板词很快就能记住；有的学前儿童理解能力较好，能够很快地理解故事的内容、计算的方法等；有的学前儿童动手能力较强，搭积木、剪纸比较灵巧；有的学前儿童表达能力较强，说话清晰连贯，能够完整表达自己的思想。

特殊能力是指在某些专业和特殊职业活动中表现出来的一般能力（智力）的某些特殊方面的独特发展。例如，运动员的运动能力、作家的文学能力、演员的艺术表演能力、领导者的管理能力、医生的医学技术操作能力等都属于特殊能力。

一般能力和特殊能力相互联系，构成辩证统一的有机整体。一方面，特殊能力的发展以一般能力的发展为前提；另一方面，在特殊能力得到发展的同时，一般能力也得以发展。

2. 模仿能力和创造能力

根据创造程度的不同，能力分为模仿能力和创造能力。

模仿能力是指效仿他人的行为举止而引起的与之相类似的行为活动的能力。这种能力在学前儿童的身上十分常见，细心观察就会发现无论是语言、动作还是表情，学前儿童都能够通过观察、学习很快再现出来，这就是学前儿童的模仿能力，这是他们主要的学习方式。因此，模仿能力的高低直接影响着学前儿童发展的好坏、快慢。

创造能力是指产生新思想、发现和创造新事物的能力，具有独特性、变通性、流畅性的特点。例如，学前儿童的创造想象画、游戏的新玩法等都是创造能力的表现。创造能力在科学发现、文学创作、艺术表现等活动中十分常见。

案例链接

老师问小朋友：“数一数，有几只眼睛？”小朋友回答：“有 3 只。”老师一时生气，就说：“还有 4 只呢！”小朋友也跟着说：“还有 4 只呢。”老师说：“有 5 只！”小朋友又说：“有 5 只。”老师气得直跺脚，大声说：“有 8 只！”小朋友也跟着猛一跺脚说：“有 8 只。”老师忍不住笑了起来，小朋友还以为答对了，也咧开嘴天真地笑了。

想一想： 案例中体现了学前儿童的哪种能力？

分析提示： 案例中的学前儿童模仿幼儿教师的语言、语气和动作，体现了学前儿童较强的模仿能力，模仿是学前儿童主要的学习方式。

模仿能力和创造能力是相互联系的。任何具有创造性的活动都不是完全依靠创造能力完成的，也不能仅凭新奇的想法或观点就能产生创造性的成果，创造能力是在模仿能力的基础上发展起来的。但两者也各有其独特性。模仿是学习的基础，创造则是人成功地完成任务及适应不断变化的新环境的必备条件。因此，要培养人的创造能力，首先就必须学习、模仿、再造，然后加入新奇的思想观点进行创造，推动新事物的形成和发展。

3. 认识能力、操作能力和社交能力

根据功能的不同，能力分为认识能力、操作能力和社交能力。

认识能力是指个体接收、加工、存储和应用信息的能力，是个体顺利完成各项活动任务的最重要的心理条件之一。

操作能力是指人们操作、制作和运用工具解决问题的能力，是在操作技能的基础上发展而来的。例如，学前儿童在建构游戏中动手操作搭建不同的物体。

社交能力是指在社会交往活动中所表现出来的能力，如言语感染能力、沟通能力以及交际能力等。例如，学前儿童在游戏中针对合作、分工等进行交流协商。

4. 液体能力和晶体能力

根据能力在人一生中的不同发展趋势以及能力和先天禀赋与社会文化因素的关系，能力分为液体能力和晶体能力。

液体能力，又称液体智力，是指在信息加工和问题解决过程中所表现出来的能力，如对关系的认识能力，类比、演绎推理能力等。它较少地依赖于文化和知识的内容，而取决于个人的禀赋。液体能力的发展与年龄有密切关系，一般在人 20 岁以后达到顶峰，30 岁以后随年龄的增长而降低。此外，心理学家也发现，液体能力属于人类的基本能力，其个别差异受教育文化的影响较小。

晶体能力，又称晶体智力、文化知识智力，是指通过掌握社会文化经验而获得的智力，如知识、生活经验的积累等。它较多受到社会文化环境的影响。晶体能力在人的一生中一直在发展，不随年龄增长而降低，只是到 25 岁以后，发展的速度渐趋平缓。

知识扩展

加德纳多元智能理论

二、学前儿童能力发展的特点

（一）操作能力最早表现出来，并逐步发展

从 1 岁开始，婴儿对自己身体的支配能力逐渐增强，尤其是手部大肌肉动作的发展，使得他们操作物体的能力逐步增强，能够进行较多的游戏活动。同时，婴儿走、跑、跳等能力逐渐完善。到了幼儿晚期，各种游戏活动在幼儿一日生活中所占比重越来越大，幼儿的操作能力在活动中进一步得到发展和表现。

想一想

如何在幼儿园落实劳动教育呢？

（二）言语能力在婴儿期发展迅速，幼儿期是口语发展的关键期

学前儿童的言语能力是在婴儿期开始萌芽的。在 1～3 岁，婴儿的言语发生了质的变化，开始具有了称谓、概括及调节的功能。进入幼儿期后，幼儿的言语表达能力

逐渐增强，特别是言语的连贯性、完整性和逻辑性得到了很大的发展，为幼儿的学习和交往创造了良好的条件。

（三）模仿能力发展迅速，是学前儿童学习的基础

延迟模仿是学前儿童模仿能力发展的重要基础，大约发生在18～24个月。通过观察我们可以发现，学前儿童的延迟模仿发生在语言、动作、表情等多个方面，这样的发展特点使得学前儿童模仿能力的发展更为全面、深入，而模仿能力是学前儿童学习的重要方式，对学前儿童心理的发展具有重要的意义。

（四）认识能力迅速发展，是学前儿童学习的前提

个体从出生到幼儿晚期，认识能力都处于一个高速发展的状态中。出生时婴儿只具备基本的感知能力，随着年龄的增长，逐渐发展为各种认识能力，使婴儿能够在不同的活动中进行不同认识能力的协调与转换。到了幼儿期，幼儿开始从各种基本的认识能力逐渐向比较高级、复杂的心理水平发展，认识活动的有意性日益凸显，为幼儿的学习、个性发展提供了必要的前提。

案例链接

中国空间站的建立和神舟系列飞船的接连飞天，引发了幼儿的游戏兴趣。在连续一个星期的建构游戏中，中班的浩宇、米米、大贝等多名小朋友都在用木板围绕着“宇宙飞船”进行游戏，他们通过木板的不同组合方式，创造出了造型各异、功能不同的“宇宙飞船”。这一天，他们的“宇宙飞船”搭建完成，浩宇坐在上面高喊：“3、2、1、发射！”米米突然说：“不好，前面有陨石。”大贝喊道：“快发射大炮！”米米说：“这里被陨石击中了，我来维修一下！”说着米米钻到梯子下面开始了“维修”工作。角色游戏持续进行着，如图11－1所示。

图11－1　幼儿进行“宇宙飞船”游戏

想一想：“宇宙飞船”游戏体现了幼儿哪些能力的发展？

分析提示：幼儿在模仿神舟飞天的基础上开展了“宇宙飞船”游戏，体现了他们的模仿能力；对游戏情节的设计，体现了幼儿的逻辑思维、文学素养以及想象力等方面的认识能力；针对游戏中的问题进行描述和沟通，能促进幼儿交流、辩论、讲述等言语能力的发展；“飞船”被陨石砸中，米米进行维修，除了体现模仿能力和想象力，也体现了其操作能力的发展。

三、学前儿童能力的培养策略

（一）指导学前儿童掌握相关知识和技能

学前儿童掌握知识和技能的多少与好坏直接影响着其能力的高低。成人帮助学前儿童不断加强对知识和技能的把握，能促进其相应能力的发展，这些知识和技能也应该是来自学前儿童核心素养中那些具有基础性作用的部分。例如，指导学前儿童掌握丰富的词汇、说话时应注意的要点以及正确的发音技能，可以促进其口头表达能力的发展。同样，指导学前儿童掌握颜色、形状等知识，以及涂色、画画、剪贴等技能，可以促进其美术欣赏、表达和创造能力的发展。

（二）注重个体差异，使人人都能获得成功体验

学前儿童的经验、兴趣、学习方式和发展水平具有个体差异，这就要求幼儿教师在活动中对学前儿童的个体差异进行观察和了解，有目的、有计划地对学前儿童进行分层指导，使人人都能获得成功体验。如在“认识种子”活动中，对一部分发展水平较低的学前儿童只要求他们说出种子的名称、形状等，并进行简单分类，对另一部分发展水平较高的学前儿童则要求他们能够按照多种方法进行分类。这样，不仅每个学前儿童都体验到了“成功的快乐”，同时也让他们发挥了自己的想象力和创造力。

（三）通过家园合作，促进学前儿童能力的发展

一个人能力发展的方向、快慢和水平，主要取决于后天因素的影响，尤其是教育因素，在促进个体能力发展方面起着无可替代的作用。幼儿教师和家长都希望将学前儿童培养成具备核心素养的新一代，培养学前儿童能力是一项需要家园密切合作的活动，家庭环境、生活方式，家庭成员的职业、文化修养、兴趣、爱好，以及家长对孩子的教育方法与态度，对学前儿童能力的形成与发展都会产生极大的影响。因此，要培养学前儿童良好的能力结构和较高的发展水平就要求家长必须积极配合、主动参与。

任务三　学前儿童自我意识的发展

谈古喻今

老子说："知人者智，自知者明。胜人者有力，自胜者强。知足者富。强行者有志。"这体现的是哪种心理现象呢？

一、自我意识概述

（一）自我意识的概念

个体自降生到这个世界上之后，对自我的疑问就不断地进行着："我是谁？我从哪里来？我喜欢什么，不喜欢什么？为什么我在意爸爸妈妈的表扬？"诸如此类关于自我的问题，不仅伴随着个体的成长不断得到丰富和发展，还促使个体越来越了解自己的发展与变化。这就是自我意识的表现。那么，什么是自我意识呢？

自我意识是指个体对自身的意识，是个性的一个组成部分，既是个性形成水平的标志，也是推动个体发展的重要因素。人们常说的自尊心、自豪感、自信心等都是自我意识的具体表现。

想一想

请用"我是……"开头说一句话，向别人介绍一下自己。

（二）自我意识的结构

成熟的自我意识至少表现在三个不同的层次上：第一层是对自己的机体及其状态的意识，如对觉醒状态的意识、对健康状况的意识等；第二层是对自己的外部行为以及人际关系的意识；第三层是对自己的知、情、意等心理活动的意识，如自我认识、自我体验、自我控制等。如果一个人的自我意识不能获得发展，那么其个性的发展就难以实现。同时，自我意识的充分发展能够使个体正确地认识世界，并成为一种能动的力量与周围环境产生相互作用。

想一想

曾子有言“吾日三省吾身”，这里的“省”指的是自我意识的哪个层面？

二、学前儿童自我意识发展的特点

（一）婴儿期自我意识的发展

自我意识不是生来就有的，它是一个逐步发生、发展的过程。

研究发现，自我意识的发展是以婴儿动作的发展为前提的。

1 岁左右的婴儿开始学会走路，逐步认识到自己动作的原因，从而能够区分自己的动作和动作的对象，区别自己和他人，并认识到自己力量的存在。如经常见到 1 岁左右的婴儿不小心把手里的玩具弄掉了，成人马上捡起来给他，之后他会有意地反复把玩具丢到地上，看见成人去捡，他会很开心地咯咯笑，似乎得到了极大的满足。

2～3 岁，婴儿开始掌握代名词“我”，这是学前儿童自我意识萌芽的重要标志。但掌握代名词的过程相对困难，因为代名词具有明显的相对性。

（二）幼儿期自我意识的发展

1. 自我认识的发展

3～6 岁幼儿的自我认识主要体现在对自己内心活动的意识上。对自己内心活动的意识，比对自己身体和动作的意识更为困难。因为自己的身体是看得见、摸得着的，自己的行动也是具体可见的，而内心活动则是看不见的。对内心活动的意识要求个体具备较高的思维发展水平。

从 3 岁左右开始，幼儿出现对自己内心活动的意识。比如，幼儿开始意识到“愿意”和“应该”的区别。以前他们只知道“我愿意怎样做，就怎样做”，现在开始懂得了“愿意”要服从于“应该”。

4 岁以后，幼儿开始出现对自己的认识活动和语言的意识。他们开始知道怎样去注意、观察、记忆和思维。比如，上课时老师说：“注意了！”幼儿就知道应该眼睛看着老师，双手停止活动等。这时幼儿也开始有了认知的方法。他们能比较清楚地意识到假想和真实的区别，意识到正确与错误的思想和行为的区别，有时还会故意做错事、坏事，这是为了引起成人的注意，同成人开玩笑。

2. 自我评价的发展

想一想

在评价自己是不是“好孩子”时，小班幼儿说：“老师说我是好孩子。”大班幼儿说：“我回答了老师的问题、帮助了小朋友，所以我是好孩子。”这体现出幼儿自我评价的什么特点？

学前儿童的自我评价大约在 2～3 岁时出现，这与其认知和情感发展密切相连。到了幼儿期，其自我评价表现出以下特点：

（1）从依从性评价到独立性评价。幼儿期个体还没有形成独立的自我评价体系，常常依赖于成人对他的评价，幼儿初期这一特征尤其明显。幼儿往往不加考虑地轻信成人对自己的评价，其自我评价只是成人评价的简单重复。幼儿晚期，幼儿开始能够独立对自己进行评价，而对成人的评价持保留态度。如果成人对他的评价不符合实际情况，他会提出疑问或申辩，甚至表示反感。

（2）从片面、表面性评价到全面、深刻性评价。受认识水平的限制，幼儿的自我评价受整体思维、认知发展水平的影响很大，突出表现在以下方面：首先，幼儿的自我评价比较片面和表面化，他们倾向于从某一方面或者某个局部来评价自己，以后逐渐向比较具体、细致的方向发展，并逐渐发展得比较全面和深刻。其次，幼儿从一开始局限于对外部行动的评价，逐渐转向对内心品质的评价。最后，幼儿从只有评价，没有论据，发展到有论据的评价。

（3）从主观性评价发展到客观性评价。幼儿评价事物常常带有主观性。在一个实验里，实验者让幼儿对自己的绘画和泥工作品同别人的作品做比较性评价。当幼儿知道比较的是老师的作品时，尽管这些作品比自己的质量差（这是实验者故意设计的），幼儿也总是给出老师的作品比自己的作品更高的评价。而当幼儿对自己的作品和小朋友的作品进行比较时，则总是评价自己的作品比别的小朋友的好。这一实验结果充分说明了幼儿自我评价的主观性。

幼儿一般都会过高评价自己，随着年龄的增长，自我评价才逐渐趋于客观。许多心理学研究认为，幼儿自我情绪体验会由与生理需要相联系的情绪体验（愉快、愤怒等）向社会性情感体验（自尊、委屈、羞愧感等）不断深化、发展，并表现出易受暗示性。在这些自我意识情绪中，愉快、愤怒发展得较早，自尊、委屈、羞愧感发展得较晚。

案例链接

小明四岁多了，妈妈发现他越来越不愿意接受别人的批评，说他哪里做得不够好，他就会说“昨天张老师还表扬我了呢！”“老师说我爱帮助人，我昨天值日还得了小红花！”“我画画也画得特别好！”“我是我们班最棒的！”等等。

想一想：根据小明的行为，分析他自我评价发展的特点。

分析提示：从小明的行为中可以看出小明对自己的评价处于依从性、表面性和主观性的水平。如小明依据张老师对自己的夸奖，认为自己是好孩子，体现了评价的依从性；小明仅根据在幼儿园的表现评价自己，而忽略了自己在家中的表现，体现了评价的片面性；小明不愿接受别人不好的评价，只接受好的评价，体现了其评价的主观性。

3. 自我体验的发展

（1）幼儿自尊的发展。自尊是自我意识情绪的重要体现，是幼儿自我意识情绪中最值得重视的。自尊是个体在社会化过程中所获得的有关自我价值的积极评价与体验。林崇德指出，3 岁左右自尊感萌芽，如幼儿犯了错误感到羞愧、怕别人讥笑、不愿被人当众训斥等。随着幼儿身体、智力、社会技能和自我评价能力的发展，幼儿的自尊也得到发展。

对幼儿自尊发展特点的研究表明，4 岁是幼儿自尊发展的最高峰，4～5 岁是幼儿自尊发展的第一个转折期。3～9 岁儿童自尊发展的第二个关键年龄是 7 岁，7～8 岁也是转折期，儿童进入小学后，他们所处的环境发生了重大的改变，而在其中的不适应时期，儿童难免会对自我价值产生消极的评价和体验，从而导致其自尊水平的下降。

（2）幼儿自信的发展。自信是指个体对自身行为能力与价值进行认识和充分评估的一种体验。婴儿到了 2～3 岁开始萌发自信心。自信的发展是其自我意识不断成熟和发展的标志。每个年龄阶段自信的发展速度是不均衡的。3～4 岁是幼儿自信发展最迅速的时期，4～5 岁、5～6 岁幼儿自信的发展均呈现出较缓慢的上升趋势，7～8 岁又呈现下降趋势。幼儿自信的发展不仅具有年龄特点，而且具有性别差异。研究结果表明，各年龄组都是女孩的自信发展水平略高于男孩。所以，幼儿教师在培养幼儿自信的时候应注意年龄特点和性别差异。

（3）幼儿羞耻感的发展。羞耻感是一种人际关系情绪或依恋情绪。有人认为，“人际关系桥梁”的破坏、为满足他人对自己的期望而产生的压力以及达不到文化价值标准都能使人产生羞耻感。羞耻感不是与生俱来的，是一种后天形成的重要的社会情感和道德情感。对幼儿羞耻感的培养可以唤起他们对自己行为的责任感和良知，使他们自觉调节自己的动机、行为，形成良好的品德。

研究表明，大约在 38 个月大时，幼儿会产生羞耻感，并且羞耻感的发展存在显著的年龄差异，3～5 岁是幼儿羞耻感的快速发展时期，其中 3～4 岁是幼儿羞耻感状态快速发展时期，4～5 岁是幼儿羞耻感体验快速发展时期。虽然女孩羞耻感的发展好于男孩，但不存在显著的性别差异。幼儿在羞耻感体验方面表现出较强的受暗示性，3～6 岁幼儿在受暗示的情况下均比较容易体验到羞耻感。3～4 岁幼儿仅仅在成人面前感到羞耻，而 5 岁幼儿在同伴面前特别是在本班幼儿面前更容易感到羞耻。

案例链接

研究者在访谈时问大班幼儿：“假如你在上课的时候说话，老师批评你了，你会有什么感觉？”幼儿回答：“不高兴。”研究者又问：“老师批评你，其他小朋友还笑，你会有什么感觉？”幼儿回答：“我会难为情，我不喜欢他们笑我。”幼儿边说着边噘起了小嘴。

想一想： 分析案例中大班幼儿自我体验发展的特点。

分析提示： 案例中的大班幼儿已经有了羞耻感，来自老师和同伴的嘲笑、批评均会使其自尊心和自信心受到打击。幼儿被自己所在的群体中的成员所喜欢和接受时，往往能形成更积极的人格特质。所以，幼儿教师要学会接纳幼儿，不当面指责幼儿。

4. 自我控制的发展

自我控制是幼儿自我意识的重要组成部分。它是幼儿对自身心理与行为的主动掌握，是幼儿自觉地选择目标，在没有外界监督的情况下，抑制冲动、抵制诱惑、延迟满足、控制或调节自己的行为，从而保证目标实现的一种综合能力。自我控制能力是个性中比较稳定的一种个人品质。

大多数研究者认为，自我控制最早发生于个体出生后 12～18 个月，是在生理不断成熟的条件下，伴随注意机制的成熟和其他心理能力的发展而出现的。3 岁的幼儿自我控制能力是很低的。随着年龄的增长，他们逐渐能学会使用简单的控制策略进行自我控制，如玩游戏分散注意力、制订自我控制计划等。

三、学前儿童自我意识的培养策略

（一）引导学前儿童客观地认识自己

第一，幼儿教师应重视学前儿童自我概念的形成。幼儿教师在日常生活和实践活动中应有意识地引导学前儿童认识自己的姓名、性别和身心发展的基本特点，培养学前儿童正确评价自己的外貌、估计自己的能力，如“我是女孩”“我有圆圆的脸”“我自己吃饭”“我能给奶奶捶背”等。幼儿教师还可以开展有关的主题活动，让学前儿童认识自己、认识同伴、认识幼儿园、认识幼儿教师，如开展主题系列活动“我是谁”“我的自画像”“我的家”“我的幼儿园”等都可以帮助学前儿童形成自我概念。

第二，学前儿童自我评价的主要依据是成人的评价。比如，有的学前儿童认为自己不行、自己笨，问其原因，竟然是“老师说我不行”“爸爸骂我是笨猪”。因此，成人应从学前儿童的实际出发，客观、公正地评价学前儿童。对一些能力强的学前儿童，幼儿教师不能认为他们事事都行，应该告诉他们任何人都会有不懂和不会的地方，如“某某爱劳动，某某把自己的新玩具借给别的小朋友玩，某某的汽车拼得特别好，你要向他们学习”等；而对一些能力弱的学前儿童，幼儿教师要经常鼓励他们，找出他们的闪光点，如一个动作、语言等方面发展很缓慢的小女孩，很喜欢开心地笑，幼儿教师可以画上一张开心的小脸，贴在奖励给她的七色花的一个花瓣里。总之，成人要做到一视同仁。

第三，多给学前儿童提供自我评价和评价他人的机会，如幼儿教师通过谈话活动“我觉得自己哪些地方进步了”“我看到了谁的哪些进步”“我最欣赏的人”等，引导学前儿童关注自己和朋友的优点，用欣赏的眼光，主动发现每一个人的长处，摆脱自我中心。

（二）帮助学前儿童形成正确的自我体验

自我意识在情绪上的表现称为自我体验或自我感受。自我体验以自尊和自信为主。

成人要创设表现机会，让学前儿童获得成就感。在充分认识学前儿童各方面能力的实际情况后，尽量为学前儿童创设能够充分表现自己的机会，给予学前儿童实现成功的机遇，使他们能够享受成功的喜悦。如在幼儿园里，幼儿轮流做“小老师”和区域中的负责人、值日生、礼貌宣传员等，帮助老师为大家服务。在活动中，幼儿不管能力强弱，都有机会为同伴服务，在不同的角色中丰富自我体验，尤其是一些积极的角色，能够使幼儿领悟到“我”的重要性。又如小小画展、小小故事会、小小播音员等活动为每位幼儿提供展示自己的“舞台”，使他们发挥出应有的潜力，体验到成功和幸福，强化他们的积极自我体验，让他们获得自尊感和自信感的满足。《3－6岁儿童学习与发展指南》中明确提出了保护并增强幼儿的自尊心和自信心的教育建议，如不要拿幼儿的不足与其他幼儿的优点做比较；与幼儿有关的事情要征求他的意见；在保证安全的情况下，支持幼儿按自己的想法做事等。总之，幼儿教师应该为幼儿创设和营造安全、接纳、尊重的心理环境，要发自内心地接纳所有幼儿，为他们的幸福童年保驾护航。

（三）注重学前儿童自我控制能力的培养

自我控制能力的形成与早期所受的教育和培养有着密切的关系。学前儿童自我控制能力是他们积极独立地完成各种任务、协调与他人的关系、成功适应社会的核心和基础，对学前儿童未来的发展具有重要作用。

日常生活中，成人应多提供轻松、自由、有趣味的活动和区域，如谈心角、发泄角等，鼓励学前儿童多与同伴交往。在交往中，引导学前儿童使用礼貌用语，教育学前儿童学会分享、轮流、协商、合作等技能，如引导学前儿童站在他人角度思考问题，关心和理解他人的心情；引导学前儿童学会自我控制、宽容忍让，正确认识、评价自己，恰当调整自己的言行。学前儿童的自我意识正是在一次次的误会、争吵、和好、共享中不断得到发展的。这样，学前儿童就能在与人、事、物、境的相互作用中逐步提高交往能力，自我意识也随之建立和形成。

幼儿教师还可设计不同类型的游戏活动来培养学前儿童的自我控制能力，如操作性游戏和运动性游戏可以让小班幼儿初步学会控制自身的精细动作和肢体动作，娱乐性游戏可以帮助小班幼儿学习和感受游戏中的规则对自己行为的调节作用；运动性游戏和娱乐性游戏可以引导中班幼儿重视规则；智力游戏、运动性游戏和操作性游戏可满足大班幼儿理解和遵守规则的需求，帮助他们提高对游戏规则在游戏中重要性的认识，学会控制自己的行为。

任务测验

1. 训练目标

（1）能分析学前儿童的气质、性格、能力和自我意识发展的特点。

（2）能运用所学的知识评价学前儿童个性发展的水平。

2. 训练内容

（1）通过日常观察、调查和测验了解学前儿童气质、性格、能力、自我意识等方面发展的特点。

（2）根据家庭背景及成长经历分析学前儿童个性特点形成的原因。

3. 训练评价

（1）能用客观的语言描述学前儿童个性发展的特点，语言表达清晰、准确，逻辑性强。（20 分）

（2）能小组分工合作，共同制定日常观察、调查和测验方案。（20 分）

（3）能正确分析学前儿童个性特点形成的原因。（30 分）

（4）能撰写学前儿童个性发展评价报告。（30 分）

项目十二　学前儿童社会性的发展

学习目标

知识目标

1. 了解性别角色和性别行为的发展特点，掌握学前儿童性别角色的培养策略。

2. 理解亲子关系、同伴关系、师幼关系的相关内容。

3. 了解亲社会行为和攻击性行为的发展特点。

能力目标

1. 能够根据学前儿童的表现辨别属于哪种社会行为，并分析其行为产生的原因。

2. 能够根据学前儿童社会性发展的特点，抓住一日生活中的教育契机，开展随机教育，培养学前儿童良好的生活习惯和亲社会行为。

素养目标

1. 能够感悟到学前阶段得到良好的引导和教育有利于个体健康心理和健全人格的形成，产生对幼教事业的热爱和理想追求。

2. 理解并在教育实践中遵守《新时代幼儿园教师职业行为十项准则》，能分析和辨识教育教学实践中相关的道德规范问题。

幼儿故事

6 岁的小星是班上一名活泼爱笑的女生，她比其他大班幼儿大一些，一直受到班上老师和同伴们的欢迎，平时她主动配合老师活动，总是像个大姐姐一样照料其他幼儿，活动中看见其他幼儿捣乱时会立即阻止。在观察过程中极少看到她和其他幼儿发生不愉快，常常有幼儿主动找她玩。

小星的父母都是很温柔的人，他们坚持培养小星的品行，认为情商比智商更重要，所以很重视对小星文明礼貌行为的培养。周末时全家会一起去游玩，他们常常会叫上好友带着孩子一起，所以小星很小就开始和一些小伙伴玩耍了，而且小星的父母事后会跟小星交谈，对她做得不正确的地方进行指正。在父母的培养下，小星已经有了一定的独立意识而且对周围小伙伴全都抱着友好相处的态度，即使有时候有些不愉快也能很快想开。

想一想：请用自己的语言描述一下小星同伴交往的现象。在同伴交往中，小星属于哪种类型的幼儿呢？

分析提示：小星的行为及她和小朋友的关系说明，小星在同伴交往方面属于受欢迎型幼儿。此类幼儿喜欢与人交往，在行为表现上十分主动、积极、友好，不爱和其他幼儿发生矛盾，被大多数同伴所接纳、喜欢；在同伴交往中的地位高，影响力大。

任务一　学前儿童性别角色的发展

最初的性别认同对于学前儿童的社会性发展具有重要的作用，学前儿童性别角色的发展对其个性健康，甚至婚恋观等都有重要的影响。

一、性别角色与性别行为

性别角色是社会对男性和女性在行为方式和态度上期望的总称。男女两性是由遗传造成的，而男性和女性在家庭生活和社会生活中扮演什么角色，则是从小接受成人影响、教育的结果。学前儿童通过对同性别长者的模仿而形成的自己这一性别所特有的行为模式，即性别行为。

想一想

如何帮助学前儿童正确认识自己的性别？

二、学前儿童性别角色与性别行为的发展特点

（一）学前儿童性别角色的发展特点

对于学前儿童来说，其性别角色的发展主要经历三个阶段。

1. 知道自己的性别，并初步具备性别角色知识（2～3 岁）

学前儿童能区别出一个人是男还是女，就说明他已经具有了性别概念。学前儿童对他人性别的认识是从 2 岁开始的，但他们这时还不能准确说出自己的性别。到 2.5～3 岁，绝大多数婴儿都能准确说出自己是男孩还是女孩。

2. 以自我为中心地认识性别角色（3～4 岁）

此阶段的幼儿已经能明确分辨自己是男孩还是女孩，性别角色的知识逐渐增多，男孩和女孩在选择玩具、穿衣服和游戏等方面显示出诸多不同。但对于 3～4 岁的幼儿来说，他们能接受各种与性别习惯不符的行为偏差，如认为男孩玩布娃娃、穿裙子也很好，并不会认为这违反了常规。这说明他们对性别角色的认识还不是很明确，具有明显自我中心的特点。

3. 刻板地认识性别角色（4～6 岁）

在前一阶段发展的基础上，幼儿不仅对男孩和女孩在行为方面的区别认识越来越清楚，还开始认识到一些与性别有关的心理因素，如男孩要胆大、勇敢、不能哭，女孩要文静、优雅、不粗野等。此阶段幼儿对性别角色的认识与对其他方面的认识发展规律一样，也表现出刻板性。他们认为违反性别角色的行为是错误的，是会受到惩罚和耻笑的。如一个男孩玩布娃娃就会遭到同性别幼儿的反对，认为这不符合男子汉的行为。

（二）学前儿童性别行为的发展特点

1. 性别行为的产生（2 岁左右）

2 岁左右是婴儿性别行为初步产生的时期。例如，14～22 个月的婴儿，通常男孩在所有玩具中更喜欢飞机和汽车，而女孩则更喜欢布娃娃或过家家的玩具。婴儿对同性别玩伴的偏好也出现得很早，2 岁的女孩就表现出更喜欢与其他女孩玩的倾向，而不喜欢跟男孩玩。

2. 幼儿性别行为的发展（3～6 岁）

3～6 岁幼儿性别行为的差异日益稳定、明显，具体体现在以下几个方面：

（1）游戏活动兴趣方面的差异。幼儿的游戏活动中有明显的差异。男孩更喜欢有走、跑、跳等动作参与的运动性、竞赛性游戏，女孩则更喜欢过家家等角色游戏。

（2）选择同伴及同伴相互作用方面的差异。3 岁以后，幼儿选择同伴性别伙伴的倾向日益明显。同时，男孩和女孩与同伴之间的相互作用方式也不相同。男孩之间更多

的是打闹、争斗和喊叫；女孩则很少有身体上的接触，更多通过规则来协调。

(3) 个性和社会性方面的差异。有研究显示，女孩早在 3 岁时就对照看比她们小的婴儿感兴趣，4 岁时的女孩在独立、自控、关心人与物等方面优于同龄男孩；而 6 岁男孩的好奇心和情绪稳定性优于女孩，6 岁男孩在观察力方面的表现也优于女孩。

三、学前儿童性别角色的培养策略

（一）幼儿园开展性别角色认同教育

幼儿教师可以通过环境营造、游戏角色教育和教学活动渗透等方式帮助幼儿形成正确的性别角色认同。首先，营造恰当的教育环境，幼儿园的环境会潜移默化地影响幼儿角色认同的发展。幼儿园应做到男女厕所分开，在环境布置、物品选择上，也要充分考虑到幼儿的性别因素，创设有利于性别意识发展的物质环境，体现幼儿的性别差异、角色特点，合理地传递出“男性化”“女性化”的不同信息。其次，以角色游戏为载体，增强幼儿的性别角色认同感。例如，在娃娃家游戏中，女孩扮演妈妈做家务、做饭和洗衣服，男孩扮演爸爸提着公文包，开车去上班。这样的角色扮演有利于幼儿的性别角色认同健康发展。最后，在教学活动中，幼儿教师应注意自己的言语、行为和态度，要为幼儿树立良好的榜样，在生活中提供清晰的性别导向。

（二）幼儿园增加男教师数量，促进性别平衡

幼儿正处于学习和模仿他人言行举止的关键时期，幼儿教师的言行举止对幼儿的学习及未来发展具有重要影响，尤其是男女教师的不同行为会有不同的影响。女教师倾向于温柔、耐心、细致、富有爱心和母性，易让幼儿体会到家一样的温暖；男教师热爱运动、思维活跃、富有力量、坚强果断，能让幼儿学到勇气、决断、有担当和幽默感等，这些都会促进幼儿的发展。当前，幼儿园的男女教师比例严重失衡，出现女多男少的现象。所以，幼儿园应适当增加男教师的数量，让幼儿对男女性别有更正确的认识，更好地促进幼儿心理和人格的健康发展。

（三）父母共同参与，培养“双性化”人格

男女“双性化”，是指一个人同时具有男性和女性的心理特征。男性会表现出女性的温柔、细心，女性也不乏男性勇敢、独立的特质。父母应该共同参与幼儿的早期教育，这样能够使幼儿既具备母亲的温柔、细心，又具备父亲的勇敢、独立；同时让幼儿体验父母之间性别角色的差异，可以深化幼儿对性别角色的认识，促进幼儿社会性的发展。父亲的参与也能够适当弥补幼儿教师性别比例失调造成的男孩性别教育缺失的现象。

想一想

如何培养学前儿童的“双性化”人格？

（四）发挥大众传媒的正确导向作用

首先，大众传媒要了解当前先进的性别角色教育理念和男女性别的角色特征，树

立正确的性别角色意识，坚持性别平等的原则，消除性别刻板印象。这样才能向幼儿、家长、幼儿教师传递正确、科学、先进的性别角色教育价值观，发挥大众传媒的积极作用。其次，大众传媒在刻画人物时，要摒弃传统性别角色的固定观念，塑造具有“双性化”人格特征的人物和角色，实现男女幼儿的和谐发展。最后，大众传媒要注重传播内容的选择，通过大众传媒的影响，为学前儿童的性别角色认知发展提供更多的想象空间。

任务二　学前儿童人际关系的发展

人际关系主要是指人与人之间的交流和交往关系，它是人与人交往关系的总称。学前儿童人际关系包括亲子关系、同伴关系和师幼关系等。

一、学前儿童亲子关系的发展

亲子关系有广义与狭义之分。广义的亲子关系是指父母与子女的相互作用方式；狭义的亲子关系是指父母与子女的情感关系，即依恋。

在家庭中，父母与子女间建立起相互信任、和谐相处的亲子关系，能够为学前儿童提供交往的榜样，使学前儿童逐渐理解和学会与他人交往的方式，在被爱、被欣赏、被接受的同时，自然而然地学会爱他人、欣赏他人、接受他人……逐渐掌握与他人友好交往的技能。

（一）不同亲子关系类型对学前儿童发展的影响

亲子关系通常分成三种：民主型、专制型和放任型。不同的亲子关系类型对学前儿童的影响是不同的。研究证明，民主型的亲子关系最有益于学前儿童个性的良好发展。

1. 民主型

父母对孩子是慈祥的、诚恳的，善于与孩子交流，尊重孩子的需要，支持孩子的正当要求；同时对孩子有一定的控制，常对孩子提出明确而合理的要求，将控制、引导性的训练与积极鼓励孩子的自主性和独立性相结合。在这样的家庭中，父母与子女关系融洽，孩子的自信心、独立性、主动性、自我控制等方面发展较好。

2. 专制型

父母对孩子的慈祥、温暖、同情较少，对孩子过多地进行干预和控制，态度简单粗暴，甚至不通情理，不尊重孩子的需要，对孩子的合理要求不予满足，不支持孩子的兴趣爱好，更不允许孩子对父母的决定和规则有所不满。这类家庭中培养的孩子一般会变得怯懦顺从，缺乏生气，创造性受到压抑，主动性差，情绪不安，不喜欢与同伴交往，易忧虑、退缩、怀疑，有的变得自我中心和胆大妄为，有的还会出现在家长面前和背后言行不一的现象。

3. 放任型

父母对孩子或是关怀过度、百依百顺、宠爱娇惯；或是不关心、不信任、缺乏交流、忽视他们的要求；或任其自然发展。这类家庭中培养的孩子，往往形成好吃懒做、胆小怯懦、蛮横胡闹、自私自利、清高孤傲、意志薄弱和缺乏独立性等许多不良品质；但也可能使孩子发展出较强的自主性、独立性和创造性。

想一想

你认为良好的亲子关系是怎样的？父母应如何与孩子建立良好的亲子关系？

（二）亲子关系的影响因素

1. 家庭

（1）家庭结构。我国现有的家庭结构形式主要有两种，一种是“核心家庭”，即父母和孩子两代人组成的家庭；另一种是“三代人家庭”，即孩子与父母、祖父母或外祖父母一起生活。研究表明，祖辈参与养育会在一定程度上削弱父亲的教养参与，而且祖辈和父母辈在教养观念及教养方式上也存在着明显的差异，这都可能对亲子关系产生影响。祖辈往往对孩子采取娇惯的态度，包办代替，无原则地满足其要求，导致孩子对父母的管教产生逆反。所以，父母辈应注意教育子女尊重父母、尊重老人；同时要注意，切忌在孩子面前表现出育儿问题上的矛盾和冲突。

（2）家庭氛围。在轻松、愉快、幽默的家庭氛围中，孩子会保持愉快的情绪，表现出富有朝气、乐观开朗和自信的性格特点。如果家庭成员彼此不尊重、不信任，充满了敌意和争吵，就会使孩子情绪紧张、烦躁，易表现出攻击性行为。

除此之外，家庭的物质环境、父母的婚姻状况、家庭规模与孩子的出生顺序等也会对亲子关系产生影响。

想一想

父母的陪伴对于孩子的成长到底有多重要？父母应当如何陪伴孩子健康成长呢？

2. 父母

（1）父母的受教育程度。受教育程度高者，往往会给予子女更多的尊重和理解，他们与子女的沟通更为融洽；反之，则多采用专制或溺爱的教育方式，容易采取简单、粗暴、强迫、高压和封闭等传统家长做法。

（2）父母的性格爱好、教育观念和教养态度。父母的性格特征各不相同，有的父母热情、开朗、民主、富有爱心，有的父母内向、胆怯、专制、暴躁。这不仅会影响父母与他人的人际交往，也会影响他们与子女的关系。一般来说，热情、有爱心的父母容易与子女建立良好的亲子关系，专制、暴躁的父母不易与子女建立良好的亲子关系。

父母的教育观念和教养态度是否正确对亲子关系影响甚大，因为对学前儿童的基本看法决定了他们对子女的态度以及对父母角色的理解，当父母把孩子看作独立的个体并认识到孩子有着各自不同的特性时，他们就会尝试着理解孩子并因材施教。

知识扩展

情绪 ABC 理论

3. 学前儿童的气质类型

研究发现，婴儿的气质类型与母亲的行为和人格相关，而安全型依恋又可以由母亲人格和婴儿气质之间的相互作用来预测。气质可能直接影响婴儿在陌生情境中的行为和婴儿与母亲的依恋类型，从而影响亲子关系的建立。

二、学前儿童同伴关系的发展

同伴关系是指学前儿童与其他年龄相同或相近的学前儿童之间的一种共同活动、相互协作的关系，具有平等互惠的特点。

同伴交往能为学前儿童提供大量的同伴交流、直接教导和协商讨论的机会，学前儿童常在一起探索物体的多种用途或问题的多种解决方式，这些都有助于他们拓展知识、丰富认知，发展自己的思考、操作和解决问题的能力。在同伴交往中，积极、友好的行为，如帮助、分享、微笑等，能马上获得其他同伴的积极反应，得到良好的回馈，使得这些好的行为逐渐巩固下来；而消极、不友好的行为，如抢夺、踢打、凶人等，会马上引发其他同伴的反感，或引起不好的结果，使他们不得不思考并做出改变。学前儿童在与同伴交往的过程中通过不断地调整、修正自己不适当的行为方式，掌握、巩固较为适宜的交往方式，逐渐提高社会交往能力。

想一想

如何帮助学前儿童建立良好的同伴关系？

知识扩展

同伴提名法

（一）同伴交往中学前儿童的类型

心理学家采用“同伴提名法”对同伴交往中学前儿童的类型进行研究，结果表明，学前儿童的社交地位已经分化，主要有受欢迎型、被拒绝型、被忽视型和一般型等类型。

1. 受欢迎型

受欢迎型学前儿童喜欢与人交往，在交往过程中积极主动，并且表现出友好、积极的交往行为，因而受到大多数同伴的接纳和喜爱，他们是同伴群体的中心，在同伴中享有较高的地位，具有较强的影响力。

2. 被拒绝型

被拒绝型学前儿童和受欢迎型学前儿童一样，喜欢交往，他们在交往中活跃、主动，但常常采取不友好的交往方式，如强行介入其他小朋友的活动、抢夺别人玩具、大声叫喊、推打小朋友等，由于攻击性的行为多、友好的行为少，因而被多数学前儿童排斥、拒绝，在同伴交往中地位低，同伴关系紧张。

3. 被忽视型

与前两类学前儿童不同的是，这类学前儿童不喜欢交往，他们常常独处或一个人活动，很少对同伴表现出友好、合作的行为，也很少表现出不友好、侵犯性行为。因此，这类学前儿童既没有多少同伴主动和他们交往，也没有多少同伴主动排斥他们，而是被大多数同伴忽视和冷落。

4. 一般型

这类学前儿童在同伴交往中的行为表现一般，他们既不被同伴特别喜爱和接纳，也不被同伴特别忽视和拒绝，同伴中有的喜欢他们，有的不喜欢他们，因而在同伴心目中的地位一般，处于居中的水平。

（二）同伴交往的影响因素

1. 学前儿童自身的因素

受欢迎型学前儿童的气质类型一般为胆汁质、多血质，他们与人交往时热情大方，愿意与人交流、沟通，这是被人接纳的首要条件。他们在集体中完成各项任务是游刃有余的，能够为同伴树立榜样，在同伴中建立威信，从而被同伴接纳。

2. 家长的因素

（1）父母的言语指导和行为示范。父母的言行往往对学前儿童起着潜移默化的作用，也就是我们平常所说的言传身教。父母的交往建议，对学前儿童解决同伴交往中的问题更是具有重要的指导作用。

学前儿童与别人的交往模式，一般都是在与父母的交往中习得的。因此，通常父母如何对待学前儿童，学前儿童就会如何对待他人。从这个角度看，学前儿童以父母的社交行为为模板，学习最基本的人际交往。

（2）亲子关系对学前儿童社会化的影响。积极的亲子关系能够促进学前儿童的人际交往。学前儿童与父母之间形成强烈的忠诚和依恋，这是建立人际关系的第一步，也是最关键的一步。和谐的家庭关系能够为学前儿童树立正面模仿的良好榜样。

想一想

家长应如何帮助孩子改善同伴关系？

3. 幼儿教师的因素

学前儿童在幼儿教师心目中的地位如何，会间接地影响同伴对他的评价。研究发现，幼儿教师对一个学前儿童的认可程度会通过一种复杂的方式影响其他学前儿童对这个学前儿童的接纳性。往往受欢迎型学前儿童与幼儿教师的关系是亲密的，幼儿教师也常对这类学前儿童做出积极的评价。学前儿童年龄尚小，道德判断水平极其有限，他们的评价往往依赖于成人的评价，受到幼儿教师肯定的学前儿童，其在同伴交往中的地位相对较高。

4. 社会的因素

学前儿童生活的大背景——社会，对学前儿童的人际关系、同伴交往也起着潜移默化的作用。首先，社区气氛会影响学前儿童人际交往的方式；其次，大众传媒会影响学前儿童的情感特征，改变学前儿童的社会认知。

此外，活动材料、活动性质和同伴群体等也会影响学前儿童的同伴交往。

三、学前儿童师幼关系的发展

幼儿教师是学前儿童家庭成员以外的第一个在他们的生命中扮演重要角色的成人。师幼关系是指幼儿教师与幼儿在保教过程中形成的比较稳定的人际关系。相对于亲子关系和同伴关系，师幼关系对幼儿学习和幼儿园适应方面的影响最为突出。

在和谐的师幼关系中，幼儿通过师幼间积极的交往和互动，在幼儿教师的示范、指导下学习一定的社会行为规范和价值标准；通过对幼儿教师行为的观察、模仿，学会分享、合作、同情、谦让等良好的社会性行为，并发展积极的社会性情感。同时，幼儿教师对幼儿的接受、尊重、关心和期望也有利于幼儿自尊心和自信心的发展。不和谐的师幼关系会使幼儿感受到压力、冲突、紧张、沮丧，影响活动的积极性和主动性。此外，师幼关系还会通过影响亲子关系和同伴关系而对幼儿社会性发展的各方面产生重大影响。

谈古喻今

《论语·子路》中记载，子曰：“其身正，不令而行；其身不正，虽令不从。”

想一想

幼儿教师应对幼儿起到怎样的榜样和示范作用呢？

（一）师幼关系的类型

1. 亲密型

幼儿教师“像妈妈一样”关爱幼儿，悉心照料，耐心教导，经常表扬、鼓励他们，直接的身体或目光接触较多，从而形成亲密、融洽的师幼关系。往往乖巧听话、聪明伶俐、遵守纪律、特长突出的幼儿易得到幼儿教师的偏爱，优越感较强。

2. 紧张型

过度活跃，经常出现纪律问题的幼儿多在师幼关系中处于被拒绝的消极状态，幼儿教师对行为习惯不良的幼儿往往会表现得缺乏耐心、态度生硬，导致师幼关系疏远、紧张。

3. 淡漠型

幼儿教师更多注意那些乖巧的、听话的和调皮的幼儿，而忽略了对“中间”幼儿的关注，使之产生被漠视、被忽略的感觉，进而产生疏离感。

谈古喻今

有一次，孔子和学生们正在赶路，忽然一个小孩拦住了他们的去路。原来，这个小孩正在路上用砖瓦石块垒一座“城池”。孔子叫那个小孩让路，而小孩却说：“这世上只有车绕城而过的，有把城池拆了给车让路的吗？”孔子想：确实不能把这孩子摆的城池当成玩具。我倡导礼仪，没想到让孩子给问住了。孔子十分感慨地对他的学生说：“三人行必有我师！这孩子虽小，却懂礼仪，可以做我的老师了。”

（二）师幼关系的影响因素

师幼关系是教育过程中最基本的、最重要的人际关系，对幼儿各个方面的发展都会产生重要影响。师幼关系的影响因素包括幼儿教师因素、幼儿自身因素及环境因素。

想一想

幼儿教师应如何与幼儿建立良好的师幼关系？

1. 幼儿教师因素

（1）幼儿教师的教育背景和教学经验。幼儿教师的教育背景和教学经验与师幼互动有密切的联系。有学者依据幼儿教师的教育背景和教学经验对师幼互动的影响进行了研究，发现二者之间有着密切的联系，具体表现为幼儿教师的学历越高、经验水平越高，对师幼关系越敏感；学历越低、经验水平越低，对师幼关系越不关注。研究表明，当幼儿教师在幼儿发展方面受过正规的教育，并拥有相对成熟的教学经验时，他们与幼儿的互动更加积极，甚至能够将消极的师幼互动转变为积极的师幼互动。

（2）幼儿教师的教学效能感。幼儿教师的教学效能感是幼儿教师对自己影响幼儿行为和学习成绩的主观判断。首先，幼儿教师的教学效能感可以用来衡量教学的有效性，教学效能感高的幼儿教师比教学效能感低的幼儿教师教学效果更好，这主要是因为教学效能感与幼儿教师对课堂的管理和幼儿学习的观念有密切关系。其次，幼儿教师的教学效能感会影响幼儿教师对幼儿的日常管理，教学效能感高的幼儿教师在解决课堂问题时更多的是相信幼儿的自觉性，很少借用外力控制幼儿的行为；教学效能感低的幼儿教师则更多的是借用外力来控制幼儿的行为，比如说惩罚或者有形的奖励等。再次，教学效能感会影响幼儿教师的情绪，教学效能感高的幼儿教师不容易受外界因素的影响；教学效能感低的幼儿教师在课堂教学过程中很容易受到日常活动的影响，活动的类型、组织形式及幼儿的行为表现都会影响幼儿教师的情绪，从而使得师幼互动不和谐。最后，教学效能感对教学实践也有一定的影响，教学效能感高的幼儿教师相信自己有能力帮助幼儿完成任务，在教学实践中更愿意采用公平和公正的态度去对待幼儿，并且试图用不同的方法去帮助幼儿；教学效能感低的幼儿教师在教学实践中则更多的是对幼儿的行为进行批评和指责。

2. 幼儿自身因素

（1）幼儿的问题行为。幼儿教师对幼儿的态度受幼儿行为的影响。研究表明，大多数幼儿教师都不愿意对有问题行为的幼儿采取积极的态度。有问题行为的幼儿在家容易与母亲产生消极的互动，母亲更加溺爱幼儿，这也是这类幼儿在幼儿园与幼儿教师产生消极师幼互动的重要原因。在家与母亲有不稳定关系的幼儿通常更容易在学校与幼儿教师产生不友好的互动；与母亲关系融洽的幼儿更容易在幼儿园获得幼儿教师的关照和支持。同时，那些被父母认为是行为失常的幼儿，更容易在幼儿园与幼儿教师发生不愉快的师幼互动，从而影响师幼关系。

（2）幼儿的性别和性格。幼儿性别也是评估师幼关系时最常用的变量之一。无论是幼儿家长还是幼儿教师都认为男孩的问题行为普遍比女孩多。从多所幼儿园的师幼互动情况来看，即使幼儿没有什么不良行为，幼儿教师也更愿意对女孩表现出积极的态度，对男孩表现出消极的态度。

幼儿教师的教学行为也受幼儿性格的影响。一般来说，对于性格偏外向的幼儿，幼儿教师更多采用控制课堂纪律的方式与幼儿互动；对性格偏内向的幼儿，课堂氛围就比较轻松、随意一些。

3. 环境因素

如果幼儿园教室空间太大，幼儿容易到处乱窜；如果教室空间太小，幼儿与幼儿之间由于拥挤、受到压力容易起冲突。幼儿教师通常要花很长时间来处理幼儿的这些问题行为，容易导致不和谐的师幼互动和师幼关系。合理的教室空间有助于和谐师幼关系的形成，能够降低幼儿和幼儿教师之间冲突的可能性，同时也能减少幼儿的问题行为。

知识扩展

新时代幼儿园教师职业行为十项准则

想一想

《新时代幼儿园教师职业行为十项准则》明确了作为幼儿教师最基本的职业底线、红线，但做到这些还远远不够。请在了解这十项准则的基础上，谈一谈“我心目中的幼儿教师”是什么样的。

四、学前儿童人际关系的培养策略

（一）培养学前儿童的语言表达能力

学前儿童的思维简单而直接，语言表达能力强的学前儿童能让别人更好地理解自己并且产生认同感，从而在交往中占据优势。所以，家长和幼儿教师应当特别注意学前儿童语言表达能力的培养，进行语言连贯、陈述完整、口齿清晰等训练，这样，学前儿童才能更完整、更清晰地表达自己，才能在交往中具备一定优势。

（二）克服胆小和羞怯心理

对学前儿童过于严厉或是过度保护，都会使学前儿童在陌生场合过于紧张、无所适从。因此，家长和幼儿教师在平时不妨多给学前儿童一些自由，多听听学前儿童自己的意见，多带学前儿童到人多、陌生的场合，鼓励他们主动接触一些人或处理一些事，鼓励学前儿童去解决一些自己能解决的事情，培养学前儿童的胆量和与人交往的能力。

想一想

如何帮助害羞、胆小、不自信的学前儿童交朋友？

（三）教导学前儿童学会分享

在实际生活中，最受欢迎的学前儿童往往既不是最漂亮的，也不是最能说会道的，而是有好东西能够想到朋友，并且愿意和朋友分享的。可见，以分享的方式示好，更容易受到欢迎。幼儿教师要引导学前儿童学会分享，并体会到分享的乐趣，从而更加自觉地分享。

（四）帮助学前儿童充满自信

自信能够让人在不经意中、无形中感觉到一股力量，一股由内而外散发出的坚韧、强劲，从而让人在人际交往中充满魅力。家长和幼儿教师应抓住每一个让学前儿童学习知识、得到锻炼的机会，让学前儿童的生活丰富起来，这样他们才会更加自信、更有智慧。

（五）引导学前儿童学会欣赏别人

学会欣赏别人是人际交往交互原则的一个相对面。每个人在交往中都希望得到对方的支持和认同，学前儿童也一样。在交往中，学前儿童总会对向自己示好的一方抱有好感。因此，成人应有意识地引导学前儿童去寻找同伴的长处，发现并欣赏别人的可爱之处。

想一想

为什么现在很多学前儿童都很享受赞美，却忽略了如何去欣赏别人？

学前儿童人际交往能力的培养不能操之过急，成人要根据学前儿童的年龄特点和发展水平，由浅入深、循序渐进，逐步提高他们的交往意识和交往能力。

任务三 学前儿童社会性行为的发展

社会性行为是指人们在交往活动中对他人或某一事件表现出的态度、言语和行为反应。根据动机和目的的不同，社会性行为可以分为亲社会行为和反社会行为两大类。其中，对学前儿童来说，反社会行为主要表现为攻击性行为。

谈古喻今

"礼之用，和为贵"，几千年来，"以和为贵"的思想已刻入中国人的骨髓。"孔融让梨""六尺巷""盲人夜里挑灯"等耳熟能详的典故，说的是哪种社会性行为呢?

一、学前儿童亲社会行为的发展

亲社会行为是指人们在社会交往中所表现出来的一切有益于他人和社会的行为。社会交往中所表现出来的合作、助人、分享、安慰、谦让、尊重等行为都属于亲社会行为。可见，亲社会行为是一种积极的、利他主义的行为，是个体帮助或打算帮助其他个体或群体的行为趋向。

知识扩展

中国梦娃

中国梦娃，是宣传片《梦娃送吉祥，梦娃送美德》中的动画角色，其形象来源于天津泥人张的娃娃泥塑。中国梦娃以生动的形象赢得了全国观众的喜爱，如图 12 - 1 所示。

宣传片的公益广告词：梦娃醒，太阳笑；中国梦，多美妙；国是家，善作魂，勤为本，俭养德，诚立身，孝当先，和为贵；百年梦，时代潮，齐努力，同奔跑，共祝愿，祖国好，和美吉祥节节高。在稚嫩、可爱的童声演唱中，穿着中国传统服装、扎着独角辫、胖嘟嘟的"梦娃"跳上荧屏，不停地用各种形象的手势，给大家送祝福、喻美德。

这个被赋予"中国梦"寓意的小女孩在居民小区宣传社会主义核心价值观的橱窗里、在街头巷尾的"中国梦"宣传招贴画中尽展风采。她以最富中国意味的形象、最具传统文化号召力的传播方式，以及最有人文情怀的动感画面，为每个中国人以及关心、关注中国发展的外国友人，呈现出一个立体、生动而又形象的中华民族伟大复兴中国梦。

图 12-1　中国梦娃

想一想

成人应如何培养学前儿童的亲社会行为呢？

（一）学前儿童亲社会行为的发展特点

1. 学前儿童合作行为的发展

合作行为是一种重要的亲社会行为，是学前儿童社会化的重要方面。合作是指两个或两个以上的个体协调活动，以促进一种既有利于自己又有利于他人的结果出现的行为。

在学前儿童各类亲社会行为中，合作行为的出现频率最高，发展速度也较快。随着年龄的增长，学前儿童之间不自觉、无意识的合作逐渐转向自觉、有意识的合作，合作范围也不断扩大，从两人之间的合作发展到三四人乃至更多人之间的合作，并出现了一定的合作解决问题的策略。许多研究表明，4～5 岁是学前儿童合作水平提高、发展较快的时期，是合作行为发展的关键期，在这一阶段，能较好地完成合作任务的学前儿童大幅度增加。在出现意见不一致的情况或者分工纠纷时，多数学前儿童能够主动谦让，还有一部分学前儿童能够通过一些有效的策略来解决他们之间的矛盾。

2. 学前儿童助人行为的发展

助人行为在学前儿童 0～3 岁时就开始出现，并随年龄增长而增加。曾有研究者观察三组婴儿（年龄分别为 18、24、30 个月）在家里帮助父母做家务（如整理杂志、叠衣服、扫地和整理床铺）的情况，发现 65%的 18 个月婴儿和所有的 30 个月婴儿能够也愿意帮助成人做这些家务。可见，学前儿童的助人行为呈增长趋势。

想一想

当代大学生在国家危难之时应如何担当起社会责任？

3. 学前儿童分享行为的发展

分享行为是典型的亲社会行为，是指个人拿出自己拥有的物品让他人使用，从而使他人受益的行为。分享行为和助人行为的区别是：分享行为注重双方共享，从而实现双方共赢；助人行为则指向对方的利益，强调让对方受益。

我国学者研究表明，3～6 岁幼儿对物品的分享反应主要有四种类型：“自我”“不会分享”“均分”“慷慨”。3～4 岁幼儿因物权意识的萌芽已经萌发了分享的意识，但他们并不是真正愿意分享，其认知和行为往往是脱节的，处于“自我”和“不会分享”的水平，并且随着年龄的增长而下降。4～6 岁幼儿的分享处于“均分”和“慷慨”的水平，并且随着年龄的增长而上升。

谈古喻今

孔融，字文举，东汉时期鲁国（今山东曲阜人）。孔融四岁的时候，和哥哥吃梨总是拿小的吃。有人问他为什么这么做，他回答说：“我是小孩子，按道理应该拿小的。”孔融成为我们教育儿童的好榜样，其乐于分享、礼让的优良品质传颂至今。

4. 学前儿童安慰行为的发展

安慰行为是指个体觉察到他人的消极情绪状态，如烦恼、哭泣等，并试图通过语言或行动使他人消除消极情绪状态，变得高兴起来的亲社会行为。感觉到他人的消极情绪状态、通过一定的技巧使他人的消极情绪状态得到改善，是安慰行为的两个要素。

研究发现，当别人表现出明显的难过情绪时，1 岁左右的婴儿不仅能够以相似的情绪做出哭泣的反应，还会对对方做出拥抱或轻轻拍打的行为。1 岁半左右的婴儿的这种行为不仅在频率上增加了，而且表达方式更加丰富，如他们会给哭闹的婴儿一个奶瓶或为其寻找看护人等。随着年龄的增长，学前儿童安慰行为的质量和数量都有增加的趋势，而且女孩比男孩的安慰行为更明显。

想一想

如何提高学前儿童亲社会行为发生的频率？

（二）学前儿童亲社会行为的影响因素

1. 社会文化

（1）亲社会行为受社会文化的影响。比如，社会主义核心价值观将“爱国、敬业、诚信、友善”作为个人及社会基本道德规范，这种倾向使人们在学前儿童婴儿期时就重视鼓励和赞美其亲社会行为，从而使学前儿童的游戏和学前儿童之间的社会性互动更和谐，为他们顺利进入成人社会打下良好的基础。

（2）电视媒介。随着大众传媒的快速发展，越来越多的电视媒介进入大众的视野，并且对学前儿童亲社会行为的发展产生了一定的影响。电视节目是学前儿童学习亲社会行为的重要途径。有实验表明，观看亲社会节目的五六岁学前儿童不仅能懂得节目的特定亲社会内容，还能将其应用到现实生活的情境中。

想一想

观看央视公益广告《不负韶华，我们都是追梦人》，结合实例，谈谈你是怎么理解亲社会行为的。

2. 日常生活环境

（1）家庭。家庭是学前儿童形成亲社会行为的主要影响因素。家庭对学前儿童亲社会行为的影响，主要表现在两个方面：第一，榜样的作用。父母自身的亲社会行为会成为孩子模仿、学习的对象。第二，父母的教养方式是关键因素。人们普遍认为，民主的家庭更有利于培养学前儿童的亲社会行为。

（2）同伴。同伴关系对学前儿童亲社会行为的发展具有非常重要的影响。美国心理学家对此有较为一致的看法，即在学前儿童的安慰、帮助、同情等能力的形成过程中，同龄人起着关键的作用。同伴关系对培养学前儿童亲社会行为的作用往往表现在模仿和强化这两个方面。

3. 移情

移情是指从他人的角度来考虑问题，是学前儿童亲社会行为产生的基础，是亲社会行为产生的根本的、内在的因素。对于学前儿童来说，由于认识的局限性，他们容易从自我中心的角度考虑问题。因此，帮助学前儿童从他人角度考虑问题，是发展学前儿童亲社会行为的主要途径。不论是社会生活环境的影响，还是学前儿童日常生活环境的影响，最终都要通过学前儿童的移情起作用，使学前儿童更注意自己的行为带给别人的内心体验，并由此唤起自己曾有过的某种相类似的情绪体验，进而培养学前儿童的亲社会行为。

案例链接

3月5日是“学雷锋纪念日”，大班的老师们联合家长共同组织了“学雷锋”系列主题活动，包括听雷锋故事（如图12-2所示）、志愿捡垃圾、帮助弟弟妹妹等活动。通过一个个形象生动的故事，幼儿理解和体会到了帮助他人的快乐，知道了“雷锋日”的由来，了解了雷锋“乐于助人”的人格和精神。当老师问幼儿“可以学习雷锋做些什么”时，幼儿纷纷提到“我也可

图12-2　大班幼儿听雷锋故事

以扶老奶奶过马路”“我要帮保育员老师打扫教室”“弟弟妹妹哭了，我可以哄他们不要哭”等等。借此机会，大班的老师们带着幼儿走进社区进行志愿捡垃圾活动，既美化了环境，又学到了垃圾分类知识。家长与老师们也行动起来，进行育儿知识宣传，为社会贡献一分力量，与孩子们共同谱写雷锋赞歌。经过此次活动，大班幼儿在幼儿园会主动帮助弟弟妹妹穿衣服、穿鞋子等，亲社会行为的频率越来越高。大班幼儿学到了雷锋的优良品德，作为弟弟妹妹学习的榜样，他们也会将雷锋精神不断地传承下去。

想一想：举例说明如何利用日常生活潜移默化地培养幼儿的亲社会行为。

分析提示：幼儿善于模仿，幼儿期是德育教育的重要时期。雷锋服务人民、助人为乐，是亲社会行为的典范，是幼儿学习的好榜样。案例中的幼儿教师抓助“雷锋日”的契机，采用家园共育的方式，发挥同伴互动的作用，有效地培养了大班幼儿的亲社会行为。

二、学前儿童攻击性行为的发展特点

想一想

崇尚和谐的中华民族，自古以来就抵制侵犯他人的行为。“勿以恶小而为之”说的是哪种社会性行为呢？

攻击性行为是一种不利于他人或社会的行为，这种行为小到对人没礼貌、随地扔垃圾，大到打仗斗殴、贪污受贿、恐怖暴力等，是对社会有害的消极行为。攻击性行为分为工具性攻击行为和敌意性攻击行为两类。工具性攻击行为，是指人为了获得某个物品所做出的抢夺、推搡等动作；敌意性攻击行为，是指以打击、伤害他人为目的的攻击性行为，是当学前儿童的需求得不到满足，或者权利受到损害时所表现出的身体或言语上的攻击性行为，其主要表现有打、踢、咬、大声叫嚷、骂人、暴力、抢夺别人的东西等。

（一）攻击性行为频繁

年龄小的学前儿童常因为玩具和其他物品的争夺而产生攻击性行为。其攻击性行为多是直接争夺或破坏物品。随着年龄的增长，由游戏规则、行为规范等社会性问题引起的攻击性行为所占比率逐渐升高。此外，除了玩具和其他物品的争夺，在受到他人的干扰、伤害或目标受阻后对对方进行报复、还击已经成为学前儿童攻击性行为产生的第二大原因。

（二）从身体攻击向言语攻击转化

年龄小的学前儿童比年龄大的学前儿童更多采用身体攻击；随着年龄的增长，身体攻击所占的比率逐渐下降，言语攻击所占的比率逐渐升高。

（三）从工具性攻击向敌意性攻击转化

年龄小的学前儿童工具性攻击多于敌意性攻击；随着年龄的增长，敌意性攻击所占的比率逐渐超过工具性攻击。

（四）攻击性行为存在显著的性别差异

在幼儿园里，男孩会比女孩更多地卷入攻击性事件。男孩和女孩的攻击性行为存在显著差异，男孩更多地表现为身体攻击，而女孩更多地表现为关系攻击。身体攻击是指使用身体作为伤害他人的武器，比如男孩会为了抢一个玩具而动手推倒正在玩玩具的同伴。关系攻击是指故意操纵和破坏他人的同伴关系从而达到伤害他人目的的行为，比如捏造事实、散布谣言、劝说他人排斥同伴等。

想一想

如何预防和矫正学前儿童的攻击性行为？

三、学前儿童社会性行为的培养策略

学前儿童的社会性行为是在交往和游戏中形成和发展起来的，而培养学前儿童的亲社会行为是幼儿教师和家长的责任，因此，必须为学前儿童的发展提供良好的环境条件和教育条件，促进学前儿童身心健康、全面、和谐发展。

（一）提高学前儿童对行为规则的认识，并进行必要的行为训练

培养学前儿童良好的社会性行为要从提高学前儿童对行为规则的认识做起，使学前儿童知道什么是对的、应该做什么、不应该做什么。比如，有玩具大家应该一起玩，不能自己独占；在家里应当和家人一起分享美味的食物，不能当“小皇帝”。当学前儿童明确了行为规则时，可以大大减少行为上的失误。学前儿童认识事物是以具体形象思维为主的，家长和幼儿教师应该在具体的活动中教育学前儿童应该做什么、怎么做更好，学前儿童才能理解得深、记忆得牢，后期也要开展相关活动不断巩固学前儿童的认识。通过家长和幼儿教师的正确指导，学前儿童才能把已有的认识变为行动，行为习惯化了，才能成为固定的行为模式，持续表现出良好的行为。

想一想

如何培养学前儿童的规则意识？

（二）循序渐进，持之以恒

学前儿童良好社会性行为的形成是一个从认识到行为，并且逐渐内化的过程，不

是一朝一夕就能完成的，需要进行循序渐进的教育。《幼儿园工作规程》中明确指出：“教育活动内容应当根据教育目标、幼儿的实际水平和兴趣确定，以循序渐进为原则，有计划地选择和组织。”社会性发展具有明显的变化性、反复性，学前儿童常常会出现反复甚至倒退现象，因此需要持之以恒地对学前儿童进行观察、分析、指导和强化。

（三）开展丰富的教学或游戏活动，促进学前儿童的人际交往

在幼儿园中，幼儿教师应充分地将人际交往技能的教育融入集体教学活动中，积极引导学前儿童主动学习，使学前儿童在轻松、愉快的活动中学习知识、提高技能、丰富经验，从而取得教育教学的最佳效果。学前教育领域的很多教育政策法规，都要求幼儿教师将游戏作为学前儿童的主要活动，重视游戏对学前儿童发展的独特作用。在游戏活动中，学前儿童通过交往积累经验、提高行为水平，使良好的社会行为得以表现和发展。家长和幼儿教师应该向学前儿童提供进行社会交往的机会，多让学前儿童和不同年龄阶段的孩子一起游戏，这样不仅能使学前儿童在交往中体会到同伴间友好相处带来的快乐，也能减少学前儿童不良行为的发生。

（四）积极发挥幼儿教师和家长的榜样作用

家庭与幼儿园在学前儿童社会性发展上的指导与要求必须保持一致，这对学前儿童社会性行为的健康发展是极为重要的，家长与幼儿教师要积极沟通，以保证家园教育同步，使学前儿童的社会性行为获得积极、有效、健康的发展。

学前儿童喜欢观察和模仿，尤其是父母、幼儿教师在日常生活中待人接物时的言语、行为都易成为他们模仿的对象。学前儿童对其周围人物言行的有意识或无意识的模仿是其社会化中很重要的学习方式与过程。所以，成人的正确行为会给学前儿童以积极的影响，反之则会使之前取得的教育成果功亏一篑。《3－6岁儿童学习与发展指南》中明确指出：“成人应注重自己言行的榜样作用，避免简单生硬的说教。”因此，在培养学前儿童良好的社会品质时，成人的榜样作用不容忽视。成人应注意自己在日常生活及点滴小事中的行为表现，随时随地给学前儿童树立良好的榜样。

（五）抓住时机，进行随机教育

随机教育是指在幼儿教师教育计划之外的，随客观出现的教育时机而临时组织进行的教育活动。因学前儿童年龄小，思维以具体形象思维为主，而随机教育所利用的事例往往具有极强的情境性和直观性，所以容易被学前儿童理解和接受。这些事例往往是一些很小、很容易被忽视的事，但如果抓住了这些教育的契机，其所发挥的教育作用却是很大的。幼儿教师抓住生活中的小事进行随机教育，久而久之，就会帮助学前儿童形成一些基本的行为准则和社会道德规范。虽然这些教育是零碎的、不全面的，但对学前儿童来说却是终身受益的。

任务测验

1. 训练目标

（1）帮助同伴关系不良的学前儿童掌握与同伴交往所必需的知识和技能，从而改善其同伴关系。

（2）掌握对学前儿童进行社会技能训练常用的几种方法。

2. 训练内容

（1）通过观察、记录学前儿童日常生活中人际交往的行为表现，分析学前儿童在同伴交往中属于什么类型。

（2）以小组为单位讨论促进学前儿童同伴交往的技能技巧。

（3）创设学前儿童社交问题情境，用于检验其社会技能的掌握情况。

3. 训练评价

（1）在学前儿童社会技能训练中，时刻进行观察、记录，借此来评价学前儿童的社会技能发展水平。（30 分）

（2）能够分析学前儿童学习社会技能的过程，并能准确到位地记录下真正能够反映学前儿童社会技能发展水平和发展过程的信息。（20 分）

（3）能小组分工合作，共同制定合理、有效的提高学前儿童同伴交往技能技巧的活动方案。（20 分）

（4）能够及时捕捉学前儿童生活中的同伴交往事件，以便针对具体情况对学前儿童进行社会技能训练。（30 分）

参考文献

［1］宋丽博．学前儿童发展心理学［M］．4 版．北京：高等教育出版社，2022.

［2］曹映红，胡孝义．学前心理学［M］．2 版．北京：国家开放大学出版社，2020.

［3］彭聃龄，陈宝国．普通心理学［M］．6 版．北京：北京师范大学出版社，2023.

［4］胡孝义．幼儿心理发展概论［M］．武汉：华中师范大学出版社，2012.

［5］刘新学，唐雪梅．学前心理学［M］．3 版．北京：北京师范大学出版社，2022.

［6］陈帼眉．学前心理学［M］．北京：北京师范大学出版社，2015.

［7］张文军．学前儿童发展心理学［M］．2 版．长春：东北师范大学出版社，2017.

［8］张永红，陈冬桂，辜贤春．学前儿童心理发展［M］．北京：北京理工大学出版社，2018.

［9］刘苗，许慧芳，李俊梅．学前心理学［M］．长沙：湖南师范大学出版社，2019.

［10］孙杰，张永红．幼儿心理发展概论［M］．2 版．北京：北京师范大学出版社，2014.

［11］陈帼眉，冯晓霞，庞丽娟．学前儿童发展心理学［M］．3 版．北京：北京师范大学出版社，2013.

［12］宋丽博，王颖，戚瑞丰．学前儿童发展心理学［M］．北京：首都师范大学出版社，2020.

［13］杨丽珠．儿童人格发展与教育的研究［M］．大连：大连海事大学出版社，2008.

［14］周念丽．学前儿童发展心理学：修订版［M］．上海：华东师范大学出版社，2006.

［15］王振宇．学前儿童发展心理学［M］．北京：人民教育出版社，2014.

［16］李红．幼儿心理学［M］．北京：人民教育出版社，2006.

［17］刘金花．儿童发展心理学［M］．3 版．上海：华东师范大学出版社，2013.

［18］林崇德．发展心理学［M］．3 版．北京：人民教育出版社，2018.

［19］杨丽珠，吴文菊．幼儿社会性发展与教育［M］．大连：辽宁师范大学出版社，2000.